邹德侬 著

中国
现代建筑
二十讲

商务印书馆
The Commercial Press
2018年·北京

图书在版编目（CIP）数据

中国现代建筑二十讲/邹德侬著. —北京：商务印书馆，2015（2018.9 重印）
ISBN 978-7-100-10027-4

Ⅰ.①中… Ⅱ.①邹… Ⅲ.①建筑史—中国—现代
Ⅳ.① TU-092.6

中国版本图书馆 CIP 数据核字（2013）第 122848 号

权利保留，侵权必究。

中国现代建筑二十讲
邹德侬 著

商 务 印 书 馆 出 版
（北京王府井大街36号 邮政编码100710）
商 务 印 书 馆 发 行
北京中科印刷有限公司印刷
ISBN 978-7-100-10027-4

2015年6月第1版　　　　　开本 787×1092 1/16
2018年9月北京第2次印刷　印张 25¼
定价：88.00 元

目　录

序 —— *1*

第一讲　现代建筑成为中国现代运动的一部分 —— 7
第二讲　西风渐进，古典复兴伴行折中主义 —— 23
第三讲　文化策略相逢传统本位 —— 50
第四讲　中国要素引领现代建筑起步 —— 64
第五讲　建国初短暂的现代建筑 —— 98
第六讲　歌颂人民胜利的民族形式 —— 117
第七讲　北京十大建筑 —— 148
第八讲　技术创新 —— 162
第九讲　正面观察"文革"建筑现象 —— 181
第十讲　小建筑起步，体现了重视国情的大原则 —— 207
第十一讲　新地域性 —— 225
第十二讲　象征和隐喻 —— 246
第十三讲　走出去 —— 255
第十四讲　引进来 —— 268

第十五讲　"欧陆风情"——287

第十六讲　新形式主义——300

第十七讲　回归人本，盼和谐人居——314

第十八讲　实验建筑——327

第十九讲　建筑新风——348

第二十讲　请社会理解建筑——391

后　记——402

序

我很愿意首先"讲"一下，自己亲历的"中国现代建筑史"缘起的"故事"。

1949年开始的中国现代建筑史，时间上离我们最近，实例也举手可得，但人们却感觉它比近代或遥远的古代建筑史模糊得多。其原因是，这个学科成形时间短，研究人员少，成果也不多。

1958年，准官方的学术会议号召建筑界写"三史"（古代、近代和近十年）。1959年，建设工程部建筑科学研究院出版了一部大型画册《建筑十年》（1949—1959）。稍晚，高校研究人员编写过一点讲义，把建国十年来发生的建筑事件，作为"动态"介绍给同学，教科书里没有中国现代建筑史的正式位置。这本讲义是1949年之后类似"现代建筑史"的第一次出场。

二十年之后的1980年，我国开始编撰《中国大百科全书》中的《建筑园林城市规划》卷，建设部部长戴念慈代表政府主管，设计局长龚德顺协助工作[1]。这部书的所有条目已各有撰主，唯有一个叫做"中国现代建筑"的大条目无人接手。这是一个不能舍弃却想不出作者的条目，原因是，它的内容实在"太敏感"，涉及1970年代之前中国政治运动对经济活动造成的直接后果，在十年"文革"惊魂之后，无人

---

1 他们二人都是建设部设计院著名的总建筑师，出身建筑学专业，从基层做起，在建筑界享有崇高的地位。

愿为此事出头。

龚德顺作为政府主管建筑设计的最高官员，只得承担起这个条目，他设立了一个"中国现代建筑研究（1949—1982）"项目，要把研究成果写成大百科所需要的条目。实际参加这项工作的只有三个人：主持者龚德顺、设计局技术处清华建筑学出身的窦以德和我——一个对"中国现代建筑"无知、无畏的青年教师。大约在1985年，我们完成了大百科的条目，1989年出版了《中国现代建筑史纲》，这是由官方奠基并主导的最早的研究成果，该项工作也就此结束。

我原本对中国现代建筑毫无兴趣，觉得窗外这些建筑"灰头土脸，乏善可陈"。校友龚德顺到学校找人帮忙，阴差阳错系领导派了我，揣想有可能游遍全国，我欣然参加。调研中，知道了窗外的建筑竟然经历过如此的坎坷，中国建筑师竟然在如此严苛的条件下工作，我已经放它不下了。我和我的小团队，在国家自然科学基金和教育部、建设部相关基金的支持下，于2001年完成了以《中国现代建筑史》一书为代表的"中国现代建筑史研究（1949—1999）"课题，这项成果荣幸地获得2002年教育部自然科学一等奖。俗语说"铁打的营盘，流水的兵"，我感恩天津大学建筑学院这个"铁打的营盘"，怀念先后参与工作的研究生，那些"流水的兵"们。

在这部建筑史中，有一些值得提一下的地方。

由于在起步时对中国现代建筑史的无知，我的头脑就没啥框框，《史纲》及之前的工作虽有出言谨慎的龚总把关，但我发现他十分认同外来现代建筑设计原则和实践，甚至他就是一个现代主义者。所以，我们在《史纲》里，一致为建国之初受到严厉批判的"方盒子"建筑喊"不公"，这在当时，是需要学术乃至政治勇气的创举。

由此引起我的一个很尖锐的想法：中国现代建筑史不应当从1949年开始。其理由十分简单，发源于西方的现代建筑（modern architecture）原则和实践，在1949年以前就深入我国建筑，否则不会在共和国初期出现那么多的"方盒子"建筑。对此，我们做了一些论证，并保守地将起点定在1920年代之末，并确认中国现代建筑是国际现代运动的一部分。

进一步的研究表明，这个年代还可以向前推，因为钢筋混凝土建筑和现代建筑前期的新艺术运动（art nouveau）建筑，在1900年代就已经出现。这样，就引出一个更尖锐的问题：近代和现代建筑史可不可以合而为一？中国近、现代建筑史的分期，来自当年的通史，而那通史，又受苏联的深刻影响。我给当时在读的博士生邓庆坦设立了课题《中国近、现代建筑历史整合的可行性研究》，提出了这个问题，但并不急于解决，因为这需要长期积累共识，况且，可能还会有人坚决反对呢。

建国初期所谓苏联社会主义建筑理论，对我国施加了深刻而久远的影响，如"社会主义现实主义的创作方法"和"社会主义内容，民族形式"两个口号，使我国重蹈了苏联建筑"复古主义"的覆辙。我们追寻出这些思想的斯大林主义根源，指出1950年代之末苏联就已废弃了这两个口号，而我们还一直沿用到1980年代以后。在历史"禁区"之内的这个视点，具有一定现实意义。

苏联的这套理论，还在中国留下了许多疑案，例如苏联建筑专家在中国到处寻找"结构主义"建筑，作为批判目标。我们从现代艺术史的角度，研究了十月革命前后俄国现代艺术，对照苏联文献，弄清了"构成主义"（即所谓"结构主义"）艺术的来龙去脉，指出了苏联专家在中国批判中国"结构主义"建筑的荒诞。同时，我们也揭露了他们对我国和东欧"兄弟国家"建筑的大国沙文主义的恶劣态度。苏联以"阶级斗争"为纲的建筑理论，贻误了我国现代建筑的进程，建筑界对此清算不够。

"大跃进"和十年"文革"，都是在我国政治和经济的发展中起反作用的灾难性运动。在"大跃进"中，虽然基层的建筑工作者也在头脑发热，但他们却脚踏在实地上，真诚地希望自己的工作有所发明，有所创造。广大建筑工作者契合国际潮流，创造出一系列以新结构展现新面貌的新建筑，值得称颂。"文革"中，"下放"到各地的建筑师，结合地域条件的建筑创作，对建筑现代性的自发探讨，都是建筑全局倒退中的局部发展。对于这些，我们不因运动的不当，而不给予正面观察。

我们还对中国建筑师严峻的创作条件加以阐述，他们经常处于动荡的政治运动环境中，物资、资金长期短缺，执行着几乎是最低的建筑标准，例如住宅居住面积每人4平方米的标准，执行了三十余年，这些都是外国建筑师极少遇见的情况。

这部建筑史的史料，基本是2000年之前的活动，进入21世纪之后的建筑现象，尚缺乏全面实地的调查研究，所以涉及较少。事实上，改革开放以后的建筑活动，特别是1990年代和进入21世纪的建筑现象，作为历史尚需要时间的沉淀，这里所写，只能当作"动态"观察。

《中国现代建筑二十讲》就是用这样一部中国现代建筑编年史改写的，从基础资料上看，不会有什么问题，但确实存在许多注定的不足或困难。

首先是难以贯穿整个历史线索的连续性。这是因为以"讲"为特点的叙事，均以独立主题为主，主题之间虽然次序还在，但与历史分期的关系大大淡化了。与此相应，我就对历史分期做了大大简化。例如，从1958年到1978年这二十年间，本应分三个历史阶段，为避免更细的分段会在叙事中纷扰，这里我就非学术性地归结为一个时期。

其二，由于这种简化，建筑活动的背景就不易充分展现。限于篇幅和写作的技术问题，有时不能为一些建筑现象勾画出较为深层的背景，特别是政治思想方面的背景，而这些往往是影响建筑思想的重要因素。例如1958年的"大跃进"、"文革"十年以及"拨乱反正"时期等，背景难以充分表现。

其三，缺乏"讲"所应有的"故事性"。当年写《中国现代建筑史纲》[1]的时候，龚德顺规定"尽量不出现人物，对事不对人"。我曾检讨那本书"见物不见人，见外不见内"[2]。事实上，如果真要描写领导人物及对建筑评判，在我们现行的档案体制下，也几乎是不可能的。我们只能以建设部和建筑学会档案以及公开的文献来工作。尽管很少活灵活现的故事，但是，基础资料和图片，绝大多数由作者亲自提供或自己现场拍摄，尽管以今天的标准看，质量不是太高。

其四，还有各"讲"之间文字的"平衡"问题。由于每"讲"以独立主题叙事，而建筑事件的内容有别，造成各"讲"的长短不一。我做过尝试，删除较长的，合并较短的，都觉得不满意，所以出现了各"讲"文字长短不齐的现象。

其五，中国历代有"后朝为前朝修史"的传统，当代人写史难免会有诸多不

---

1 龚德顺、邹德侬、窦以德，《中国现代建筑史纲》，天津科技出版社，1989年。
2 外是指外观，内是指室内。

便。其实，当代人写史也有许多优势，例如可以同相关作者交谈，有亲临其境的经验，信息不易扭曲等，但有时也会掺进个人的偏见。例如，我在"设计革命运动"中就受过"冲击"，对此耿耿于怀。对此，我经常告诫自己，勿带个人情绪。

本书的图片中，近半由我本人调研时现场拍摄，另外由建筑师本人、设计单位和同行友情提供，另一些出自各类的文献，在此一并表示感谢。

偶然的机会使我进入了研究现代建筑史的行列，但我始终不敢承认自己是"搞历史的"，历史和历史学家实在太令人敬畏了。历史作品不是表达个人立场观点的恰当处所，它唯一的任务应当是提供翔实的史实。但现实中，作者无法在作品中回避自己的观点和立场。我的工作起步受到官方的指导，一直受到国家的资助，对此我经常心怀感恩。但我们的学术立场和观点，始终是独立的、自由的。

邹德侬于"有无书斋"

2013 年 3 月 23 日

第一讲

现代建筑成为中国现代运动的一部分

现代建筑

在世界建筑史中,"现代建筑"（modern architecture）一词,不像字面上表示的那样,是"现在这个时代的建筑",而是一个具有特定含义的专用名词,它和英国工业革命带来的工业文明有着根深蒂固的联系。发源于英国的工业革命,所产生的技术、经济、社会和文化方面的变革,也广泛而深刻地促成了欧洲的艺术革新运动,该运动的物质基础是以机器为核心的工业化生产,其思想基础是以工业化思想为核心的自由与创造精神。现代建筑,就是这个革新的现代运动（modern movement）的组成部分,它的兄弟姐妹是其他相关的艺术门类,如包括实用艺术（applied art）在内的现代美术（fine art）。

那么,建筑怎么就从"古代"进入"现代"了呢?

这是一个十分重要而且有趣的话题。说"英国的工业革命,所产生的技术、经济、社会和文化方面的变革"的影响,使得建筑进入了"现代"是不错的,但是应当把这种影响具体化,要看看影响到建筑的什么,让建筑的本质从古代"飞跃"进了现代。

首先是建筑技术体系的飞跃。建筑技术是建筑的基本手段,所谓技术体系包括建筑材料、结构、设备和设计、施工技术等。古代建筑的技术基础是手工业,建筑材料是简单的天然材料,如泥土、石头、木材等以及它们的派生产品,像土坯、烧

高层商业建筑，芝加哥，雷特大厦，1885，詹尼。

铁在建筑中的应用，巴黎国家图书馆室内，1855，H.拉布鲁斯特。

砖等。而进入工业社会，出现了人造的新材料，或者本来并非建筑材料，由于工业化生产使之产量和品质大大提高，价钱也便宜到足以用来盖房子的建筑材料，如钢筋混凝土、钢铁、玻璃等。建筑结构形式的产生，与建筑材料直接相关，像希腊石结构的产生，中国木结构的产生，皆源于当地出产可用于建筑的材料如石头或木材所致。古代天然材料的性能不够高，决定了较为简单的建筑结构，如木结构、石结构、夯土结构及其混合结构形式；而在工业社会，建筑材料的性能大大提升，因而产生了更为复杂的结构，如钢、铁结构，钢筋混凝土结构以及发展了的新混合结构，这些结构形式，帮助建筑向更大的横向跨度与更高的竖向高度推进，以满足人们对建筑日益增长的新需求；古代的建筑设备比较简单，而工业的发展产生了许多新式的与建筑相关的设备，如电梯、空调、电话及其他通信设备等，设备直接推动了建筑机能的完善与高效。建筑材料、结构、设备的全面进步，使建筑技术体系与古代告别。

第二是建筑功能体系的变革。建筑功能是盖房子的基本目的，工业化的来临，

第一讲　现代建筑成为中国现代运动的一部分

新结构形式，1889年巴黎博览会机械馆室内。　　　　　　超尺度的巨型三铰拱结构。

使得社会对建筑的需求变得复杂、多样而广泛，为了适应新兴的需要，建筑的类型及其用途，必须相应发展，特别是一些新的建筑类型应运而生。例如各类工业厂房、百货大楼、银行、公寓，以及电影院、舞厅、各色娱乐场所等。这些建筑的新功能，不是手工业时代的作坊、集市、钱庄之类的建筑所能完成的。建筑功能体系全面变革，促使建筑的内容焕然一新，迈进新时代。

　　第三是建筑创造的思想体系也发生了革命性变化。建筑思想是建造者和使用者对建筑的哲学思考和方法论，工业化思想体系，是工业社会发展的另一个翅膀，它与工业实体一起，让工业社会起飞。以工业化思想为主导的自由开放的建筑创造思想，取代了手工业时代较为狭隘和封闭的建筑创造思想。自由、开放的革命性建筑创造思想，在与老学院派[1]专制、保守艺术思想的长期激烈斗争中，确立了全新创造

1　指19世纪及之前以巴黎美术学院即布萨学院（Ecole des Beaux-Arts）为核心形成的艺术思想体系。

性的建筑艺术思想和方法。

第四是建筑制度体系的变革。建筑制度是建筑的设计、建造及其相关的管理体系。为适应工业社会需求，建筑从设计到建造，均纳入了现代市场经济，并形成了相应的法律、法规等新制度体系，以保证建筑市场有序、公平、高效、品质等方面的竞争和发展。而适于手工业社会的建筑制度体系，则比工业社会要简单得多。

建筑体系这些变革，使得建筑从手工业社会脱胎而具备了现代性（modernity），从而进入了工业社会的现代建筑时代。

如此说来，一个建筑时代进入另一建筑时代，起码必须具备上述带有根本性的体系变革，否则，也只是说说而已。就像1980年代有人说，现代建筑时代已经结束或过时了如今已经进入所谓"后现代建筑时期"那样，不过是"炒作"而已。当然，这也不是说现代建筑就"万岁"了，它肯定要在具备一定必要社会条件之后消亡，并进入新的历史时期。

新体系的形成，并非朝夕之间一蹴而就，也不是几种体系齐头并进，而是有先有后，有偏有全，甚至有隐有显。例如，建筑技术体系或功能体系的转变易于察觉，而思想体系和制度体系的建立则不易发现，且需经过更长的时日。同时，进入一个新的建筑时代，也不像一刀切下去的那样整齐，那是一个渐进的过程。新时代的建筑会留有旧时代的印迹，人们的怀旧或乡愁，也会保留甚至新建一些地道的老建筑，这些都无碍于建筑进入新时代的界定，相反，也可以说它们从一个方面丰富着新时代建筑。当然，它不是主流，也不该成为主流，否则时钟就倒转了。

前所未有的现代建筑三种经典原型，实证了上述建筑体系的确立，这就是：高层建筑、大跨建筑和以小住宅为代表的自由式建筑。

高层建筑，一种向垂直进军的建筑类型，它适应城市地价飞涨，建筑功能单一的重复单元，它以新的建筑设计科学和建造技术做支持；大跨建筑，一种向水平扩展的建筑类型，它覆盖巨大、无柱的建筑功能面积需求，同样是新科学技术的产物；自由式小住宅，则是讲究效率的现代生活方式和现代审美意趣的一类，充分体现人居的自由、开放精神。具有此类精神的，还有新型的工业建筑等。工业社会的

第一讲 现代建筑成为中国现代运动的一部分

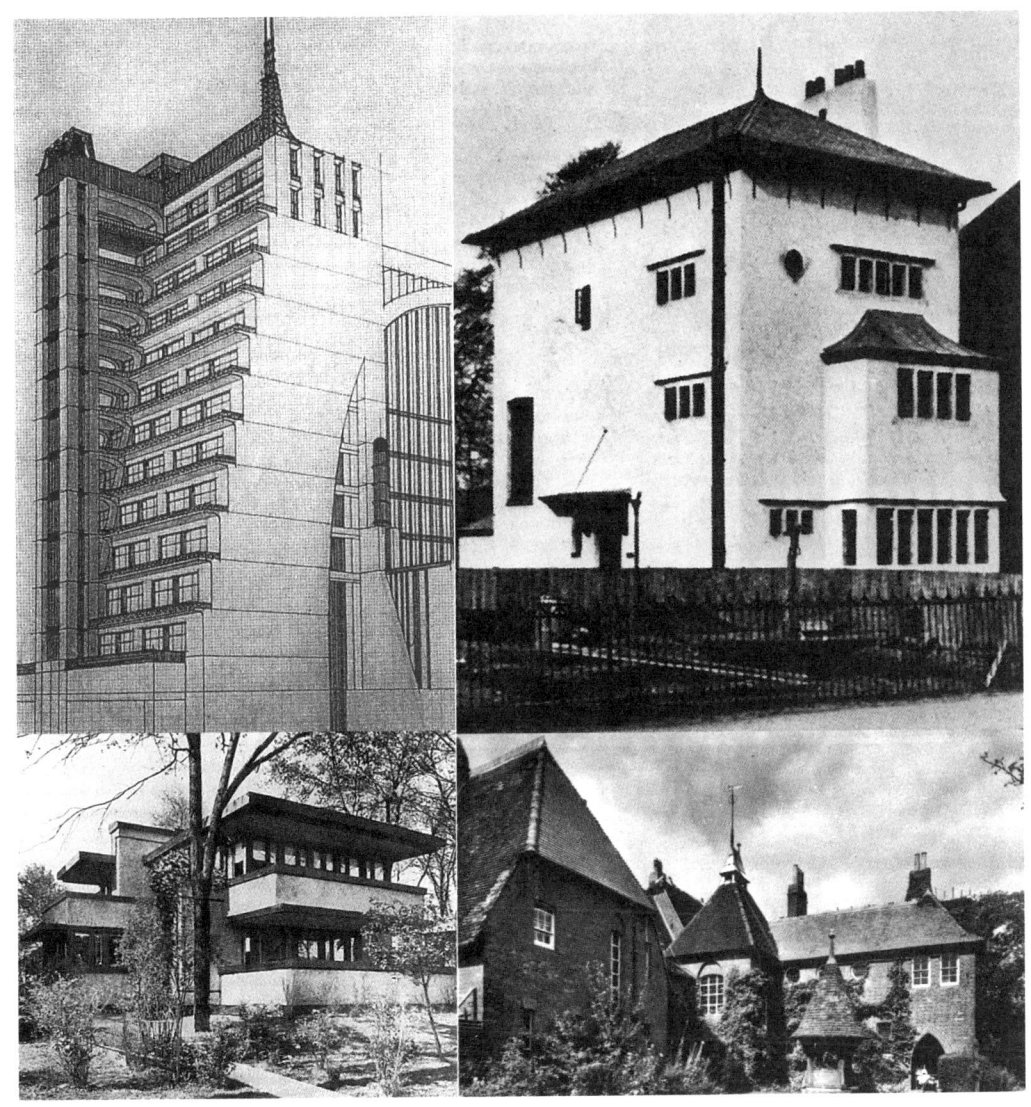

未来主义住宅，梯形住宅方案，1914，A.圣埃里亚。

革命性住宅，奥克帕克，Thomas Gale住宅，1909，F.L.赖特。

实验性住宅，伦敦，福斯特住宅，1891，C.F.沃伊齐。

英国工艺美术运动的先锋住宅"红屋"。肯特，1859，P.韦伯。

1889年巴黎博览会机械馆,运送参观者的天车。

这三种全新建筑类型,以前所未有的形象,显现出它可能拥有的作为,以及它所具有的鲜明时代艺术特征。

有意思的是,一些现代建筑原型问世的第一推力,并不是发自建筑师的手,而是被那时建筑师看不上眼的工程师们。工程师在那个"要致富先修路"的年代,在横在路前的河流上,修了无数的桥梁,而且跨度一座比一座大,达到百米以上已经不是什么新鲜事儿。大跨度桥梁鼓舞着建筑师追求大跨度建筑,也为之提供了技术可能性。1889年,巴黎115米跨度的机械馆与埃菲尔铁塔,同时出现在纪念攻打巴士底狱一百周年的巴黎博览会上。那个备受争议也算不上正规建筑的埃菲尔铁塔,高达300米,显示了人造物可以达到的高度。在那个世纪之末的美国芝加哥学派(Chicago school),开始了让建筑攀升无限高度的进程,至今,人们还指摩天大楼为现代化的象征,以争当大楼高度的世界之最为荣。园艺师J.帕克斯顿(Joseph

第一讲　现代建筑成为中国现代运动的一部分

1851年伦敦世博会水晶宫，J.帕克斯顿。

Paxton）"靠乡下的几个铁匠、玻璃匠和伦敦的一个木匠"[1]，为1851年伦敦第一届世博会建造的那个被叫做"水晶宫"的展览馆，几乎是一个"即兴"之作，他们用"标准化"、"预制化"和"装配式"的工业化方法，在短短4个月期限里，完成了长560米、宽137米、能拆卸而异地重建的庞然大物，它在显示建筑工业化威力的同时，也在强烈地呼唤工业化时代建筑审美的新准则，现有的审美原理，在这座一眼望不到头的玻璃盒子面前，已经派不上用场了。

经典现代建筑[2]，注定萌动于工业革命发源地英国，英国工艺美术运动（arts and crafts）也必然在工业发达的欧洲大陆蔓延，演成有生气的新艺术运动（art nouveau），

1　英国作家狄更斯语。
2　经典现代建筑（classical modern architecture），指两次世界大战之间成熟的开创性现代建筑。

新艺术运动自由装饰建筑,桑坦德(西班牙),El Capricho住宅,1883—1885,高迪。

而完全意义上的现代建筑奠定于工业最发达的新兴德国及其包豪斯(Bauhaus),也就顺理成章了。

发源于欧美并在两次世界大战间隙里成熟的现代建筑,从来没有停止过对外传播并施加影响。向世界各地——包括欧美的殖民地或半殖民地,用种种方式——直接输出或由当地建筑师采认。第二次世界大战以后各国大规模恢复重建,以及殖民地半殖民地相继独立后的大规模建设，使得这种传播达到高潮，并促成经典现代建筑完成了它的"英雄时期"。在这个过程中，有两个重要因素，明里暗里对经典现代建筑提出了反思：一是实践中越来越严峻的环境问题和文化问题，二是发达国家迅猛发展的信息技术成就。这些因素逐渐引发了对建筑现实的质疑，对建筑未来的前瞻，以至汇成修正经典现代建筑的浪潮。1970年代以来，这些质疑似乎已经表明，现代建筑运动像是日薄西山了。有人对此开出了"药方"，例如C.詹克斯（Charles Jencks）提出的所谓"后现代主义建筑"（post-modernism architecture）等。

改革开放后的中国，对现代建筑再认识，对新建筑思想引入和发展，就是在世界建筑这样的历史流变进程中展开的。

中国现代建筑

列强的炮舰轰开了中国的大门，无数不平等条约让西方的政治、经济和文化因素在中国落地，生根，而欧美的建筑就包含其中。这是诸列强国家主动甚至强制带来的，中国的土地和人们只有被动接受。这些建筑中，有以西洋古典建筑为代表的老式建筑，还有正在发展着的新式样建筑乃至现代建筑，同时还有表达欧美各地风情的地域性建筑。如果从19世纪和20世纪之交算起，少量早期现代建筑，如新艺术运动建筑，就进入中国了，并在技术体系上带来明显的变化。当时的老式建筑，业已采用了许多新材料、新技术，不过还穿着古代的外衣罢了。新老建筑并行输入，就像欧洲新老建筑并存那样，在中国持续到1949年中华人民共和国成立。

应当看到，在建筑被动输入的国度里，有两条线索正在悄然发生变化：第一是这种被动输入正逐步被国人变为主动发展；第二是现代建筑正日渐取代老式建筑成为主流。而这个过程，贯穿着建筑体系的中与西，新与旧的冲突、对比、选择、转译或融合等过程，这种冲突，也是当时社会文化的中与西，新与旧冲突的组成部分。这一过程会生成某种结果，而在建筑或其他造型艺术领域，被人称颂的，往往以成功实现"中西结合"或"东西结合"为评价最高境界。这并不完全是讲究"中庸之道"的中国特有现象，在其他被动输入西方现代建筑文化的地区，如亚洲的印度、一些拉美国家乃至非洲等地，也有此类的评价标准。

在中国，这个具有古老文化传统又在近代备受欺凌的国家，由被动输入到主动发展的进程，来得更为复杂艰难。

首先是社会之不安定。新中国成立之前，有三年国内战争及八年抗日战争。在生灵涂炭、经济凋敝的战争环境，建筑的发展无从谈起；再往前追溯，被认为是中国近代建筑重要发展时期的一战结束至1937年抗战爆发前，也不免有各列强支持的军阀混战和"9·18"前后的日本侵略，社会从未真正安定。新中国成立之后，成功地进行了三年国民经济的恢复，并胜利完成了第一个五年计划。然而自1958年起，国民经济大起大落，待到大动荡的十年"文革"结束，国家转向以经济建设为中心并实行改革开放时，20世纪只剩下二十年了。

第二是传统建筑文化的民族精神寄托。晚清政府的腐败无能，列强的侵略欺凌，造就了极为复杂的民族心理。人们冷眼看待列强舶来品，却也认可其中的先进性，包括西方在思想方面的成果。人们虽然有意吸取其现代因素，却也不忘重塑民族建筑的辉煌，在传统建筑文化中，寄托了一种民族复兴精神，这在新中国成立之前和以后，都有十分充分的表现。因此，外来建筑文化与中国传统的关系定位问题，例如，如建筑发展中的"中与西"、"传统与现代"、"新与旧"等定位，始终困扰着中国现代建筑的主动发展。

第三是意识形态。第二次世界大战之后，世界形成了意识形态势不两立的两大阵营：一是以美国为首的"帝国主义阵营"，一是以苏联为首的"社会主义阵营"，新中国理所当然地"一边倒"向苏联。苏联具有强烈国际、国内阶级斗争意识的所谓社会主义艺术理论，把发源于欧美的一切现代建筑或艺术，指作是为帝国主义、资本主义服务的"工具"，也把现代建筑视为"阶级敌人"，并与之隔绝。敌视与隔绝，阻断了现代建筑发展的最新信息，也延缓了中国现代建筑的主动发展。

由于上述原因，如果说中国现代建筑是国际现代运动的组成部分，还得化解一些民族情感和意识形态方面的"心结"。

"列强"或"帝国主义"，可以说是对先进工业化国家一些扩张、侵略属性的政治表达，而这些国家创造的先进的科学、技术却是属于全人类的共同遗产，不必因民族情感或意识形态而耿耿于怀。例如，飞机、电影或计算机都不是中国人发明的，这并不妨碍我们使用或发展它们的热情。无论如何，近代门户开放后的输入，为我们这个古代多辉煌、近代多苦难的中央之国，启动了中国社会现代化的进程。那些外来的建筑，既是当年帝国主义列强侵略中国的罪证，而今也在历史的积淀中，浮现出中外建筑文化交流的含义。因工业化而产生的现代建筑，是时代的选择，甚至是振兴中国建筑之必由之路。

事实上，自外来建筑被动输入之日起，中国建筑已在国际现代建筑运动的影响之下了。几个由单一国家开发的城市，像哈尔滨（俄）、青岛（德）等，就有初期现代建筑的作品实例。新中国成立之前学成的那一代建筑师，多数已熟悉经典现代建筑的原则与实践，并在自己的职业生涯中有所实践，社会上也不乏有关中国建筑走向何方的争论。新中国成立之后，即使在最封闭的年月，甚至在现代建筑受压最沉重的"文革"年代，中国建筑师依然自觉或非自觉地应用着现代建筑原则，为我们这个"一穷二白"的国家建设服务。待到改革开放之后，中国建筑师更是主动弥补了对外隔绝时的缺失，并与国际建筑界的关切相汇合，重归国际建筑运动，尽管当时这个运动已是强弩之末，而且受到种种质疑。可以说，虽然对现代建筑有1949年前的"外侮"情感，有共和国成立之后的"外敌"意识，发源于欧美的现代建筑原则及其实践，不论是隐是显，一直在我国的建设中起着重要作用。

要讲中国现代建筑，还有一个时限问题，就是从哪年说起？

中国建筑史教学，沿用了中国通史的体系，把中国史分为古代、近代和现代三部分。通史的近代史从1840年鸦片战争开始，下限定在1919年的五四运动还是中华人民共和国成立的1949年，是史学界争论的问题。不过，现行的中国"近代"建筑史，把时限定在1840年到1949年，建筑界却没有什么争议。这样，中国"现代"建筑史的断代，只得是从1949年至今了。

然而，研究表明，1949年是中国现代历史重要阶段的开始，但援用它为现代建筑历史的开端却不恰当，因为早在1920年代之末，中国建筑的现代性就已经表现得很清楚了[1]，而且，这个年代还可以直接上溯到20世纪之初[2]，毫无疑问，1949年前、后的中国现代建筑是连续不断的。如果这样，就出现了一个新问题：近代和现代建筑史就得整合而一，这是一个可见的将来不会解决的问题。

世界建筑历史的现状是，外国建筑史不分"近代"和"现代"，它们都称作"现代建筑史"（history of modern architecture）。中文里，这个modern既可以译成"近代"，也可以译成"现代"，日本学者就译作"近代"，所以日本也只有"近代建筑史"。至于我国，是否把"近代建筑史"和"现代建筑史"这两段合二为一，这个问题当前并不迫切，可以把它挂起来，先做些必要的研究，以待时机。但是把1949年前、后的中国现代建筑紧密联系起来，成为一个不可分割的整体，却是既重要又迫切。为此，这里所讲的中国现代建筑史包括：1949年之前半个世纪"近代建筑史"之部分内容，重点是外来建筑的被动输入及其主动发展，1949年之后半个世纪，在特殊的国际、国内环境中我国现代建筑发展的独特现象。

有必要对中国现代建筑史的发展进程做一个概略的描述，以便在展开我们的话题时，有个较为整体的时代背景线索。当然，这个进程描绘是个人化的，同时也是开放性的，随着研究的深入将会做若干修正。

一、1900年至1937年，现代建筑被动输入和初步发展。

19世纪和20世纪之交的中国，已被迫纳入世界市场，不同类型、不同风格的建筑全面输入中国，包括西方正在发展着的现代建筑。大城市的公共建筑，大量运用新技术体系；广大农村和中小城镇，依然继续着传统营造方式。中国建筑师，开始登上建筑舞台，探索建筑新方向。

二、1938年至1949年，实践停滞期对建筑未来的思考。

正当现代建筑思想以较大力度影响中国建筑师的时候，中国进入了长期战乱，建设处于停滞状态。建筑师除了从事部分国防工程外，在反思战前的建筑方向的同时，也在思考着战后的恢复与民生中的建筑问题。

---

[1] 邹德侬、曾坚，"论中国现代建筑起始期的确定"，《建筑学报》，1995年第7期。
[2] 邓庆坦，《中国近、现代建筑历史整合论纲》，中国建筑工业出版社，2009年。

三、1950年至1957年，经济大发展中探索建筑新方向。

三年国民经济恢复（1950—1952）和第一个五年计划（1953—1957）顺利完成，推动了建筑对新方向的寻求，但道路坎坷而曲折。由于意识形态的原因，批判了建筑师自发延续过来的现代建筑实践及其原则；官方引入斯大林所谓社会主义建筑理论"民族形式"等创作口号，在实践中造成浪费，建筑师在"反浪费运动"中受到批判。

四、1958年至1978年，经济大起伏中建筑的局部发展。

1958年的"大跃进"，是用政治运动方式搞经济建设的运动，大计划、高指标等一些非科学的做法，注定使得经济建设大大失衡、乏善可陈。但在"技术革新"、"技术革命"口号的鼓励下，以薄壳和悬索等新结构带动的建筑创造以及首都"十大建筑"的建设，具有重要的历史意义。

随后的"三年自然灾害"以及苏联撕毁合同、撤离专家等事件，使得中国经济不得不进入"调整、巩固、充实、提高"的"调整时期"，直至1965年调整初见成效。不幸的是，1966年"文革"爆发，中国经济重新落入低谷。在经济建设全局的停滞中，不同时期、特殊领域也有局部的进展，如政治性、地域性以及特定类型的建筑得到发展，同时也表现出一定的现代性。

五、1979年至2009年，改革开放三十年，建筑全面发展。

1978年12月中共中央召开十一届三中全会，做出了把工作重点转移到社会主义现代化建设上来的战略决策，同时也结束了"文革"之后中国社会发展的徘徊状态，开创了改革开放的全新局面。

改革开放第一个十年（1980—1989），在经济转型中，在外来影响尚不十分强烈的情况下，从中小建筑起步，自发探索中国建筑的新特色，取得良好成果；

改革开放第二个十年（1990—1999），在邓小平"南巡讲话"的鼓舞下，全国掀起新的建筑大潮，许多建筑创作突破经典现代建筑呈现新面貌，外来建筑有较多的参与和影响；

改革开放第三个十年（2000—2009），在全球化的条件下，初步探索全球建筑所共同面临的环境恶化以及可持续发展问题，同时也在努力创造具有建筑师个性的新方向。

建筑多样化局面虽然形成，但由于中国建筑市场初建，制度体系不够完备，建筑品格良莠并存。中国建筑完成了世界最大的规模，很大程度上解决了人口大国的建筑数量需求，却少见与之匹配的世界公认的优秀建筑作品。

中国现代建筑师

20世纪初中国建筑师诞生至今，可以天然地划分为三代，尽管我不喜欢人为地为建筑师分代。

1949年以前毕业的可算是第一代，其中年纪较轻者，他们的工作持续到新中国成立之后的很长岁月。他们大多受过良好的专业教育，具有留学的经历，归国后或在执业中与外国建筑师竞争，或成为建筑教育的骨干。他们是中国建筑奠基创业的一代，也是新中国成立之后负重担责的一代，在历次政治运动中，往往成为被冲击的阶层；

第二代是新中国成立之后到"文革"停课前培养的一代建筑师，他们同样受过良好的专业教育，由于身处国家"闭关"时期，缺乏国外留学或交流的机会。但是，在计划经济的体制下，在不断的政治运动中，常常是在短缺经济的环境里工作，他们与第一代建筑师在一起，成为共和国建筑设计和教育中坚，在政治和经济双重压力下，做出了卓越的贡献。应当指出的是，由于十余年没有正规的建筑学毕业学生，在建筑人才青黄不接的那段较长时间里，他们起到承前启后的作用；

第三代建筑师是改革开放以后1977年以来开始入学、毕业的一代，他们不但身受良好的教育，更有方便的出国和对外交流条件，许多人就学于国外，身处所谓"跨文化"的位置。他们处在物质条件和创作环境较为宽松的时期，赶上了改革开放建筑大发展的时期。由于这也是"计划经济"向"市场经济"转型的时期，经济"全球化"逐渐深刻影响中国的时期，他们经历了大变革时期的许多新矛盾。

尽管不同时代的建筑师，各有各的时代特征，中国建筑师还是有些独特的群体性格，这是由中国传统文化和当代社会条件造就的。

中庸和辩证的设计思想和方法。"中庸之道"是儒家文化的核心思想之一，它既是一种哲学思想，又是一种普遍的方法，自古以来深深影响中国知识分子。在很长一个时期内，这种思想方法又被知识分子的"必修课"辩证唯物主义所强化。中庸思想和辩证思想，都有观察全面、重视整体、两分法分析事物的特征。往往以既要这样、又要那样的兼容状态为最高境界。对于建筑师来说，这种思维模式有助于设计出周到而实用的作品，但也必然导致作品缺乏鲜明个性，这在批判"个人主义"的时期尤为突出。

创作中胸怀特定的文化使命感。沉重、屈辱的中国近代史，使第一代建筑师具有振兴中华的使命感，常怀发扬悠久建筑传统的情结，如"中国固有之形式"等，并把这一情结一并带入1950年代以后的创作活动之中，如"民族形式""中国的社会主义的新风格"、具有"中国特色"的新建筑等。

高超的设计技艺和折中的思想倾向。第一代留学生以留美居多，留美学生以学院派教育著称的宾夕法尼亚大学为集中。中国学生所受的学院派教育，注重建筑技艺基本功训练，注重风格化建筑模式的掌握，大多数学生能以优异的成绩完成学业，有的在学期间就获得重要的奖项。归国之后，因为面临激烈竞争，不得不运用多种手法去应付业主的种种要求。新中国成立之后，许多建筑师设计了很典型的现代建筑；提倡民族形式之时，同是一位建筑师，又设计出地道的大屋顶建筑。多重风格化技巧的掌握，也促成了创作折中倾向。这种倾向一直蔓延至今，服务于对所谓"欧陆风"之类形式的模仿。

儒家文化，强调人的社会性和群体性，而人的个性时常受到压抑。在计划经济年代，建筑创作机制强调集体，追求群体价值，加之长期对"个人主义"、"资产阶级思想"的持续批判，创作中具有个性的作品难被认可。在这种强调集体的机制下，虽然能做出一些杰出的工作，但难以产生灿烂的建筑明星或世界级的建筑大师。

但是有责任感的中国建筑师，都向往创新，向往建筑现代化，中国现代建筑史，就是在国际现代建筑运动的影响下，在建筑师追求建筑现代性的努力中展开的，即使在外部基本封闭、内部物质匮乏的条件下，他们也始终不渝。在百余年的进展中，不论是"全盘西化"者还是"中西结合"者，甚至包括固守传统者，都是行进在一个过程中，它们的理想境界是一种"新产品"。这种产品，不见来源地的

"洋腔洋调",避免本土地的"老气横秋",吸取现代性,生根地域性。在新的进程中,舍弃形式文章,回应自然环境,可持续地满足人们的物质和精神需求。有责任感的建筑师,都在开辟这样的新路。

第二讲

西风渐进，古典复兴伴行折中主义

现代建筑体系进入中国

以手工业为生产力，以木结构为主导的中国传统建筑体系，已有数千年历史，久远的进化，已经把这一体系发挥到了极致。有"墙倒屋不塌"佳话的木结构技术体系，力学合理，构件完美，在完成力学任务的同时，也达成了美丽的结构装饰；精妙的涂饰技巧，既保护了木结构不受侵蚀，又取得了华美的色彩效果；尤其那曲线优美、出檐翼然的屋顶，成为中国建筑的符号。

中国建筑看似简单的个体单元，可以组合成院落，院落再组，成团成群，用轴线加以引导逐一展开，能够形成从极简单到极复杂的建筑群，这种建筑群，可以应对从私家宅园，到佛寺道观，乃至皇家宫殿等各种庞大而复杂的使用功能。中国建筑成熟的"法式"、"则例"及其严格的等级制度，使建筑呈现出为不同层级服务的多样性特征。而在地域广大的民间，能工巧匠利用所处地形、地势、地方材料，结合当地民间风俗、民族风情，绽放出绚丽的地域建筑奇葩。在那漫长而保守的封建社会里，传统建筑体系广泛地发挥着它下自庶民上至皇权种种社会生活、生产和精神等全方位效能。那曾经是一个多么完美的建筑体系！

可是，这个完美的木构建筑体系，遇到了来自西方列强的全新建筑体系的挑战。19世纪和20世纪之交的中国，已被迫纳入世界市场，打入中国的列强，在大量攫取原材料的同时，更是扩大商品输出、资本输出，并夺得开办工矿、兴修铁路的权利。为了服务于它们在华谋利的种种活动，列强在中国营造了各种类型的建筑，也就把它们不同风格的建筑形式输入中国，包括西方正在发展着的现代建筑。这样，西方发展中的工业化建筑体系，就和稳定的中国传统建筑体系正面相遇了。

在新的社会需求下，中国传统建筑体系在材料性能、结构形式、满足新的功能、适应新的社会文化心理以及营建制度方面，已经显得力难胜任，相比之下，新兴的西方建筑体系倒像是为解决这些建筑问题应运而生的。但是，一个伟大的而光辉的传统建筑体系从此就会消亡吗？显然不会那么简单，此两者之间，充满戏剧性的排斥、吸收、并置、化合、消失、重生等思考和实践，这种思考和实践，长期占据中国建筑创作活动的主流，其进程可以说持续至今。

在中国现代建筑史中，以"现代"和"传统"的名义所进行的论争，都源自两个体系的矛盾，在蒙受百年屈辱的文明古国，还要加上民族复兴的信念。应当注意到，主张"现代"或坚持"传统"者，并非"不共戴天"，在实践中很少走极端。它们或在"现代"中注入若干"传统"精神，或在"传统"中表现一些"现代"因素，都在使自己的作品有些变化乃至创新，力图建立起各自心目中的中国现代建筑。它们之间看似水火，实则彼此提醒，互为补充。比如，做新建筑不可抛弃传统，念旧形式不可老气横秋。

当然，实际情况要复杂得多，例如外来建筑师推出的"中国式"，国民政府定都南京之后倡导的"中国固有之形式"，新中国成立之后引入的"民族形式"等，尤其是把建筑赋予政治内涵或个人意志时，建筑创作的本质就会受到损害，如至今仍在不断推行的"欧陆风"之类。

近代历史中被动挨打的中国，在痛苦中逐渐觉醒。包括建筑在内的现代文化被动输入，尽管对国人而言是一个痛楚的历程，但是，从另一个角度讲，不能不算是一种促成社会进步的文化交流。就像汽车、飞机、电影、电视等都不是中国发明的一样，它们进入中国，事实上带动了中国现代文明的进步。西方建筑进入中国的过程虽然苦涩，却给中国社会添加了许多进步因素，也就启动了建立全新建筑体系的过程，当然这并不是输入者的初衷。

进入20世纪，越来越占据明显位置的外来新型建筑体系，在大城市的公共建筑中开始出现。钢和钢筋混凝土结构的应用，前所未见的新建筑类型、新建筑风格日益增多，引领了一种所谓"洋气"，而稍后"摩登"建筑的登场，继续发扬了这一"洋气"，与我国传统建筑形成强烈对照。

在中小城市以及广大农村，传统营造方式依然占据主流，继续着"秦砖汉瓦"式的操作。不同地域的能工巧匠，继续在民间建筑里，创造着多彩多姿的地域风情。

中国建筑现代化的起步，与现代建筑的发源地欧美一样，同样也是得益于当时的工业化的成就。

一、新材料新技术引导

新型建筑材料是建筑新技术发展的最基本条件。由于中国社会生产力远远落后，更没有发生过像英国产业革命那样的工业化进程，因而新建筑材料和新建筑技术，起先也是外人输入的。

首先是钢铁的生产。钢铁在中国传统建筑体系中用途极少，仅作为木或石结构的连接零件少量使用。近代工业和建设兴起，使钢铁之用途扩大，起初多用于桥梁，随后推展到工业和民用建筑，特别是那些需要大跨度的建筑。

中国所需钢铁主要依靠进口。1890年代初，中国创办了第一座官办铁厂汉阳铁厂，尽管机器、建材、工程师多来自英国、比利时等国，其管理和产品质量也为史家所诟病，毕竟开始了从无到有的进程。1900年后，铁的产量不断增加，使得这类建材可以在更广阔的领域大量使用，尽管还是免不了进口。

其次是水泥和建材的使用。1884年，上海洋灰公司建立，中国民族资本最早创办的水泥企业唐山启新洋灰公司于1886年创建。水泥建材在中国的起步不算晚，但依赖进口的局面却长期存在。

1853年英商在上海租界开设了第一家近代大型建材工业——上海砖瓦锯木厂，专为租界内的建设提供建筑材料；1879年，浦东白莲泾开设了机制砖瓦厂；1884年，著名的祥泰木行设立。这些成为国内早期的建材供应商。

结构和技术也产生了变革。数千年占据主流的所谓"秦砖汉瓦"传统木结构体系，受到现代技术所支持的钢结构和钢筋混凝土结构这两大新型结构体系挑战。在实践过程中，新结构越来越多地在大型和大规模的建设中占据了主导地位。

中国建筑的新结构，最早在工业建筑上应用，可追溯到1863年建造的上海自来火房（英国）碳化炉房，1893年建成英人设计的汉阳铁厂六个大型厂房，都采用了钢屋架、钢梁柱和铁瓦屋面。19世纪末，德国在青岛设四方机车修理厂等，亦可谓早期钢结构实例。1913年上海杨树浦电厂一号锅炉间，可能是最早应用钢框架的实例，而最早运用钢框架结构的民用建筑可能是1916年建成的六层上海有利银行大楼。到1920年代，中国钢结构单层厂房跨度已达20米，并设50吨吊车。

1883年所建的上海自来水厂（英国）和1892年所建的湖北枪炮厂，是中国早期使用混凝土和钢筋混凝土结构的工厂。20世纪初，除了1905年英商在武汉创办平和打包厂四层钢筋混凝土内框架结构之外，1908年建成的上海德律风六层钢筋混凝土全框架结构，可能是现存最早的钢筋混凝土框架结构；1913年至1919年间上海兴建了福新面粉一厂、二厂、四厂、七厂、八厂等六至八层的钢筋混凝土框架结构厂房；1913年挪威商人在上海开办上海啤酒厂，1933年建成九层钢筋混凝土框架结构，是最高的钢筋混凝土厂房。这些厂房结构先进，造型简洁，具备现代建筑的品质。

1920年代，在中国一些大城市涌现出一批十层以上的高层大型公共建筑，这些建筑，面积大，功能复杂，运用新材料、新结构、新设备，反映出建筑设计水平和施工质量等多方面的进步。上海、天津及广州、武汉等大城市高层建筑，如1908年的上海华洋德律风公司大楼、1924年的上海字林西报社、1928年的沙逊大厦、1929年的上海华懋公寓等。

砖石结构体系可以说是西方的传统建筑体系，在现代建筑发展过程中，砖石结构体系不断被注入新的技术因素。中国传统建筑体系之中，除个别建筑类型外，较少采用砖石结构。西方砖石结构的引入，在许多建筑类型中，取代或丰富了木结构。在砖石结构中，常常采用砖石柱廊或壁柱，柱间设各种拱券或平券等。还有一些改进了的砖石结构，如砖石墙与钢骨混凝土混合结构。实例如上海华俄道胜银行、哈尔滨中东铁路局办公楼、青岛德国总督府和胶澳法院、上海圣三一堂等。

营造和技术亦产生了变化。大城市的营造活动，如在上海，传统的建筑工匠，从建筑施工技术到经营方式都进行了脱胎换骨式的转变。为了适应建筑市场的需要，上海的"鲁班殿"摒弃地域偏见，颁布新章程："不论上海，宁绍各帮统归新殿"完全改变了开埠以来"造华人屋宇者谓之本帮，造洋人房屋者谓之红帮，判若鸿沟，不能逾越"的状况。

有现代意识的建筑工匠脱颖而出，像上海川沙籍杨斯盛（1851—1908）等人，他们熟悉西方近代建筑技术，会英语，他们的一系列经营活动，已将建筑营造从自然经济转变为商品经济；从个体分散管理转变为集约化经营；从单一营造转变为跨行业投资经营。一批有远见卓识的营造家还投资创办建材工业，促进了国内建筑材料构成的变化。这些，逐渐促成建筑营建方式从传统匠人向现代企业的转化。

二、社会生活的新型需求

自19世纪末叶，清朝政府的洋务运动，主要是办理外交、购买兵器、筹设海防、建立新军、设立新式学堂及派遣留学生出国等。这些活动，开启了中国社会现代化之门，先是建立近代机器工业，随后是民用企业。

进入20世纪，中国现代化进程也从"器物"层面上升至制度层面。晚清的"新政"和"立宪"，带来了中央官僚体制的改革，北京筹建资政院，朝廷通谕各省设立谘议局与之对应；新体制所需的各部新机构，也进行了相应的新建设。

比较先进的工业建筑、较大型的新式民用建筑以及新统治体制下的政府官方建筑应运而生。这些社会生活新需求持续扩展，如建立新式学堂，建立教堂和医疗机构等，新功能要求促成了中国建筑功能体系的大变革，新型的建筑类型也逐步齐全。

工业建筑是中国现代建筑的起步领域，这个领域更多地反映了建筑体系由传统向现代的转变。现代建筑的萌芽，不在人们所关注的建筑类型的核心——纪念性公共建筑，而在边缘性的建筑类型，如修路造桥工程更多地反映技术体系的进步，工业厂房除了体现技术体系进步以外，还体现出新型社会功能的需求，新思想和新观念的产生。

不论现代建筑发源地欧美，还是它的传播地中国，进步的建筑师总是对社会生产和社会生活需要十分敏感，对于新的科技成就十分敏感，他们舍得抛弃自己业已十分娴熟的风格化建筑手法，如"古典式"或者"哥特式"等形形色色，启用工业社会所提供的手段，专心致志地解决现代社会所需要的建筑问题。

三、社会文化心理转变

西方现代文明是由船舰、枪炮开路来华的,深深刺痛了国人之文化心理,加之我国社会中的文化保守主义,一直对较先进的现代事物抱有戒心,有时甚至持盲目排斥心理,如"闻铁路而心惊,睹电杆而泪下"之类极端情绪化的狭隘民族主义,在1900年的义和团运动中达到顶点。

进入20世纪之后,随着门户逐步开放和西方文化的大举入侵,中国的社会心理也开始发生变化,人们开始认同"洋货"质量之优越,"洋器"之便利,"洋房"之舒适,进而视当时的西方文化为"文明"和"时髦"。

20世纪初刚刚登上建筑设计舞台的中国建筑师,从模仿西洋古典建筑迈开近现代建筑的步伐,如孙支厦为设计江苏省谘议局,亲赴日本测绘东京议会大厦,沈琪设计的陆军部衙署主楼,以古典建筑壁柱和拱券划分立面,并填充传统砖雕装饰。第一代接受西方正规建筑教育的中国建筑师,如贝寿同、庄俊、沈理源等人,都是以西洋古典风格展开自己的设计生涯的。在中国近现代建筑发展的轨迹中,对西方建筑的接受,从古典主义到新艺术运动,再到装饰艺术风格和国际风格,成为支持中国建筑的强大支柱,这些与中国传统建筑的现代化改良一起,搭起中国现代建筑史的广阔舞台。

■北京,资政院大厦,位于城东古观象台西北的贡院旧址,建筑师以柏林德国国会大厦为蓝本,反映了清政府希望以德国君主立宪政体为政治改革榜样的愿望。资政院大厦高四层,中部议院大厅,右侧参议院,左侧众议院,三个大厅均覆以巨大穹顶,下部配以柱廊,以中间的穹顶最为饱满,其中议院大厅为八角形平面,高18.3米,两层,可容纳1500人。大厦二层设有记者室,配有专用电话、电报等设施。建筑内设28个楼梯间,有电梯,还备有电力照明和供暖设施以及现代化餐厅和卫生设备。

■北京,清政府陆军部衙署,主楼采用砖墙、木桁架承重,以西洋古典建筑壁柱和拱券划分立面,并填充传统中国砖雕装饰,为早期模仿西洋古典建筑实例。

四、现代建筑教育的开始

中国土地上出现自己的建筑师,是引入西方建筑制度体系的一个核心指标,他们是奠基开来的第一代,中国现代建筑史主要由他们书写。

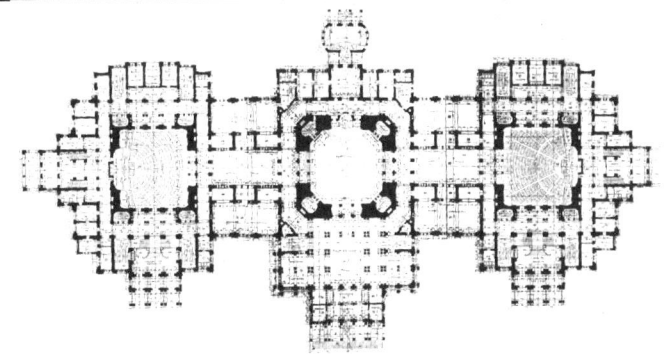

北京，资政院大厦，1910年完成设计并开始施工，后因清廷覆灭而搁浅，〖德〗罗克格。

立面与平面

中国古代建筑的建造者，是集设计、施工与估价于一身的工匠，而"建筑师"则是现代教育的产物。中国现代建筑教育自20世纪初萌芽，把传统建筑业工匠师徒薪火相传的模式，发展为培养现代知识分子建筑师的建筑教育。

继1903年天津北洋大学堂正式成立土木工程科之后，1907年山西大学堂、1910年京师大学堂陆续设立了土木科，到1910年全国已经有12所有土木科的高等学校。值得注意的是，1899年赴日本留学的张锳绪1902年毕业归国后，先后在新式学堂任教习、商部主事并于1910年由商务印书馆出版了《建筑新法》一书。该书介绍了大量中国传统建筑中所没有的建筑科学原理[1]，成为早期建筑教育的教材。

建筑教育则是从中等教育起步的，1906年（江）苏省铁路学堂开设建筑班，1910年农工商部高等实业学堂开设建筑课程，张锳绪任教授[2]。1923年，由留日归国的柳士英（1893—1973）、刘敦桢等人在苏州工业专门学校筹建建筑科，1927年6

---

1 汪茂林，《中国走向近代化的里程碑》，重庆出版社，1993年。
2 徐苏斌，"中国近代建筑教育的起始和苏州工专建筑科"，《南方建筑》，1994年第3期。

北京，清政府陆军部衙署，1907，沈琪。　　清政府陆军部衙署细部。

月，并入南京第四中山大学（1928年5月改名中央大学），成立建筑系，刘福泰任系主任，刘敦桢、贝季眉、卢树森、谭垣、鲍鼎、张镛森等任教师。

1928年，梁思成和林徽因在东北大学工学院设立建筑系，这年，北平大学艺术学院也设立建筑系，汪申为系主任，沈理源等任教，这是中国艺术院校培养建筑艺术人才的开端。1931年，广东省成立工业专门学校并筹办建筑工程系，次年以广东工学院名义招生，林克明为系主任，过元熙等任教。该校1933年改名勷勤大学，1938年后并入中山大学。1934年，上海沪江大学建筑系招生，黄家骅、哈雄文、王华彬等人制订教学计划并先后担任系主任，1939年起伍子昂任系主任，直到1946年停办，培养出像林乐义、陈登鳌、张志模等这样的优秀建筑师。天津耶稣会1921年创办天津工商学院（1949年改名津沽大学），于1937年设建筑系，陈炎仲、沈理源为第一和第二任系主任，P. Muller、闫子亨、张镈等任教[1]。1937年，重庆大学土木系增设建筑学专业，1940年扩大为建筑系，黄家骅为系主任，龙庆忠、夏昌世等任教。1938年秋由陈植创办迁入上海的之江大学建筑系，1940年正式成立，1941年起王华彬任系主任。1942年，上海圣约翰大学设立建筑系，系主任黄作燊，1940年代将包豪斯的现代建筑教育体系引入中国，成为倡导现代

---

[1] 参见：顾放、沈振森，"中国第一代建筑教育家沈理源"，《天津大学建筑学院院史》，天津大学出版社，2008年。

建筑的一股中坚力量。1946年，梁思成创立清华大学建筑系，林徽因、刘致平、莫宗江、吴良镛等任教。

以上这些学校的建筑系，大体上经过了抗战爆发之后的内迁和1952年的院系调整这两个重大变革，成为今天中国建筑教育的基石。中国的建筑教育，崇尚教学和设计实践相结合，许多教师在学校教书，同时在事务所执业。学校的学生，一边在学校学习，一边在事务所实习，二者结合，恰是比较理想的建筑教育模式，为新中国培养了许多优秀的建筑设计和教学的人才。

这一时期，新型建筑师亦登上了建筑舞台。中国学子赴欧、美和日本留学接受正规建筑教育，大体始于1909年美国提出退还庚子赔款余额用于中国留学生培养，1910年前后出现了建筑学专业的留学生，知名的有庄俊、贝寿同、沈理源等。1910年代开始，已有建筑学专业留学生回国执业，他们构成了中国第一代建筑师的主体。

接受西方正规建筑教育的第一代建筑师登上历史舞台之前，已经出现了许多中国建筑师，可考的如孙支厦、沈祺等。最早的开业建筑师周惠南（1872—1931），1917年的上海大世界，即由周惠南打样间设计。

中国第一代建筑师登上历史舞台，表现出很高的素养、娴熟的技能和爱国情操。许多建筑师在留学时期即已崭露头角，显示出优异的才能。如杨廷宝于1924年在美国留学期间获城市艺术协会设计竞赛（Municipal Art Society Prize Competition）一等奖和艾默生奖设计竞赛（Emerson Prize Competition）一等奖；童寯留美期间曾于1927—1928年间分别获得全美大学生建筑设计竞赛一等奖和二等奖；陈植于1927年获得美国柯浦纪念设计竞赛（The Walter Cope Memorial Prize）一等奖；王华彬留美期间也曾获得郝克尔建筑一等奖。这一批高素质的留学生，学成之后大都归国，从事建筑设计或建筑教育，成为奠定中国现代建筑基础、开辟未来新中国时期的建筑先贤。

归国之建筑学子开设自己的建筑师事务所，吕彦直可能是第一位。1918年吕彦直毕业于美国康奈尔大学建筑系，1919年回国。1925年，他在上海创办彦记建筑事务所。1922年，柳士英、刘敦桢、王克生、朱士圭在上海开设华海建筑事务所，

1925年，庄俊在上海设立庄俊建筑师事务所[1]。此后，中国建筑师的事务所陆续在上海、天津、南京、汉口等地涌现，影响比较大的有基泰和华盖等。

长期酝酿的建筑师学术团体，也于1927年冬形成，这年庄俊、范文照出面召集成立上海建筑师学会。次年，更名为中国建筑师学会，吸收其他城市的建筑师参加，成为中国建筑界最早的建筑学术团体。1932年，中国建筑界的两种学术刊物诞生，一是中国建筑师学会创办的学术刊物《中国建筑》，二是《建筑月刊》，系1931年成立的上海市建筑协会主办。此两种刊物促进了学术研究，宣传了中国建筑师的成就，留下了时代的声音。

中国建筑师大多有比较深厚的中国传统文化底蕴，热爱传统建筑文化，视之为瑰宝。1929年，朱启钤自筹资金在北平成立了营造学社，自任社长，社址位于天安门内西朝房，这是中国最早研究古代建筑的学术团体。1930年更名为中国营造学社，朱任社长。1930年刘敦桢加入，梁思成1931年入社。学社全盛时期有工作人员20人。1937年日寇侵占北平，学社内迁，1938年春在昆明恢复工作，1939年冬又迁至四川南溪县李庄，抗战胜利后，于1946年停止活动。学社进行了大量资料收集、整理和研究工作，法式部还进行了大量的建筑实例调查、测绘和研究工作。特别应当提到的是，为保护历史文物及其资料，学社赶在日本军国主义侵华战争之前，做了大量测绘工作，取得了丰硕的成果。学社成立之初，就创办了《中国营造学社汇刊》，刊登调查报告、建筑实例以及研究成果。《汇刊》共出版了23期，在国内外享有盛誉。

中国第一代建筑师群体，探索并建立起中国现代建筑体系，彻底结束了工匠按法式和经验建造房屋的古老传统。建筑技术体系已经先行，以钢筋混凝土和钢结构为代表的西方现代建筑技术体系，已于1920年代在工业与民用建筑中确立。同时，新型建筑思想设计理论，在建筑教育和执业过程中也逐步确立，典型的如范文照建筑师事务所从传统建筑思想向现代思想的转变，他曾撰文对自己早年在中山陵设计竞赛方案中"掺杂中国格式"的复古手法表示了深切反省。

1　参见：《中国建筑史》，中国建筑工业出版社，1993年。

第一次世界大战期间，帝国主义列强忙于战争，中国民族资本主义有所发展。战后，列强又从欧洲战场回到中国，重新加强了对中国的控制，进入1920年代，各种建筑活动在大城市逐步展开。1930年代，帝国主义列强发生经济危机，廉价建筑材料向中国倾销，中外财团、房地产开发商利用这一时机，在大城市大力展开建筑业，建筑呈现出明显的商品性质。在军阀混战和农村革命斗争的浪潮中，各类有产阶层或失意下野的政客，纷纷走向上海、天津等大城市，在认为比较安全的租界地带，或投资商业、房地产业，或修建私宅"闲居"，也带动了城市建筑的发展。仅就房地产业把建筑视为商品，且进入建筑市场的设计、买卖来看，已经具有资本主义的现代建筑制度体系了。

被动输入，西方建筑全面来华

19世纪与20世纪之交，列强以所谓"租借地"、"铁路附属地"的方式，划分在华势力范围，形成一些由某一个国家独占的地区和城市。胶州湾、旅顺口、大连湾、九龙半岛、威海卫、广州湾等地，就先后成为德、俄、英、法等国的"租借地"。列强以"租借地"为依托，争夺中国铁路、矿山的投资和修筑权。俄、日通过"租借地"、"铁路附属地"，形成了哈尔滨（俄占）、大连（先由俄占、后由日占）、青岛（先由德占、后由日占）等由一个帝国主义国家独占的城市。这些城市，有统一的城市规划并逐步实施，城市面貌相对和谐，反映着占领者各国流行的建筑风格和地方特点，包括当地已经形成的现代建筑。

进入20世纪之后，中国被迫开放的通商口岸已经达到70余个，像上海、天津、汉口这样有租界的城市，租界的个数和规模都在扩大，天津的租界竟达到八国，汉口也有五国之多。在设租界的城市里，列强进一步以资本输出的方式，开设工厂、企业，兴办金融、事业，随之进行相当规模的建筑活动。这类城市，在城市规划和建筑面貌方面，已有明显改观，表现出所谓"万国博览会"现象。

无疑，外国建筑师是这一引进过程中的主要角色。上海的外国事务所比较集中，并承担其他城市的业务，由于许多事务所兼营房地产业务，故称为"洋行"。1900年之前，上海的外国建筑师不超过7位，1910年，上海开业的外国建筑师或合

北京西什库天主教堂（北堂），1888—1900。　　　　　　　　　上海徐家汇天主教堂，1910。

伙事务所已经14家[1]。英国建筑师威尔逊（G.L.Wilson）1912年在上海建立公和洋行，美国建筑师哈沙德（Elliott Hazzard）经管哈沙德洋行，还有那些在19世纪成立的事务所，如马海（R. B. Moorhead）、阿金森和达拉斯（Atkinson and Dallas）。此外也有一些十分有影响的顾问，如被南京国民政府聘请的美国建筑师墨菲（Henry K. Murphy）和匈牙利建筑师邬达克（L. E. Hudec），前者热心中国建筑文化，而后者显然是当时倡导国际风格的代表人物。

　　第一次世界大战结束至1920年代之末，中国过去少见的以及反映新功能的各种新建筑类型，都已大体齐备，一些重点建筑的设计和施工质量，达到了相当高的水准。

1　伍江，《上海百年建筑史》，同济大学出版社，1997年。

哈尔滨圣尼古拉大教堂，1899。

■教堂建筑

教会是很早进入中国的社会组织，教会在中国传教的同时，还从事教育、医疗等活动，所以，在兴建教堂的同时，还建立了大量学校和医院等设施。

教堂建筑是出现最早的外来建筑类型，进入20世纪后，不但数量大增，且式样齐全。哈尔滨1900年建成了圣尼古拉东正教教堂，1904年北京宣武门天主教堂即南堂改建完成，1910年上海徐家汇天主教堂建成，1916年天津西开天主教堂建成，哈尔滨1929年还建成一座具有伊斯兰风格的土耳其清真寺。此外上海、天津都有犹太教堂建成。可以看出，教堂本身的建筑类型已相当齐全。

■办公建筑

在开埠城市和租借地，列强来华的人员、机构，新建或重建了许多行政管理和洋行建筑。这些新建筑，已经不再是过去简单的殖民地外廊式，而是采用本土所流

天津西开天主教堂，1916。　　　　　　　　　　　　　　　青岛福音教堂，1910。

行的种种建筑式样。这个时期所建的一些新建筑，如1904年建造的天津德国领事馆，1905年建成的青岛德国总督府，1912年建成的奉天日本总领事馆，建于1919年的上海工部局新楼等，不论其规模之大、用料之考究、施工之精密以及设备之先进，都是当时建筑的上乘之作。

外国列强攫取了中国关税自治区的海关，开始在中国的几个大城市里建造海关大楼。1923年广州海关大楼建成；1924年汉口的江汉关大楼建成；上海江海关，几经兴建，现存建筑于1927年建成。

■ 银行建筑

银行也是随列强金融入华而产生的新型建筑类型之一，早期来华的一些银行，少有奢华者。进入20世纪后，许多有实力的银行进行了翻建，并有一些新银行建筑陆续建成。银行建筑以严整的构图和宏伟的古典建筑形象，显示资本雄厚和安全可

第二讲 西风渐进，古典复兴伴行折中主义

青岛德国总督公署，1905，〖德〗Mahlke。

靠，银行建筑形式以及豪华的程度，往往成为业主之间竞争的工具。如上海外滩英商汇丰银行，拆除旧建筑后于1921年新建成目前的新古典主义式样。1920年兴建汉口汇丰银行，1923年建哈尔滨汇丰银行，1925年建天津汇丰银行等。进入20世纪后，其他外资与合资银行的建设有华俄道胜银行、英商麦加利银行、法商东方汇理银行、日商横滨正金银行等。

■交通建筑

列强在华兴修铁路，火车站之类的交通建筑应运而生，并建设了相应的管理机构和修理工厂。1902年津浦铁路天津西火车站建成，1903年建成旅顺火车站，1904年建立哈尔滨中东铁路管理局办公楼和哈尔滨火车站，1907年沪宁铁路上海站建成，1912年津浦铁路济南火车站建成，1937年具有现代建筑特征的大连火车站建成。这些车站，足以显示一种面目全新的建筑类型。后来所建比较大的火车站建筑，设施已经十分完

大连达列涅市政府,1899—1905。

善,例如津浦铁路济南火车站,设有钢筋混凝土站台和天桥。

■学校建筑

我国现代高等教育起始于1895年的天津北洋大学堂,此后中国现代大学陆续兴办,特别是教会热心办学,成为学校建筑的重要组成。大学之新建校舍规模日益扩大,校舍内容不断丰富,形成全新的校园及其全新建筑类型。

1903年,北洋大学堂主楼建成,1910年华西协和大学兴建,1917年设在济南的齐鲁大学建立,1916年清华学堂一院大楼建成,1918年北京大学红楼建成,1919年南京金陵大学北大楼建成,1920年建燕京大学,1921年建清华学校大礼堂,1926年建天津工商学院,1930年兴建东北大学,1931年武汉大学兴建。其中教会大学的兴建者,虽然有一定的文化策略,在设计中请外国建筑师采取"中国固有之形式",客观上进行了中外建筑文化交流,留下了一批颇具趣味的中国式建筑。这些建筑与中国建筑师

天津汇丰银行，1925，〖英〗同和工程司。　　大连横滨正金银行大连支行，1910，〖日〗"满铁"建筑课大田毅。

天津西站，1902。　　旅顺火车站，1903。

设计的西洋建筑一起，成为一个时期内中外建筑文化交流的生动例证。

■旅馆建筑

现代旅馆和公寓建筑，也是20世纪外国资本输入和在华经济开发的产物，国际和国内业务来往，促使旅馆和公寓迅速发展。1913年哈尔滨建成马迭尔饭店；1917年北京东长安街上的北京饭店建成，是北京地区层数最高、设备最好的饭店；1929年上海建成的沙逊大厦，是高水准设计和施工精良的饭店；上海1934年兴建的国际饭店，长期占据中国最高建筑的地位。新式的公寓有1934年兴建的上海百老汇大厦，是英商高级雇员设施齐全的公寓；1935年的上海峻岭寄庐，也是此类高级公寓。

哈尔滨火车站，1904，中东铁路技师基特维奇。　　济南火车站，1912，〖德〗H.菲舍尔。

旅馆和公寓建筑的大量出现，是现代社会生活的特征之一。

■ 居住建筑

在一些大城市，中外上层人士引入新型居住建筑，如小住宅等，具有新的类型意义和革新意义，不再是传统的"四合院"。同时，小住宅作为府邸或别墅，也含有显示主人身份、地位，表达个人品位的意愿，所以，有些住宅设计新颖、施工精致。如1908年的青岛德国总督官邸，不论外观还是室内装修、陈设，都极尽精美和别致；青岛"八大关"一带的别墅群体，1924年的上海嘉道理住宅，1936年上海英商马勒住宅，都是环境优雅，居住舒适，造型亲切的此类住宅。

更多的人群，则根据自己的经济状况，选择租用或购置各种里弄住宅。里弄住宅最早出现在上海，天津、汉口、南京、济南、福州和青岛等地随后有大量兴建。里弄住宅在很大程度上是开发商牟利的手段，所以多数情况下布局紧凑乃至拥挤。其中上海的石库门里弄住宅和天津的院落式里弄住宅，分别代表了南北特点。里弄住宅的类型较多，有的脱胎于传统四合院（如石库门），有的受西方联排式住宅影响（如天津院落式里弄）。标准也很不一样，有些标准较低、密度很大，是下层人士的选择；标准较高的有新式里弄，多为2—3层，有小型的院落和绿化，室内空间有较为合理的功能划分。此外还有花园里弄和公寓式里弄等。

第二讲 西风渐进，古典复兴伴行折中主义

天津北洋大学堂，1903。

北京清华学校大礼堂，1921，〖美〗茂旦洋行。

天津工商学院，1926，〖法〗永和工程司慕乐。

北京清华学堂一院大楼，1916，〖奥地利〗E.S.斐士（Fischer）。

条件更差的居住大院，为十几户以至几十户聚居的2—3层外廊式楼房，围成大小不等的院子，院内集中设置自来水龙头、污水窨、厕所和仓棚等。

新的建筑类型还有许多，如1920年代至1930年代兴建的商业和娱乐建筑等，它们不但已经成为独立的建筑类型，而且许多建筑不论在新功能和新造型方面，都能反映现代建筑的设计和建造原则，如1925年建成的上海新新公司，1933年建成的上海永安公司，1931年建成的上海百乐门舞厅和1933年建成的大光明电影院等。

天津利顺德大饭店，1895。

北京饭店，1917，布劳沙德·莫平和宝伊。

上海汇中饭店，1905，〖英〗玛礼逊洋行斯各特。

古典复兴和折中主义伴行

以柱式为基本特征的西洋古典建筑，是西洋建筑的传统形式，它是由石结构进化而来的建筑式样。各种柱式，历经数千年的演化，到文艺复兴时期，已形成某种"标准化"或"程式化"。有人总结出从阳刚到柔美的五种柱范，如托斯卡式（Tuscan）、多立克式（Doric）、爱奥尼克式（Ionic）、科林斯式（Corinthian）与混合式（Composite）。这个成熟的石建筑体系，同样具有独特的艺术魅力：它有合乎内部结构逻辑的外部形式，优美的比例、尺度和装饰，具有崇高、雄伟、庄重的内在气质等，感染着一代又一代的建筑师和业主们。

18世纪中叶至19世纪，以古典复兴即新古典主义（neoclassicism）建筑的名义，

第二讲　西风渐进，古典复兴伴行折中主义

青岛德国总督官邸可开启的四季厅，1908。

哈尔滨中东铁路公司董事长公馆，1910。

上海嘉道理住宅，1924，〖英〗英格兰–布朗。

上海渔阳里石库门里弄住宅。

采用古代希腊和罗马严谨形式的建筑，在欧美各国流行。1910年代至1920年代，西方国家输入到中国的建筑形式，主要就是西方现代建筑之前所流行的这类建筑形式。随着现代建筑发展的进程，新古典主义建筑又注入了新的内涵，如大大简化复杂的建筑装饰，保留其雄伟、庄重的建筑气质。再后，现代建筑就要登场了。

外国建筑师使用新古典主义建筑形式，主要是为了适应一些国家的驻华机构、银行等单位，以建筑展现威严，显示实力等诉求。虽然此类建筑具有成套的"法式"，但在现实中，这类所谓新古典主义建筑，并不照严格法式行事。主要特征仍在于柱式，以希腊或罗马柱式为特征，带一些古典细部甚或巴洛克建筑的装饰。事

43

天津安乐村里弄住宅。　上海陕南村花园式里弄。

上海爱多亚路永贵里新式里弄住宅。　济南永庆里里弄住宅。

实上，在很多情况下，新古典主义形式与所谓折中主义建筑同样难以严格区分。

■上海总会，又称英国总会，系英侨俱乐部。也是上海最早的钢筋混凝土结构建筑之一。横向明显地呈三段构，底部为基座，设两对托斯卡柱式；中部墙身设爱奥尼克柱廊；两端突起设带有巴洛克风的凉亭。建筑内部设有三部电梯，有设计完整、施工良好的室内装修和陈设。

■上海，汇丰银行上海分行，位于上海外滩，主体为钢筋混凝土结构，五层，并于底层上方设夹层。建筑中部高起，冠以钢结构穹顶，入口处有圆形门厅，内设拱形玻璃天花。以较为严谨的古典主义法式设计和精良的施工，显示其雄厚的资本实力。

■天津，开滦矿务局大楼，主体沿街横向展开，严谨对称，有比例得当的爱奥尼克柱廊，建筑雄浑凝重。室内中央大厅贯通三层，大厅回廊之爱奥尼克柱式，柱头由紫铜板制成，卷涡线条精致优美。大厅顶部设双层玻璃采光顶，内层为拱形，

上海总会，1911，〖英〗马海洋行H.Tarrant。　　上海汇丰银行上海分行，1923，〖英〗公和洋行。

镶嵌彩色玻璃。拱下墙壁上绘有以煤矿开采和轮船运输为题材的壁画。

■哈尔滨，东省特区图书馆，建筑平面简洁，造型明快。采用希腊科林斯柱式，以突出图书馆的文化内涵。窗户和阳台等细部较为自由，显示其活泼的因素。

■天津，法国租界公议局，是一座富于巴洛克装饰风格的古典复兴式建筑，柱式作法较为自由，气度雍容。柱头对角卷涡，柱身下部1/3做凹槽装饰，上部则为光面，这在天津租界建筑中为孤例。华丽的室内装修设计，与外观设计相匹配。

■长春，伪满中央银行，是一座按照西洋古典建筑法式设计的建筑，用类似帕提侬神庙的希腊多立克柱式，崇高而威严，借以显示建筑的稳定与永恒。

早期留洋的中国建筑学子，均能在国外奋发图强学业有成，具有深厚的建筑设计基本功，亦深得西洋古典建筑的真传。归国之后，许多人从西洋古典建筑开始自己的创作生涯。这些建筑不但表现出深厚的建筑设计功底和技巧，而且具有一定的创新能力。

天津法国租界公议局，1931，〖法〗仪品地产公司工程部门德尔松。　　天津法国租界公议局门厅。

长春伪满中央银行，1938，〖日〗西村好时事务所。　　哈尔滨东省特区图书馆，1928，〖俄〗吉达诺夫。

　　庄俊（1888—1990）的作品，表现了中国第一代建筑师的典型创作经历。1914—1923年在清华学校任建筑师，协助美国建筑师墨菲设计和建造了清华大学大礼堂、工程馆、图书馆等一批建筑。1923—1924年赴美哥伦比亚大学研究生院进修之后，在上海开业，并成为建筑界的领袖人物。庄俊在清华大学的一系列作品，在上海的早期作品金城银行（1929）和在青岛设计的交通银行（1934）等建筑，都是新古典主义风格，但并不严守法式，作品既合乎古典建筑的比例尺度和精神，又有一定新意，是中国建筑师创作西洋古典建筑第一批实例。

上海金城银行，1929，庄俊。

建筑师沈理源（1890—1950）1912年毕业于意大利拿坡里（那不勒斯）大学数学和建筑学系，曾创办华信工程司，并在北京大学工学院建筑系等高校任教。作品有清华大学机械工程馆、电气馆、北京大学沙滩图书馆、天津浙江兴业银行等。他设计的天津盐业银行，有结合中国元素对西洋建筑再创作的意趣。

■天津，盐业银行天津分行，中国著名的"北四行"之一（与金城、大陆、中南三家私营银行合称）。平面近似矩形，立面仿希腊山门式样，似混合式的柱头，由"卷涡"演变成中国古典装饰中的回形纹饰。以山花、壁柱、高台基组成的门廊，突出了入口形象。八角形营业大厅的天棚，以黄金等材料构成"蓝天飞凤满天星"图案，楼梯间窗户用彩色玻璃拼成盐滩晒盐场面，家具、灯具等室内陈设有新艺术运动装饰的影响，造型流畅，施工精良。从盐业银行的设计中，也可以看到近代中国建筑师在西洋古典建筑前提下探索中国内容的努力。

折中主义（eclecticism）又译集仿主义，在实例中，折中主义与新古典主义建筑很难严格区分，因为西洋古典建筑的柱式等部件，经常成为集仿形式所采取的造型要素。折中主义建筑在创作中，把众多不同的建筑要素集合在一个建筑上，这些

天津盐业银行，1926，华信工程司沈理源。　天津盐业银行营业厅。

上海江海关，1927，〖英〗公合洋行。　天津劝业场大楼，1928，〖法〗永和工程司慕乐。

要素或之间的关系，并不严守法度，甚至出现许多的冲突，以形成某种新意，因而，也就受到遵循制度者的微词。其实，脱开法度，也是以探新为诉求，折中主义建筑的主要面貌，大多与正统古典建筑拉开了距离。不论中国还是外国建筑师的作品，折中主义建筑中都包含着再创造的因素，不宜完全视为负面事物。

哈尔滨清真寺礼拜堂，1935。

■上海，江海关大楼，位于福建路外滩，外滩前部高八层，后部五层，顶部冠以三层的四面钟楼，钢结构。由于这座建筑比较高，且有钟楼，故运用多重建筑手法，形成多种建筑形式的集仿。如首层的门廊为五开间，设典型的希腊多立克柱式，檐壁上有希腊三枕板装饰。顶部的钟楼具有装饰艺术派（Art Deco）特点。墙身的七层部位设大挑檐，挑檐以下，呈古典建筑的比例，但细部大大地简化了。

■天津，劝业场大楼，位于今和平路与滨江道交口，位置显要。主体五层，转角局部七层，钢筋混凝土框架结构。平面长方形，内天井四层通高中庭，以利于通风采光。中庭环以回廊，有天桥连通，方便交通。屋顶层设"天外天"游乐场，具有综合性现代商业娱乐建筑的功能。沿街立面各种细部混用，造型极为丰富，充分显示了商业建筑性格，为高水准的折中建筑形式。

■哈尔滨，清真寺礼拜堂，这是一个有趣的折中建筑形式。作为伊斯兰教的清真寺，在入口的门廊却具有类似西洋古典建筑的柱式及其比例，而建筑的装饰和纹样，有明显的装饰艺术风格。

第三讲

文化策略相逢传统本位

在中国现代建筑发展前期,传统的"中国固有之形式"注定要成为与西洋古典建筑形式并行发展的建筑形式。不但中国建筑师守护这种建筑形式,外来建筑师甚至采用得更早、更自觉。这个看似"同归"的现象,却是截然的"殊途",不但它们的出发点不同,在作品的品格方面,也有天渊之别。

外国建筑师:文化策略

早在17世纪,外国教会即来中国传教,其后的传教活动,随中国的政治形势或文化倾向而跌宕起伏,甚至引发了"八国联军"占领北京烧杀抢掠的无耻侵略战争。

初到中国这片神秘的土地上,教士们为深入民心争取信众,他们取中国名字,着中国装束,把原来的西方教义,融入一些中国的儒家思想,并以中国的民调唱诗,让信众感到上帝原本就是中国的神,并非外来。教堂的规模不大,且形如民宅或寺庙。可以说,他们以低调传教,对这片土地带有几分敬畏。

鸦片战争之后的传教士,是跟着炮舰来到中国的,教会依仗许多不平等条约,其权力不断扩张。在政治和文化方面,许多人带有征服者的心态,外来宗教文化与当地文化的矛盾也日益尖锐,许多教堂也更加接近列强本土的面貌。民族矛盾导致各地大大小小的教案不断发生,教堂的兴废也成为这种矛盾的焦点。著名的天津望海楼教堂，就曾因"天津教案"和"义和团"被毁，并一再重建。北京天主教四座教堂，亦有类似一再存毁的复杂情况。

■天津，望海楼教堂，位于海河之滨的狮子林桥口，1869年由法国天主教会兴建，名为"圣母得胜堂"，今称"望海楼教堂"。转年，"天津教案"起，该教堂被民众焚毁。1873年和1881年法国公使曾两次要求重建未果，1897年利用清政府的赔款，按原样重建。1900年在义和团运动中教堂再次被毁，1904年再次重建，1983年重修即现存之教堂。该建筑虽几经重建，但基本形体无大变化。

教堂为砖木结构，平面为长方形巴西利卡式[1]，纵向两排柱子将礼拜堂划分为三通廊，尽端为八角形祭坛。外部体型类哥特式，全部清水青砖砌成，展现了当地精湛砖工。正面中部设较高的主塔楼，扶壁直到顶层，为建筑之主要体量，两侧辅以较小塔楼。立面上开比例修长的尖拱大门和窗户，体现哥特式建筑加强竖向的意趣，但建筑总体较为简陋。

进入20世纪后，中国政治的激变，民族精神的觉醒，使西方教会越来越意识到应当缓和教会与中国民族文化冲突的状况，许多教会人士提出见解，采取行动，改善这种状况，如后来出现的所谓天主教"中国化"，基督教"本色化"等。在教堂的兴建方面，早期典型的实例如北京南沟沿救主教堂（即中华圣公会教堂）。

■北京，南沟沿救主教堂，由中华圣公会华北教区总堂主教史嘉乐（Charles Perry Scott, 1847—1929）主持建造。教堂主体空间为长方形硬山建筑，由两个较小的长方硬山建筑与之交叉，在两个交叉点上，分别设八角形亭子，作为钟楼和天窗，礼拜堂部分设高侧窗。教堂入口位于硬山山墙，外墙全部采用青砖，筒瓦屋顶。

教堂是把中国的传统民居屋顶以及塔等，用到西方巴雪利卡教堂上，虽然外观"中国化"了，但基督宗教礼仪与中国传统建筑型制之间的内在矛盾却难以解决。虽然有些西方建筑师努力在建筑中调整这类矛盾，如荷兰天主教会建筑师格里森（Dom Adelbert Gresnigt）用变通礼仪等方式对此类矛盾进行了探讨，教堂建筑始终没有形成较为公认的"中国形式"。

---

1 巴西利卡（basilica）原为古罗马时期的柱廊式公共场所，后来早期基督教用作教堂建筑形式。

天津望海楼教堂，1904年重建，1983年重修。　　　　　　　　北京南沟沿救主教堂，1907。

    教会在中国的活动，远远不止传教活动，具有更广泛而深入影响的是它们开展相应文化活动，如建立医院和设立大学等，在建筑方面运用"中国化"的文化策略比较成功的，正是与此相关的医院和校园等这些更加世俗的公共建筑。

    与炫耀西方文明和力量的西洋古典建筑不同，在兴建这些建筑时，考虑以中国的宫殿和庙宇乃至民居建筑为蓝本，建筑师对中国建筑的诸多要素加以组合与发挥，形成他们心目之中的"中国式"建筑，以期得到中国人对西方文化和宗教的认同，博取当地人好感。

    不过，外国建筑师的这类作品，也引起了许多中国建筑师的非议。主要的批评是外来建筑师不熟悉中国建筑的法度，从建筑体量的划分到部件的组合再到细部的表现，均过于随意，故而建筑不伦不类。

    外国教会较早在中国开设的高等学校，有1905年的上海圣约翰大学，1906年的北京协和医学堂，1910年成都华西协和大学，1911年的南京金陵大学，1913年武汉大学的前身武昌高等师范学校，1916年的广州岭南大学，1917年的济南齐鲁大学，1919年北京的燕京大学等。这些校园建筑，在规划上采取了新的格局，而单体建筑反映出外来建筑师对中国建筑的理解，以及较为自由开放的态度。

    ■成都，华西协和大学，1905年始建，此后陆续兴建，直到1949年，共建成各

成都华西协和大学校舍。｜华西协和大学校舍。

北京协和医学院，1921，〖美〗夏特克-霍塞建筑师事务所。｜北京燕京大学办公楼，1927，〖美〗墨菲。

类校舍39栋。这是一座美、英和加拿大的教会联合创办的学校，由英国建筑师弗烈特·荣杜易指导，前后有中外许多建筑师参加设计。其中许多主要建筑采取中国建筑形式，各种要素自由组合，形成活泼的建筑形象，也是中西建筑文化交流的早期成果。

在校舍之一中，独立塔楼的体量组合，显然与中国塔式建筑无关，中段做了朝向四面的歇山屋顶，顶部以四坡攒尖屋顶结束，这是中国建筑极为少见的组合，主体建筑的体量划分也比较多样。校舍之二的体量组合更是复杂多变，中部设置了一个塔楼体量，这在中国建筑中也是不见的做法，其屋顶的曲线和起翘，吸取我国南方做法；把屋檐做了曲线处理，显然是日本建筑的影响。至于圆拱形的窗户，那显然是西方建筑的细部。建筑体量和细部处理有些杂乱，但相对正统的中国建筑而言，却有些耳目一新。

■北京，协和医学院，北京协和医学院为2—3层，局部4层。墙身为北京地区的灰色清水砖磨砖对缝，上覆绿色琉璃瓦庑殿顶，底层作台基，围以汉白玉望柱栏杆。当中的入口作歇山顶抱厦门廊，大红柱身，梁枋彩绘。这是一种把现代功能与中国传统结合的探索实例。也许是因为坐落在北京，与华西协和大学的建筑相比，协和医学院的处理更接近传统中国建筑。

■北京，燕京大学办公楼，燕京大学早在1919年就开始筹建，建校的一个重要思想就是要让学校具有中国式的环境。所谓中国环境，一方面，校园建设运用中国园林的手法，另一方面，单体建筑采用具有大屋顶的所谓"宫殿式"。而这些建筑多为钢筋混凝土结构，有较为先进的照明和通风设施以及先进的教学设备。

燕京大学办公楼为二层钢筋混凝土结构，主体为歇山顶，副体为庑殿顶，主体建筑由柱枋穿插，红柱彩绘，入口做垂花门。

外国建筑师在北京地区设计的中国式建筑，其建筑形象更多接近"法式"或"则例"，以使建筑形象接近正统，北海旁边的北京图书馆亦在此例。这些设计远不及在南方或周边地区的建筑来得活泼。

■武汉大学校舍，是一个逐渐完善的建筑群体，对于地形的巧妙利用、对环境的考虑以及细部的处理，使之成为一个富有特色的校园。

武汉大学学生斋舍和图书馆，巧妙地利用了一个山头及坡地地形，下部设置天井式的学生宿舍，在宿舍屋顶平台的标高上设图书馆。天井可使宿舍保持自然采光和通风；屋顶平台可以晾衣、活动以及远眺校景，同时又是图书馆的广场，整体构思十分精巧。

主体建筑图书馆在中央，设置了突出的重点体量，并覆盖八角形歇山顶做重点装饰；两端部设山花朝前的歇山，覆以蓝色琉璃瓦，与浅色实体相配，显得明朗而清新。

武汉大学工学院建筑主体有一个五层高的中庭，上部设重檐四方攒尖的玻璃采光屋顶，几乎是在用玻璃做大屋顶，是用现代材料构筑传统屋顶大胆构思，当时国内仅见的实例，至今也有些示范作用。

武汉大学学生斋舍，1933，〖美〗开尔斯。　武汉大学图书馆，1933，〖美〗开尔斯。

武汉大学工学院主楼，1934，〖美〗开尔斯。　武汉大学工学院主楼中庭玻璃顶。

　　武汉大学体育馆结合地形，在大跨度的弧形屋面上，模仿传统的歇山屋顶，正脊两侧沿弧形屋面，别出心裁作三层跌落的侧窗，利于采光，解决了功能问题又丰富了建筑造型。

中国建筑师：传统本位

　　进入20世纪的中国社会，持续开展的"新"与"旧"、"西"与"中"旷日持久的论争，其本质问题是"现代"与"传统"的抉择。对于具有久远古代传统、饱经近代苦难的中国社会而言，这是一个艰难的抉择，难于不能"两全"。"现代"

虽然先进，但出自侮我之列强；"传统"精辟而深远，却与现实之间矛盾重重；若走中庸之道将此二者相结合，方向虽然理想，但难见切实的成果。我们在追寻历史时所见到的一些思想，如北洋政府时期的"中体西用"，五四运动时期的"砸烂孔家店"，此后针对反传统的"国粹主义"，以及种种折中提法，都是这一过程的两极或中间。

"传统"和"现代"的抉择，在建筑这个实体展开，已经不单是抽象的思想的碰触，而是现代建筑体系与传统体系之间的对立。由于中国特定的历史环境，例如国民政府定都南京之后，实施文化本位主义，提倡"中国本位"、"民族本位"，以彰显其统治的正统性，使得其中的思想体系的作用，在很大程度上掩盖了其他的重要体系。这一现象，甚至在共和国成立之后还重复出现，如"民族形式"的提倡之类。这就形成了事实上的中国建筑师"传统本位"。

在建筑中倡导"中国固有之形式"的1927—1937年十年间，有一个兴建中国古典建筑形式的高潮，可以说是20世纪由中国官方支持中国建筑师的第一次古典建筑复兴。这批建筑，涉及行政、会堂、文教和纪念性建筑，甚至影响到体育、医院和商业建筑等。主要的建筑实例集中在上海、南京和广州，如广州中山纪念堂（1926，吕彦直）、上海市政府大楼、南京中央体育场（1931，基泰工程司）、南京国民党中央党史史料陈列馆（1935，基泰工程司杨廷宝）、上海市博物馆、图书馆（1935，董大酉）、南京中山陵藏经楼（1936，卢奉璋）等。

按照1929年7月公布的上海《市中心区域计划》，在江湾一带市中心，设置市政府和一系列公共建筑。该计划要求市政府建筑"提倡国粹"、"采用中国式"。

■上海，市政府大楼，建筑体量对称，外观三层，有一个巍峨的绿色琉璃瓦歇山屋顶。屋顶为钢筋混凝土结构，梁架下还设有夹层。墙身处理成木结构柱枋形式；建筑的外部和室内，均仿照清式宫殿建筑作法。

实际上，以上海市政府为代表的这类建筑，已经不是真正意义上的传统建筑，只是拥有传统装饰之外表。它们的结构已经采用或者部分采用钢筋混凝土结构，建筑设备也进入现代化，如采暖制冷设备等。此类建筑明显地反映出，新结构与旧形式之间的矛盾。例如，巨大的屋顶在多数情况下被视为一种复杂装饰，用钢筋混凝

第三讲　文化策略相逢传统本位

上海市图书馆，1934，董大酉、刘鸿典。｜上海市博物馆，1934，董大酉。

上海市政府大楼，1933，董大酉。

土构件模仿木构件的做法，使得表面的油漆涂层失去实际意义，而大量装饰性木质门窗，遮挡了可贵的天然采光。这些，成为现代条件下模仿木结构建筑难以克服的弊端。

■上海市图书馆和博物馆，两个建筑分别位于同期建设的上海市政府大楼前方

57

南京中国国民党中央党史史料陈列馆，1935，基泰工程司杨廷宝。

南京中央博物院，1936—1947，兴业建筑师事务所徐敬直、李惠伯。

广州中山纪念堂，1931，吕彦直。

广州市府合署，1934，林克明。

两侧。它们皆为钢筋混凝土结构，其建筑形式当时被称作现代建筑与中国建筑的混合式样。图书馆大部为平顶，中部屋顶类似北京城的钟楼，而博物馆中部屋顶则与北京城的鼓楼相近。

■南京，中国国民党中央党史史料陈列馆，建筑为三层钢筋混凝土结构，仿清官式阁楼。底层作为阁楼基座，内设办公室、会议室和史料库房；二层有腰檐围廊，正中大石阶直达二层中间礼堂。歇山屋顶和腰檐铺设黄琉璃瓦，室内安装有空调设备。

■南京，中央博物院，钢筋混凝土结构，建筑前面有宽阔的台阶烘托着这座面阔为十一间的辽式殿堂。屋顶平缓，出檐深远，斗拱、瓦当、鸱尾等饰件，均按辽式作法，屋顶覆盖紫红琉璃，整个建筑表现出辽式殿堂风度。

■广州，中山纪念堂，平面为八角形，会堂大厅内设4608个座位。就1920年代的技术条件而言，要将中国古典建筑形式置于功能复杂、空间巨大且具有较高声学要求的建筑之上，乃是一种时代性的挑战。建筑采用钢筋混凝土、钢桁架、钢梁混合结构，顶部耸起49米高的八角攒尖屋顶，构图集中统一。正入口设七开间，前檐廊为重檐卷棚歇山顶抱厦，所有屋面设蓝色琉璃瓦顶，建筑宏伟壮丽。建筑虽然运用了传统形式的构件，但这是中国建筑师处理复杂功能大空间建筑的创新杰作。

■广州，市府合署，位于中山纪念堂轴线中央公园的后段。为配合纪念堂的建筑形式，也采用宫殿式，内外装饰依照法式，屋顶铺设黄色琉璃瓦。

中外建筑师以不同的目的，从不同的角度，用不同的方法探索了中国古典建筑在现代条件下的继承和发展。但是，他们遇到了相同问题，除了现代建筑功能、体量、结构与来自木结构旧形式之间的矛盾外，在施工上、经济上也要做出许多牺牲。外来建筑师的"文化策略"也好，中国建筑师的"传统本位"也罢，都为了维持形式付出了必要代价。

无论如何，这次中国古典建筑复兴，还是取得了巨大的成就，毕竟完成了许多有趣甚至壮丽的建筑，成就了一个时期的宝贵建筑文化遗产。更具重要意义的是，在这一过程中，毕竟采用了现代结构和设备，使中国建筑的现代化迈进了一步。

日本占领者：伪满殖民式

还有一支非常特殊的建筑，与所谓"传统"建筑相关，这就是伪满时期的所谓"兴亚式"建筑。

日本军国主义占领东北时期，扶持伪满洲国傀儡政权，定都所谓盛京长春，前后建了许多所谓"兴亚式"建筑，以伪满政权的"八大部"为代表。这是一批典型的折中主义建筑形式，其基本特征是，把西洋古典建筑、日本"帝冠式"屋顶和中国建筑的若干要素如牌坊等组合在一起，呈现出一些带有集仿特点的新面貌。

■长春伪满国务院，为钢筋混凝土结构，由竖向的主体和横向的两翼组成，主体的中部突起塔楼，入口门廊高达三层，由四根类似多立克的西洋巨柱式组成，塔

长春伪满国务院，1936，〖日〗石井达郎。　　　　长春伪满高等法院检察院，1936，
　　　　　　　　　　　　　　　　　　　　　　　〖日〗牧野正己。

楼为方形，上部覆盖重檐棕色琉璃瓦顶。长春伪满最高法院最高检察院，位于新民广场东侧，钢筋混凝土结构，建筑的入口有五层高的塔楼，塔楼上部覆盖重檐紫红色琉璃瓦攒尖屋顶。塔楼转角有圆形转折，似城堡的体量感，体量组合多变。其他建筑构图大体类似，但形象颇多变化。

　　日本侵略者所谓的"兴亚式"，也可归结为一种"文化策略"，但其中的殖民文化侵略意图十分明显。这里出现的"帝冠式"，已是这个"帝国"的象征，而"兴亚"一词，让人马上会联想到它们正想用刺刀划出的"大东亚共荣圈"。

外来地域性：异域风情

　　在诸多外来的建筑类型和形式中，有一类充满活力的建筑形式，那就是来自不同国家不同地域的地域性建筑，它们较为充分地表达了"异域风情"。

　　前面所说的"折中主义"或"新古典主义"，也是一种"异域风情"，但那基本上是"官式的"，是当地乃至各国通行的建筑，虽然各有特点，却是大同小异。这里所说的地域性建筑，来自不同地域的民间，这些建筑由民间匠师根据各自所处的气候、地形以及民族习俗等条件创作的。这些建筑规模相对较小，它们脱开法式的

长春伪满司法部，1935，〖日〗相贺兼介。

拘束，更多样，更活泼，更有生气。例如北欧地区的建筑，屋顶陡峭不易积雪，屋顶空间多处理成阁楼。而南欧少雨炎热，屋顶平缓，墙面开窗较少，设外廊等。不同的业主根据自己的爱好，把本土的形式带到中国。

地域性建筑，主要反映在中型公共建筑或居住建筑中。

■青岛火车站，青岛火车站是胶济铁路的起点站，尽端式，砖木钢混合结构。主体站房为售票厅和候车室，南连高耸的钟楼，北接一层的办公室。屋顶为棕色琉璃瓦，墙面浅黄。勒脚、钟楼的下部、门窗洞口等适当的部位，镶嵌了花岗石，富于德国地方建筑气息。

■济南，德华银行，平面按使用要求作非对称布局，而立面基本对称，在街道的转角处设立装饰性尖塔，以满足城市景观的要求。细部处理用石材点缀，建筑与德国居住风格相近。

■天津乡谊俱乐部，这是一组具有浓厚英式田园情趣的俱乐部建筑，其售票处为两层小屋，红陶瓦顶，坡度陡峭，采用典型的英式半木结构（half timber），木构件露明，白色粉墙与赭色木构架形成强烈对比。主体建筑立面采用简化了的券柱手法，墙身以清水红砖墙为主，檐口饰以水平线脚，简洁、洗练。屋顶为圆形彩色玻

中国现代建筑二十讲

青岛火车站，1904，〖德〗路易斯·魏尔勒。	济南德华银行，1908，贝克、倍迪克。
天津乡谊俱乐部，1925，〖英〗景明工程司赫明和帕尔克因、〖瑞士〗乐利工程司。	天津乡谊俱乐部舞厅，1925，〖英〗景明工程司赫明和帕尔克因、〖瑞士〗乐利工程司。
青岛韶关路26号小住宅。	青岛八大关路地带西班牙风格小住宅。

62

璃穹顶，厅内光线均匀柔和。各游乐室内大多为露明屋架形式，尤以舞厅形象最为突出，充分展示结构之装饰美，舞厅地面为细木弹簧地板。整体建筑掩映于庭院绿化之间。

■青岛"八大关"路一带的小住宅。

所谓殖民地式（colonial style）建筑，也应是地域建筑的一种，是英国等欧洲国家在气候比较炎热的殖民地发展出来的建筑形式，如在印度或美洲等地。其主要特征是具有较为空透的券廊，已适应当地气候。外国建筑输入中国的早期，多处使用过这种形式。如上海早期苏州河畔建筑、天津利顺德大饭店、武汉早期英租界、厦门早期鼓浪屿，以及香港、澳门和台湾高雄等地的一些早期殖民者建筑。

第四讲

中国要素引领现代建筑起步

被动输入：从装饰运动到新建筑

外国建筑师在把本土风行的建筑形式传播到中国，也一并引进了新近发展出来带有"时尚"性质的建筑形式。例如，受英国改革实用艺术的运动（即工艺美术运动，arts and crafts）的直接启发，在比利时发起的新艺术运动（art nouveau）建筑。

新艺术运动本是一种艺术时尚改革的活动，但在渐进的过程中，也涉及了建筑艺术的革新，虽然这种革新基本上是装饰主义的。外国建筑师也不失时机地将现代建筑初期的这种装饰主义成果引入中国。他们的此类活动，并非有意在中国建立先进的现代建筑体系，却无意间成就了中国现代建筑的开端。

一、新艺术运动的新消息

作为早期现代建筑的自由装饰主义运动，新艺术运动建筑还不算真正意义上的新建筑，但它已经冲破老学院派"风格化"[1]的桎梏，给建筑以崭新的面貌。新艺术建筑的"新"，在于体型活泼、净化守旧的装饰形式，应用铁和其他新型建筑材料，使建筑细部有流畅曲线，用两维的装饰，大大丰富三维空间，不但使长期守旧的建筑面目焕然一新，更为建筑进一步向现代建筑进发，开辟了道路。

哈尔滨是随着沙俄修建"中东铁路"而开拓的城市，在建设的过程中，沙俄建

1　老学院派建筑师，把建筑风格视为可以像选帽子一样的建筑套子。

第四讲　中国要素引领现代建筑起步

哈尔滨中东铁路管理局，1902—1906，〖俄〗德里索夫。

哈尔滨中东铁路局官员住宅，1900。

筑师把他们所向往的新艺术运动建筑引入中国，从20世纪初一直持续到1920年代，几乎与他们国内的建筑同步，与该运动进程的距离，亦并不遥远。这就使得哈尔滨成为外来新艺术运动建筑实例比较集中的城市。

■哈尔滨，中东铁路局官员住宅，是一批专用住宅，各建筑间大同小异。但作为住宅建筑，其体量比较丰富，主体高起的部分，有一个轻快的转角挑檐，檐下即是带有曲线的大窗，挑檐似乎浮在窗上，仅在转角设有带装饰的木制支撑。那仿金属的木制窗户，装饰构件制作精细。烟囱的形状，墙身的自由开洞，一并形成轻巧而活泼的构图。

■哈尔滨，中东铁路管理局建筑群，是沙俄中东铁路管理局的办公大楼所在，市民俗称"大石头房子"。建筑群由6个建筑单元组成，单元之间用过街楼连接，组成左右两个内院。建筑为钢筋混凝土与砖混结构，墙体表面为纹路不规则的绿色橄榄石，磨光对缝贴成，表面肌理生动。建筑的勒脚、入口门廊、墙角的隅石等，则为规则的石块，对墙面不规则的石块加以限定，使墙面肌理变中见整。檐部、屋

哈尔滨中东铁路管理局，1902—1906，〖俄〗德里索夫。

哈尔滨马迭尔饭店，1913。 | 哈尔滨马迭尔饭店门厅。

顶、阳台等部位的装饰处理，表现出明显的新艺术装饰特征。

■哈尔滨马迭尔饭店，是20世纪初哈尔滨最豪华的大型饭店。建筑为三层，地下一层，混合结构，建筑沿街作周边式布局。建筑檐部为高低起伏的装饰性女儿墙，外轮廓以及线脚的曲线，流畅多变，细部不见古典主义装饰。上层窗楣为富有弹性的弧形曲线，阳台栏杆也是植物母题的曲线，是明显的新艺术装饰风，建筑整

青岛亨利亲王大街商业建筑，1908。　　　　　济南火车站，1908—1912，〖德〗菲舍尔。

体构图，在严整之中透露出活泼。

青岛是另一个由德国帝国主义单独占据的城市，有统一规划和建设，也与铁路的修建相关。德国人在这里建设了许多高质量的建筑和军事设施以及工厂，带来了丰富的建筑形式，其中就有新艺术装饰风的建筑。

在德国，新艺术被叫做"青年风格"（Jugendstil），青岛也有较早的引入，如亨利亲王大街商业建筑。

■青岛，亨利亲王大街商业建筑，位于现今之广西路，该建筑之青年风格特征，主要表现在立面的开窗和外墙的红砖砌筑形式。建筑为三层，外加屋顶阁楼，各层开窗均不相同，窗户砖券砌成丰富的曲线，曲线在立面上相互呼应，形成活跃的界面。红砖所砌砖券及墙面的砖工，精细轻巧，表现出巧妙的装饰风格。

■津浦铁路济南火车站，是津浦铁路重镇济南的站舍，在设计中，德国建筑师一扫当时大型公共建筑的古典气息。站舍由售票大厅、钟塔和附属建筑组成，高耸的钟塔，既为车站功能所需，又形成车站的构图中心。钟塔塔顶流畅的曲线线脚，塔身的自由开窗，是德国"青年风格"的作风。售票厅体量集中，附属建筑伸展，与中心的钟塔呼应，构图十分完整。这座具有独特建筑艺术性的历史性交通建筑，在1992年的车站建设热潮中被拆除了。

二、装饰艺术派和新建筑

新艺术建筑的装饰主义作风,仅仅传递了冲破老学院派保守古典主义建筑的消息,现代建筑迈出的又一个步伐是所谓"装饰艺术派",它也继之步入中国。

"装饰艺术派"也称"现代风格",得名于1925年巴黎的国际现代工业艺术装饰博览会(Exposition Internationale des Arts Decoratifs et Industriels Modernes)。装饰艺术派的"装饰"与"新艺术"的"装饰",虽然有些传承,但装饰艺术派的工业设计或时尚设计,向机器美学更靠近了一步。装饰艺术派把"新艺术"装饰的"有机型的"(organic)造型,升华为更为简捷的"流线型的"(streamlined)和"几何型的"(geometric)造型。

装饰艺术派在建筑设计和室内装修方面的流行,把欧洲建筑领到了真正意义现代建筑的路口上,当人们还不习惯或不愿意接受正在兴起的禁绝装饰的"国际风格"时,方盒子上带有一些几何装饰,也是满足两种趣味的不错选择。这样,装饰艺术派作为一种法国的艺术现象,很快传播为世界性的建筑艺术时尚,并在美国达到它的高峰。

"装饰艺术派"建筑是在简洁体形的简洁背景上,作几何图案的浮雕装饰,与"现代建筑"之间已经相差无多。"装饰艺术派"建筑很及时地来到中国,留下许多重要建筑实例。

上海是一个敏于接受新事物的城市,早先从事古新典主义和集仿建筑风格设计的许多洋行,如英商公和洋行、德和洋行、美商哈沙德洋行等,在新潮流的影响下,不失时机地转向"装饰艺术派"和日后的新建筑。

■上海,新新公司,位于上海南京路,是南京路四大百货公司之一。沿街底层设有骑楼空廊,六层由"牛腿"出挑如檐口的轻型外廊,封以铁花栏杆。大片墙面开窗简洁,窗坎墙上下有简单的几何装饰,具有显著"装饰艺术派"建筑的特征。

■上海,沙逊大厦,位于外滩,是英籍犹太商人维克多·沙逊所经营的沙逊洋行和华懋饭店所在地。建筑前端连塔楼13层,高77米,钢框架结构。塔楼顶部有高19米的紫红脊墨绿铜皮金字塔屋顶。高层建筑的墙体为石材贴面,处理十分简单,仅檐部和腰线有浮雕花饰。室内设计十分丰富考究,内部设有中国式、英国式、美国式、法国式、德

第四讲　中国要素引领现代建筑起步

上海新新公司，1925，鸿达洋行。　　上海沙逊大厦，1929，〖英〗公和洋行。

上海沙逊大厦，1929，印度式客房，〖英〗公和洋行。　　上海西侨青年会，1932，〖美〗沙哈德洋行。

国式、意大利式、西班牙式、印度式和日本式等不同装饰风格的客房。建筑的整体设计和施工，达到当时国际先进水准，是具有"装饰艺术派"风格的高层建筑。

■上海，西侨青年会，位于上海南京西路，建筑9层，局部10层，钢筋混凝土结构，具有包括体育设施在内的各种活动设施。自四楼起，正面中部凹进形成天井，利于采光通风。底层当中设3个方形门洞，与之对应在二、三两层设通高3个圆拱，以突出入口。墙面用深色面砖镶成菱形图案，富于装饰效果，窗裙和窗楣均有十分精致的砖工，装饰特征十分明显。

三、国际式超越装饰风

1920年代，国际上经典现代建筑正在积蓄能量，到1932年，纽约现代艺术博物馆（Museum of Modern Art，即MoMA）举行的"现代建筑：国际风格展览"，以及在此期间德国包豪斯学院[1]的持续工作，使得经典现代建筑原则及其实践得以确立。以简约"方盒子"为代表的经典现代建筑，超越了"装饰"主义，真的走向新建筑。

在中国，一些本来就具有一定程度新潮思想的外国建筑师，如匈牙利建筑师邬达克和鸿达、法商赖安洋行等，也建造了一大批早期现代建筑，当然，其中不乏走在中途的。

■天津中国大戏院，是中国早期具有现代功能的剧场，跨度为24.9米，钢屋架。舞台区设有三道天桥，演出设施完善，有防火设备。观众厅视线良好，坐席舒适，人流方便。观众厅的体形、侧墙布置及天花板的曲线，合乎声学科学原理，剧场各个角落都有良好的声学效果。建筑体量和外立面朴素、简洁，局部加简单的装饰，以突出入口。投入使用后，在视听方面得到演员和观众的好评。

■上海，永安公司新厦，因受地形限制，平面呈三角形，面向南京路的北面入口处为22层，向后跌落至13层、8层，为钢框架结构。六层以上设有电影院、茶园和游乐场等，七层为七重天酒楼，具有典型的现代商业建筑功能。建筑注重体量组合，立面平整，几无装饰。

---

1 位于德国魏玛和德绍的现代艺术和建筑教育发源地，许多优秀的建筑家和艺术家任教于此，对现代运动的产生和发展起到重要作用。

第四讲　中国要素引领现代建筑起步

天津中国大戏院，1930，〖瑞士〗乐利工程司。

上海永安公司新厦，1933，〖美〗沙哈德洋行。

■上海，大光明电影院，是全新的现代观演建筑类型。由于设备齐全，视听条件舒适以及新颖的建筑形式，当时号称"远东第一影院"。受地段的限制，平面呈不对称布局，观众厅约1700座位。建筑的立面已经与传统无关，运用纵横交织的板片形成韵律，是明显从"装饰艺术派"向典型现代建筑的过渡形式。

■上海，百老汇大厦，是为适应大城市现代居住要求而产生的高层公寓。建筑21层，地下1层，全高76.7米，钢框架结构。地下室设锅炉房，19—21层为设备层。在北面设有4层车库，可停车80辆，从功能和设备上看，已经是严格意义上的现代高层建筑。建筑的体形自体量中心向四角跌落，墙身处理十分简洁，仅主要体量顶部略有线条装饰。

上海大光明电影院，1933，〖匈〗邬达克。

上海百老汇大厦，1934，〖英〗业广地产公司建筑部。

■上海，国际饭店，又名四行储会大楼，为中国民族资本的四家银行储蓄会所建。建筑22层，地下2层，钢框架结构，地面以上总高83.8米，长期保持国内最高建筑记录。建筑功能也反映出现代商务活动特点，如集办公、公寓或客房、餐饮、娱乐为一体，十五层设屋顶花园等。建筑的外观作竖直线条处理，深色基调，上部逐渐内收，挺拔有力，可算是典型的早期现代建筑。

■上海，峻岭寄庐，为高层高级公寓，中部19层，两翼16层，13层跌落，钢框架结构。外形处理简洁，墙面贴棕色面砖，部分作垂直线条处理，上部略加浅色纹饰。建筑突出中部体量，其周围体量与之错落配合，成有机整体。建筑在功能和结构方面，都具有现代特征，装饰意味已经淡化。

■天津，渤海商业大楼，建筑主体8层，局部10层，钢筋混凝土框架结构。建

上海国际饭店，1934，〖匈〗邬达克。　　　　上海峻岭寄庐，1935，〖英〗公和洋行。

筑立面为竖向构图，体量之凸凹变化，富于雕塑感，深色贴面与白色线条对比醒目。洗练的外观，高耸的体量，使之成为天津早期现代高层建筑的重要实例。

■天津，利华大楼，这是一幢办公兼住宅的高级公寓式大楼，美国领事馆曾设在这里。建筑主体9层，地下1层，钢筋混凝土框架结构。楼板和屋顶大部分为现浇钢筋混凝土密肋板，小部分是现浇钢筋混凝土梁板。基础为预制钢筋混凝土方桩，现浇钢筋混凝土地梁。主楼立面贴棕褐色麻面砖，门窗多为大片玻璃的钢门窗，在东南、西南转角部分，二层以上均做成圆弧形通高大玻璃窗。立面虚实对比强烈，材料质感丰富。整个体量做不对称处理，顶部进退错落，线条清晰简练，也是同时代比较突出的高层建筑。

■天津，香港大楼，坐落于马场道与睦南道交口，是一幢高级公寓式住宅。平

天津渤海商业大楼，1936，〖法〗永和　　天津利华大楼，1938，〖法〗永和工程司慕乐。
工程司慕乐。

面呈"L"形，一梯两户，采用单元式住宅布局，每套住宅有独立的生活和服务空间，各类设备齐全，已反映现代生活方式。其东、南两面外墙从二层开始向外挑出两米直至屋顶，既作为封闭暖廊，又给立面窗户的自由设置提供了条件，而且大挑台产生的阴影效果丰富了立面造型。建筑体块与开窗处理，尤其是转角部分的圆窗、方窗、角窗交替运用，显示了典型现代建筑表现结构和材料的手法。

■大连火车站，坐北朝南，迎对低洼广场，由建筑两端伸出弧形大坡道，成功地将处于不同标高的建筑与广场结合起来，上下交通极为方便。地上2层（二层设夹层），地下1层。设计最高聚集人数为2000人。建筑立面形式对称，水平的大挑台将立面划分为上下两部，下面形成退后的通敞柱廊，上部主体开着11对竖向大条窗，低下来的两翼恰作过渡陪衬。建筑造型极为简洁、大度，富于现代感，是1930年代中国殖民地城市有影响的现代建筑之一。

■大连，三越株式会社大连支店，位于大连1930年代开始建设的商业中心，是

天津香港大楼，1937，〖奥地利〗盖苓。

大连火车站，1934—1937，〖日〗"满铁"地方部工事科太田宗太郎等。

大型的现代商业建筑。地上5层地下1层，体量为不对称布置，在建筑的一侧高高竖起方形塔楼，路口削角以适应交通要求。墙面平整，开洞简单，檐部和转角有简化了的装饰，已有鲜明的现代建筑特征。

■青岛，东海饭店，是成功结合青岛沿海风景的作品，同时又是道地的现代建筑。位于青岛美丽海角的小丘旁，已融入海岸环境。建筑中每一客房，都有良好的海上景观，满足客人观景和城市景观双向要求。建筑体量在简洁中寻求变化，其阳台起着重要的作用。

大连火车站室内。

大连三越株式会社大连支店，1937，〖日〗西村大冢联络事务所。

第四讲 中国要素引领现代建筑起步

青岛东海饭店，1936，上海新瑞和洋行。｜青岛东海饭店侧面。
青岛东海饭店旁边立起的新建筑与之对照。

■上海，哈同路吴宅，为四层现代花园式住宅，平屋顶，钢筋混凝土结构。建筑东侧有圆形的日光室，西侧有舒展的平台，弧形的大台基直接通到二层平台，已是典型的现代住宅。

主动发展：从中国建筑要素起步

西方现代建筑从装饰主义到新建筑的输入过程，也深深影响了走向建筑舞台的中国建筑师。尽管在强大的外国事务所面前，他们的业务数量处于弱势，但这并不

77

上海哈同路吴宅，1937，〖匈〗邬达克。

妨碍他们适时主动探索中国建筑的现代性。这种探索，不论是方法还是成果，一开始就带有鲜明的中国特色——从中国要素起步，此后的主动发展，中国要素亦如影随形。

在当时的建筑活动中，比较活跃的如基泰工程司的关颂声、朱彬、杨廷宝，以及庄俊、吕彦直、董大酉、陆谦受、范文照和李锦沛等人。部分建筑师旗帜鲜明地追寻现代建筑的方向，如华盖建筑师事务所的赵深、陈植、童寯等；更有许多建筑师，原先钟情于中国传统建筑，而后转向现代建筑方向。其实，在他们的作品中，都不难找到中国要素的印记，他们都是开创中国现代建筑的先驱。

人们经常以批判的眼光，看待国民政府倡导"中国固有之形式"的建筑活动，深入分析这些建筑可以体察到，这批建筑中有许多实例隐含着中国现代建筑起步的特征：比如，尽量回避大屋顶，如果运用，大多数都着重于简化，以适应新的建筑体系要求。同时，在局部的装饰特别是室内装饰方面，更多使用中国的构件和纹样

南京中山陵鸟瞰，1925—1929，
吕彦直。

祭堂细部。

南京中央体育场田径场，1933，
基泰工程司杨廷宝。

中山陵祭堂。

等要素，从而获得传统建筑的精神。南京中山陵和上海的一批新建筑，其设计和建造过程，就体现了这样一种探新精神。

■南京，中山陵，曾普遍被认为是传统复兴的建筑作品，但它更是中国建筑探新的里程碑式建筑。1925年，中山陵悬奖征求图案条例中说："祭堂图案须采用中国古式而含有特殊与纪念性质者，或根据中国建筑精神特创新格亦可"[1]。青年建筑师吕彦直的头等奖陵墓方案，就是"根据中国建筑精神特创新格"的创新佳作，而不是"中国古式"，因而可视之为初创中国现代建筑的开山之作。

中山陵位于南京紫金山南麓，山势雄伟，松柏葱郁，视野开阔，是孙中山先生

---

1 孙中山先生葬事筹备委员会，《孙中山先生陵墓图案》，上海：民智书局，1925年。

亲选的陵地。陵园的布局借鉴了中国古代陵墓形式，沿轴线设牌坊、陵门、碑亭、祭堂和墓室。但与传统格局有较大不同，比如不设象生，其路线简捷并陡峭，根据约70米高差地形，从牌坊开始上达祭堂，共设台阶392级，8个平台，使高处的祭堂更加宏伟。

主体建筑祭堂，平面近方形，四角各出角室，角室内为贵宾室和纪念品收藏室等，形成四角大尺度的石礅体量，突出了建筑的雄壮。顶部虽然冠以蓝色歇山琉璃瓦顶，但建筑形式充满革新，例如，屋顶的檐口下面即接石建筑，结构构件和彩画按古代石建筑的手法做成雕饰，不是虚假结构，图案内容全部更新。建筑构件简化、色彩明朗，总体上兼备中国传统和现代气息。

■南京，中央体育场田径场，为筹备全国第一届运动会所建，平面呈南北向椭圆形，内设500米环形跑道，两条200米直线跑道。环形跑道内设标准足球场，看台容纳观众约3.5万人。主门楼3层，由于全新的功能和体形，只将建筑重点部位作传统牌坊处理，两端由立方实体结束。牌坊的柱头突出于平顶之外，丰富了建筑的轮廓。体育场的现代功能和体形，给予建筑师从现代条件出发探索新建筑的可能。

■上海，江湾体育运动场和体育馆，这两栋建筑都是1929年上海市中心区规划中的项目。尽管都是在"中国固有之形式"的要求下的设计，但作品体现了作者"既合现代建筑之趋势，而仍不失保持中国建筑原来的面目，同时更顾到经济上之限度，三者兼筹并顾"的主张。体育场和体育馆确有许多革新，这与建筑的性质、基本结构和经济条件有关。运动场平面呈椭圆形，南北330米，东西175米，内设500米环形跑道和两条200米直线跑道，环形跑道内设标准足球场。四周看台周长760米，宽约17米，可容纳4万坐位和2万站位。建筑为钢筋混凝土结构，主门楼大片的墙面以牌楼方式划分，也是以石建筑的手法处理建筑装饰：上部有石头檐口装饰，下部有须弥座，3个门洞的拱券饰以清式纹样。是在现代建筑的体形上加以中国传统装饰的典型作品。

体育馆看台为钢筋混凝土结构，可容纳3500坐位和1000站位；屋顶为跨度42.7米的三铰拱钢结构，拱形屋面长60.9米。外表处理十分简洁，主体为清水红砖，檐口勒脚仿石饰面，是在大跨度建筑中探索中国建筑的佳作。这两座建筑都是在提倡

第四讲　中国要素引领现代建筑起步

上海江湾体育运动场，1935，董大酉。

上海江湾体育馆，1935，董大酉。

"中国固有之形式"的气氛中，进行的探新之作。

■青岛，体育场，体育场完成于1930年代，值得注意的是，女儿墙处理成城墙的轮廓，这也是中国建筑符号的一种，使得建筑既有现代建筑的简洁，又有中国传统建筑的意味。

■吉林，吉林大学校舍。1929年张作霖办吉林大学，请梁思成设计校舍，校舍三座石楼呈"品"字形布置。单体建筑摆脱了屋顶的拖累，以现代的手法，把墙面处理成粗石建筑形式。中间部分为粗花岗石饰面，上部两端以正吻结束，处理巧妙

青岛体育场，1930年代。｜吉林大学校舍配楼，1929—1931，梁思成、陈植。｜北京仁立地毯公司，1932，梁思成、林徽因。

而有中国精神。配楼基座为粗石，窗间墙作柱式处理，上部露出枋头。承接檐口的"一斗三升"斗拱和人字拱装饰，在传统纹样的简洁中，透着现代精神。

梁思成和林徽因设计的仁立地毯公司店面，与该建筑的思路异曲同工，表现出作者期望中国建筑走向现代的意愿。

■南京，中央医院，退离中山东路十余米布置，院前开辟绿地以隔离噪声；平面为集中式布局，钢筋混凝土梁柱楼板，砖承重外墙。平屋顶，两块削角的实体界定了建筑的中段，并突出了入口。立面有中国传统建筑细部，更具西方古典建筑的优美比例，入口大门处理，比例尺度极佳。是中国建筑探新佳作。

■上海，大陆商场，平面呈四边形，建筑为4—8层组合，钢筋混凝土结构。中部楼间开辟露天通道，以利于采光和通风。设屋顶花园，并设露天舞池和音乐亭等，体现了现代商业功能。外墙贴灰色面砖，墙面简洁，只局部有简化了的装饰。

以上列举了在现代功能和体形条件下，建筑或吸取中国传统石头建筑手法，简化体量和细部装饰；或在西洋古典建筑的格局内，加入中国建筑因素的思路，虽然在本质上带有"装饰派艺术"的痕迹，但毕竟在现代建筑的原则内，迈出了有力的步伐。

沿着这条道路的后续探索，现代建筑的性质越来越明显，逐步向国际现代建筑运动靠近、融合。中国建筑师没有走"全盘西化"的道路，也没有落入"中国固有之形式"的窠臼，而是带着中国建筑的种种印迹，发展自己的现代建筑。

第四讲　中国要素引领现代建筑起步

| 上海大陆商场，1933，庄俊。 | 天津新华信托储蓄银行天津分行，1934，华信工程司沈理源。 | 上海恩派亚大厦，1934，凯泰建筑事务所黄元吉。 |

南京中央医院，1933，基泰工程司杨廷宝。

■天津，新华信托储蓄银行天津分行，位于路口转角，主体6层，转角处七层退台，以突出中心部位，钢筋混凝土框架结构。大厅的柱子用劲性钢骨混凝土，最大的框架梁跨度13米，已是完全的现代建筑结构。其外观简单明快，真实地反映内部结构，仅窗槛墙有铜制纹饰，略显装饰艺术味道。

■上海，恩派亚大厦，建筑为多层公寓住宅，转角处6层，两翼4层，钢筋混凝土结构。建筑为简单流畅的横线条，转角处有重复性的竖线条，整个建筑已经与欧洲现代建筑相差无几。

■南京，国民政府外交部大楼，为以设计现代建筑为主旨的华盖事务所设计，外交部大楼的设计，开创了同类平顶建筑的经典模式。平面为丁字形，横楼为主

南京国民政府外交部大楼，1934，华盖建筑师事务所赵深、童寯。

体，主体横竖皆为三段划分，隐含着西洋古典建筑的基本比例。平顶挑檐的下面，有简化了的斗栱装饰，并与下面的横带窗形成建筑的檐壁。入口处为仿石建筑，柱头的部位有霸王拳式装饰，厅内有传统彩画。这种处理方式，即使在1949年以后，也具有一定的典型意义。

■南京，国立美术陈列馆和国民大会堂，这两栋建筑都位于南京的长江路，建筑形式也十分相似。按照建筑的基本功能布局，自然得出现代建筑的体形。建筑为平屋顶，设小挑檐，檐口和细部有中国传统建筑纹样，这些当时被称为现代化的中国建筑，也成为日后处理现代建筑的典型手法，其中不难看出经济条件对设计的影响。

■上海，大新公司位于上海南京东路和西藏路的转角处，共10层，地下1层，为钢筋混凝土结构。1—4层为营业厅，底层大厅设两部自动扶梯，为当时首创。体量简洁，立面作竖向处理，底层有大面积橱窗，显示出商业建筑性格。屋顶的栏板式女儿墙和顶部挂落，均为中国传统建筑式样，显示出在现代建筑中探新的思路。

■上海，中国银行总行，位于上海中山东一路。原设计最高34层，由于相邻的沙逊大厦业主作梗，改为与之大体等高的17层，主体为钢筋混凝土结构。建筑的中部强调竖直线条，两旁辅以中式几何图案，上部两侧呈台阶状，顶部冠以中国式的

第四讲　中国要素引领现代建筑起步

南京国立美术陈列馆，1936，公利工程司奚福泉。	南京国民大会堂，1936，公利工程司奚福泉。
上海大新公司，1936，基泰工程司。	上海中国银行总行，1936，陆谦受与英商公和洋行。

广州爱群大厦，1936，陈荣枝。

天津中原股份有限公司，1927年始建，1941年重建，基泰工程司杨廷宝、关颂声、朱彬、杨宽麟、张镈等。

蓝色四方攒尖屋顶，檐口下面有斗栱装饰，四角并有起翘。这是上海外滩唯一有中国特征的建筑，也是1930年代外滩唯一由中国建筑师设计的大型公共建筑，可以说是在高层建筑中探索加以屋顶之创举。

■广州，爱群大厦，位于广州沿江西路，14层，钢筋混凝土结构，是广州近代最高的建筑。因受地段限制，建筑的平面作三角形，西端呈圆弧形，沿转角南北两侧设地方传统的骑楼空廊，主体作竖向线条处理，使得这座外形纯净的建筑具有鲜明的现代精神。

■天津，中原股份有限公司，位于天津原日租界旭街，6层，钢筋混凝土框架结构。一至四层为开敞式营业厅，五层以上为电影院等娱乐设施，设两部客货电梯，是当时天津最大的百货公司。1940年大楼毁于一场大火，遂由张镈设计加固重修。主体加建一层，首层增加夹层，七层设"七重天"舞厅，并建有屋顶花园。

第四讲　中国要素引领现代建筑起步

上海美琪大戏院，1941，范文照。

外观改为简洁的现代建筑形式，新建的塔楼高33米，层层收分，造型挺拔俊秀，富有时代精神，是唐山地震之前天津市的标志性建筑。1976年唐山大地震后，塔楼未按原貌修复，高度萎缩，比例臃肿。该商业街改造时，塔顶大体按震前面貌复建。

■上海，美琪大戏院，位于上海江宁路。建筑入口为圆形门厅，左右各有休息厅一个，呈曲尺形布置，左厅通向观众厅池座，右厅引向楼座。观众厅共设1640个座位。建筑的转角入口设计竖向连窗，窗户上部由厚实的压檐结束。转角和两翼的檐部有横条饰带，整体和细部的处理已经摆脱"装饰派艺术"的影响，呈现新建筑的面貌。

建筑师范文照曾撰文对自己的早年复古的思路作了强烈的反省，并决心"全然推新"，美琪大戏院是其后的作品之一。

87

八年离乱：抗战时期建筑的现代性

抗战爆发之后，建筑业从1920—1930年代的空前繁荣，跌入1937—1949年长达12年因战争带来的凋零时期，以致多数人在很大程度上认为，抗战时期建筑乏善可陈。虽然这也是事实，但在大后方仅有的一些建筑活动，却鲜明地表现出中国建筑的现代性。在我国大部分通商口岸和经济最发达地区沦陷之际，大批工厂内迁西南、西北之大后方：以陪都重庆为核心，包括成都和昆明等后方城市。内迁的中国建筑师，在极其艰苦的物质条件下惨淡经营有限的建筑活动。

在中华民族生死存亡的危急关头，建筑师也服从战争需要，投入国防建设之中。他们所面临的国防工程，恰是解决建筑技术课题，这正与建筑现代性相吻合。例如，建筑防空问题，建筑材料、建筑结构的抗爆炸能力，在物资匮乏条件下地方材料的运用等实际问题。

1939年，国民政府颁布《都市计划法》，以法律形式确立了防空在城市规划中的地位。建筑师卢毓骏编写了《防空建筑工程学》、《防空都市计划学》等著作以应时需。中央大学建筑系1934届毕业生费康，收集、整理了英法德日等国有关炮台、飞机种类和型号、各种炸弹对不同建筑材料的破坏程度，以及战时各种防空设施、医院、住宅的规划和设计资料，编写成《国防工程》，受到欢迎。[1]

从沦陷区内迁到大后方的许多建筑师，如杨廷宝、童寯、徐中等，投身防空洞、地下工厂、军事工业设施的建设中。中央大学建筑系1934届毕业生唐璞，参加了巩义兵工新厂内迁入川的厂房建设，在缺乏建筑材料、缺乏熟练建筑工人、缺乏机械设备的条件下，就地取材，用竹编墙、竹筋混凝土圈梁和条石基础，快速建成厂房投入生产。在1940年重庆遭到大轰炸后，唐璞还设计了中国第一座地下工厂。[2]

抗战时期建设虽然为数不多、规模也不大，但却自然地采用了现代建筑原则。抗战胜利之后，在内战期间也有些零星建设，同样采用了现代建筑形式。这是因为，战时的建设条件所限，物质上、经济上和时间上不可能继续贯彻"中国固有之

---

[1] 张玉泉，"中大前后追忆"，杨永生，《建筑百家回忆录》，中国建筑工业出版社，2000年。
[2] 唐璞，"千里之行，始于足下"，杨永生，《建筑百家回忆录》，中国建筑工业出版社，2000年。

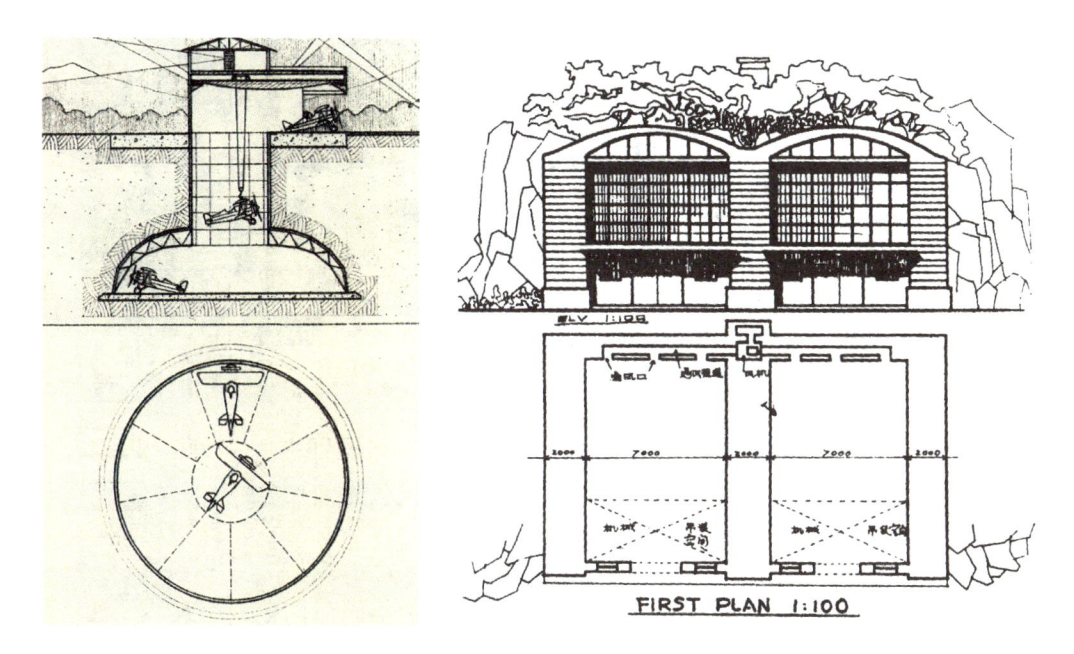

第四讲　中国要素引领现代建筑起步

费康著《国防工程》一书之手稿，"使用吊车的升降飞机库"。

可抗轰炸的地下工厂，1940，唐璞。

形式"；同时，经过建筑师"主动发展"的中国现代建筑实践，以及战时建筑思想的反思，使多数建筑师已经认识到现代原则的时代使命，也已经看到中国现代建筑的丰富成果。可以说，现代建筑原则及其实践，在中国已是水到渠成。

■重庆，南开中学教学楼，是内地南迁较早的中学建筑。1937年7月底，日寇轰炸天津，南开校舍全毁，师生及家属内迁重庆南渝中学，遂于1938年在此建成三栋教学楼以及图书馆、宿舍等建筑，并更名重庆南开中学。教学楼为平屋顶、灰砖墙勾红缝，为简洁朴实的现代，反映了现代建筑原则在战时快速建设的积极作用。

■南京，美国顾问团AB大楼，是一座典型的现代建筑。建筑为四层，钢筋混凝土结构。立面为简洁的平屋顶，设大面积带形钢窗，形成横向线条和划分。

■上海，浙江第一商业银行，又是力主现代建筑的华盖建筑师事务所的作品。外形处理简洁，内部空间合理，各细部线条处理流畅，显示出建筑师纯熟的现代建筑手法。

89

重庆南开中学教学楼，1936—1938，新华兴业公司建筑部。　　南京美国顾问团ＡＢ大楼，1946—1947，华盖建筑师事务所。

■南京，孙科住宅延晖馆，平面设计自由，内部空间使用便利，其公共部分，如会客室、平台、餐室、大客厅之间，有流动空间的意趣。建筑立面简洁明快，是一个优秀的现代建筑作品。

该建筑的建筑师杨廷宝，在南京还设计过许多现代风格的建筑，如招商局候船厅及办公楼等。

战争期间，建筑设计任务零落，建筑师有机会以冷静心态，对战前1920年代至1937年的黄金时代之建筑活动进行反思，此举无意间形成了战时探讨建筑思想或理论问题的高潮。首先是对官方倡导的"中国固有之形式"的普遍质疑。

战前中国建筑界有一种颇为流行的观点，即中国传统木构建筑具备许多现代建筑因素，如木结构之梁架结构，与现代建筑的框架结构原理相通；木构构造忠实表现结构原理，与现代建筑理性原理相通等。因而认为，可以在不打断传统建筑延续性的前提下，完成传统建筑的现代化更新。

建筑师童寯深刻地批评了这一思想，他指出："中国木作制度和钢铁水泥做法，唯一相似之点，即两者的结构原则……拿钢骨水泥来模仿宫殿梁柱屋架，单就用料尺寸浪费一项，已不可为训，何况水泥梁柱已足，又加油漆彩画。平台屋面已足，又加筒瓦屋檐。这实不能谓为合理。"他还进一步指出："一个比较贫弱的国家，其公共建筑，在不铺张粉饰的原则下，只要经济耐久，合理适用，则其贡献，较任何

| 上海浙江第一商业银行，1948，华盖建筑师事务所。 | 南京孙科住宅延晖馆，1948，杨廷宝。 | 南京招商局候船厅及办公楼，1947，杨廷宝。 |

富含国粹的雕刻装潢为更有意义。"[1]童寯这些掷地有声的言辞，不但是对"中国固有之形式"的批判，而且成为新中国成立之后受苏联影响所倡导的"民族形式"的预警。

面对国际性现代建筑运动和中国的社会现实，一些建筑师也改变了原来的立场。梁思成认为："在最清醒的建筑理论立场上看来，'宫殿式'的结构已不适合于近代科学及艺术的理想。……因为浪费侈大，它不常适用于中国一般经济情形，所以不能普遍。"[2]南京国民政府"宫殿式"考试院建筑设计者卢毓骏，在"三十年来中国之建筑工程"一文中指出："因现代外国建筑之良好设计，光线与空气莫不充足，若我国固有建筑之设计不良者，亦常感日光空气之不足。"[3]

在日本血腥侵华战争笼罩下，人们真切地体会到落后就要挨打的道理，战争，终归是国家之间经济力量和现代化程度的较量。作为历史学家蒋廷黻，在1938年写的《中国近代史大纲》中指出："……在世界上，一切的国家能接受近代文化者

---

1 童寯，"我国公共建筑外观的检讨"，《童寯文集》第一卷，中国建筑工业出版社，2000年。
2 梁思成，"为什么研究中国建筑"，《凝动的音乐》，百花文艺出版社，1998年。
3 卢毓骏，"三十年来中国之建筑工程"，《建筑百家评论集》，中国建筑工业出版社，2000年。

必致富强，不能者必遭惨败，毫无例外。并且接受得愈早愈速就愈好。"[1]文艺家林语堂在抗日战争爆发后深刻指出"只有现代化才能救中国"。他说："现在面临的问题，不是我们能否拯救旧文化，而是旧文化能否拯救我们。""同时我们认识到不是我们的旧文化，而是机枪和手榴弹才会拯救我们的民族。""事实上，我们愿意保存自己的旧文化，而我们的旧文化却不可能保护我们。只有现代化才能救中国。"[2]就连被称作"玄学鬼"的张君劢也说："现在国家之安全、人民之生存无不靠科学，没有科学便不能立国。有了科学虽为穷国可以变为富国，虽为病国可以变为健康之国，虽为衰落之国也可以变成强盛之国。"[3]抗日战争，促使科学主义思想在中国发扬。

崇尚科学的思想直接与建筑思想关联，引发许多建筑师撰文，从科学技术的普遍性立论解释建筑，也成为反大屋顶的继续。沈理源在其编译的《西洋建筑史》后记中指出："第十九世纪为科学大昌明之时期也，前人所未见之物而今俱次第发明，人类生活日新月异，……因此种种发展而近代建筑乃日趋於复杂矣。前代建筑往往受地理地质等之影响，今则无关紧要矣。"[4]

林克明1930年曾任广州中山纪念堂建设工程顾问，1934年设计了大屋顶的广州市府合署。但他在《新建筑》1942年第7期上发表的"国际新建筑会议十周年纪念感言"，积极倡导现代建筑运动，批判"固有之形式"的官方倡导者和迎合业主的建筑师。他说："我国向来文化落后，一切学术谈不到获取国际地位，建筑专门人才向无切实联合，即过去的十年间建筑事业略算全盛时代，然亦只有各个向私人业务发展，盲目的，苟且的只知迎合当事人的心理，政府当局的心理，相因成习，改进殊少，提倡新建筑运动的人寥寥无几，所以新建筑的曙光，自国际新建筑会议后已成一日千里，几遍于全世界，而我国仍无相继响应，以至国际新建筑的趋势、适应于近代工商业所需的建筑方式，亦几无人过问，其影响于学术前途实在

---

1 蒋廷黻，《中国近代史》，海南出版社，1993年。
2 林语堂，《中国人》，学林出版社，1994年。
3 罗志田，"物质与文质——中国文化之世纪反思"，《光明日报》，2000年12月26日。
4 沈理源，《西洋建筑史》，"后记"，天津市图书馆藏书，1944年初版。

是很重大的。"

1942年毕业于中央大学的戴念慈,在新中国成立前后的一系列论文中显露出新生代建筑师现代建筑的思想锋芒。他从现代建筑理性主义出发,主张建筑应当说"老实话",他批评"宫殿式"建筑是在说谎:"宫殿式的北京图书馆和宫殿式的金陵大学,都是'谎'。它们都是钢骨水泥的构造,然而都打扮成一副木构建筑的面貌,明明是一根钢骨水泥的大梁,都硬被做成了两根木质的大额枋和小额枋。"[1]

《新建筑》和戴念慈的一系列文章,在中国社会急剧动荡的1940年代,推崇着现代建筑思想的科学性、进步性,体现出与社会革命潮流之间的紧密关联。

第一次世界大战结束后,形成了大量住宅性需要,带动了建筑工业化,也让现代建筑运动把形式、技术、社会学和经济学问题协同起来,为平民建造大批量的住宅,成为建筑师工作的重点,也是其社会责任之所在。

目睹抗日战争中民众颠沛流离,一些建筑学家和建筑师开始把注意力更多地投向民生问题,主要集中在战后重建和大规模住宅建设问题上,而平民住宅研究,标志着建筑师对社会的关怀已经跳出了空泛的文化精神层面,有了更加深刻的现实内容。梁思成提出了"住者有其屋"、"一人一床"的理想,主张"建筑是为了大众的福利,踏三轮车的人也不应该露宿街头,必须有自己的家。"[2]卢毓骏也特别呼吁关注住宅建设,他指出:"吾国战后建设,无疑的,当尊奉国父实业计划,工厂与民居将为战后建筑上之中心题材。……至若民居问题,因吾国各城市经此敌之破坏,将成为吾国战后之极难解决的问题,故特提请注意。"[3]

1946年,历时17年的中国营造学社活动停止,在《中国营造学社汇刊》终刊的第7卷第2期上,发表了林徽因的"现代住宅设计的参考"。在专注古代建筑历史研究刊物上发表住宅社会学论文,应当视为反映时代潮流的信号。在这篇文章中,林徽因阐述了为劳工阶级大规模建造低租住宅的迫切性,她写道:"战前中国'住宅

---

1 戴念慈,"论新中国的新建筑及其他",张祖刚,《当代中国建筑大师戴念慈》,中国建筑工业出版社,2000年。
2 清华大学校史编写组,《清华大学校史稿》,中华书局,1981年。
3 卢毓骏,"三十年来中国之建筑工程",《建筑百家评论集》,中国建筑工业出版社,2000年。

设计'亦只为中产阶级以上的利益。贫困劳工人民衣食皆成问题,更无论他们的住处。……我国复员后一部努力必须注意到劳工阶级合理的建造是理之当然。……复员后工业在各城市郊外正常展开的时候,绝不应仅造单身工人宿舍,而不顾及劳工的家庭。"[1]

1943年,青年建筑师林乐义开始进行《战后居室设计》,为解决战后的居住问题提出了一整套28个住宅方案,其中包括经济住宅和普通住宅等。战时建筑师对战后居住问题的思考,既可看到传统知识分子"安得广厦千万间"的社会责任感,又能看到现代建筑师强烈的人道主义情怀。

● 自觉与现代运动相联系

战前,现代建筑的流行,在很大程度上基于建筑师的设计业务,现代建筑是多种选项之一,很少与国际现代运动联系起来,并成为它的一部分。抗战期间的一些讨论,适时地把中国建筑与国际现代建筑运动联系起来。童寯说,"中国建筑今后只能作世界建筑一部分,就像中国制造的轮船火车与他国制造的一样,并不必有根本不相同之点。"[2]梁思成也认为,"今后之居室将成为一种居住用之机械,整个城市将成为一个有组织之Working mechanism,此将来营建方面不可避免之趋向也。"[3]把住宅当作"居住用之机械"和城市为"有组织之Working mechanism",显然沿袭了现代建筑大师勒柯布西耶经典现代建筑思想。

● 提前探讨建筑国际化与地方化

值得特别注意的是,中国建筑师竟然如此前瞻地提出了建筑文化的全球化与地方性、世界性与民族性问题。卢毓骏撰文说,"建筑艺术之'国际化',是否将有碍固有'民族化'之发展,……一切纯粹科学固多为国际性,而建筑艺术亦将求进于大同之域欤?"梁思成也强调了这个问题,他说,"无疑的将来中国将大量采用西洋现代建筑材料与技术。如何发扬光大我民族建筑技艺之特点,在以往都是无

---

[1] 林徽因,"现代住宅设计的参考",《林徽因文集》,百花文艺出版社,1999年。
[2] 童寯,"中国建筑的特点",《童寯文集》第二卷,中国建筑工业出版社,2000年。
[3] 梁思成,"致梅贻琦的信",《凝动的音乐》,百花文艺出版社,1998年。

名匠师不自觉的贡献，今后却要成近代建筑师的责任了。"[1]童寯对中国新建筑的出现充满了信心，他认为，"中华民族既于木材建筑上曾有独到贡献，其于新式钢铁水泥建筑，到相当时期，自也能发挥天才，使观者不知不觉，仍能认识为中土的产物。"[2]梁思成也说，"世界各国在最新法结构原则下造成所谓'国际式'建筑；但每个国家民族仍有不同的表现。英、美、苏、法、荷、比、北欧或日本都曾造成他们本国特殊作风，适宜于他们个别的环境及意趣。以我国艺术背景的丰富，当然有更多可以发展的方面。"[3]

关于现代建筑的地域性问题，卢毓骏主张建筑式样应当因地制宜、尊重地方性。认为，"立体式建筑[4]之横向长窗，其理论基础为今日新材料时代，（钢铁与钢筋混凝土时代）窗之作用可不限于通风，而可尽量作透光之用，然以中国版图之大，各地气候之悬殊，是否到处相宜，抑应因地修改，此点至堪研究。"他还进一步指出，"式样尽可能国际化，但仍须顾及适应地方性。"[5]这些言论，好像提前上演了当今讨论的"全球化"和"地域性"话题。

● 建筑教育贯彻现代思想

中国的许多著名建筑师，同时也在建筑院校任教，在艰苦的条件下，对新一代优秀建筑师的培养，做出巨大贡献。

1938年，沈理源任国立北京大学工学院建筑工程系教授和天津工商学院（1949年改为津沽大学）建筑系主任、教授，培养了龚德顺、虞福京等著名建筑师。童寯1944年起兼任中央大学教授，夏昌世1942—1945年期间任中央大学、重庆大学教授，林克明于1945—1950年任教于中山大学工学院建筑系。这些具有鲜明现代建筑思想的建筑师对于改变战前占主导地位的学院派建筑教育发挥了积极作用。

在沦陷区的上海，1930年代后期和1940年代留学归国的建筑学子，如以汪定曾、

---

1 梁思成，"为什么研究中国建筑"，《凝动的音乐》，百花文艺出版社，1998年。
2 童寯，"中国建筑的特点"，《童寯文集》第二卷，中国建筑工业出版社，2000年。
3 梁思成，"为什么研究中国建筑"，《凝动的音乐》，百花文艺出版社，1998年。
4 指方块建筑，即现代建筑。
5 卢毓骏，"三十年来中国之建筑工程"，《建筑百家评论集》，中国建筑工业出版社，2000年。

黄作燊、冯纪中、王大闳、陈占祥、金经昌等人为代表的建筑师，直接带回西方最新的现代建筑思想和现代城市规划思想，也使中国与国际现代建筑运动更紧密地联系在一起。现代建筑大师格罗皮乌斯的第一个中国学生黄作燊，于1940年创办了圣约翰大学建筑系，并将包豪斯的现代建筑教学体系移植到中国。在圣大建筑系任教的还有包豪斯毕业的德国人鲍立克（R. Paulick），这些因素决定了圣约翰大学建筑系强烈的现代主义教育倾向。中国东北大学和中央大学的早期毕业生如张开济、张镈、唐璞在抗战时期也开始独立工作，他们的设计生涯都是从现代建筑开始。

抗战胜利后，梁思成致函清华大学校长梅贻琦，提议创办清华大学建筑系。他主张摒弃学院派建筑教育体系，引进包豪斯教育体系。他在信中指出："国内数大学现在所用教学方法（即英美曾沿用数十年之法国Ecole des Beaus-Art[1]式之教学法）颇嫌陈旧，过于着重派别形式，不近实际。今后课程宜参照德国Pro Walter Gropius所创之Bauhaus方法……"[2]梁思成1946—1947年出国考察其间，出席了普林斯顿大学召开的"人类环境设计"讨论会，还会见了诸多现代建筑大师如勒·柯布西耶、格罗皮乌斯、沙里宁等人。回国后，他在一年级建筑初步课中仿照包豪斯增加了"抽象图案"训练，到1949届学生教学计划中完全删除西洋五柱式，加重了"抽象图案"的分量。此外还设置木工课和"视觉与图案"课，使课程变得更加"鲍豪斯化"。在筹组教学师资方面，梁思成刻意选择现代建筑师任教，而著名现代建筑师童寯曾是他最心仪的人选。

新生代建筑师的成长，战前开业的中国建筑师向现代建筑思想的转变，共同标志着抗日战争和战后时期，现代建筑思想已经占据了主导地位。

第二次世界大战结束后，经典现代建筑成世界范围内占统治地位的建筑潮流。1947年，联合国当局任命了一个由各国著名建筑师组成的顾问委员会，其中包括法国的勒·柯布西耶、巴西的尼迈耶和中国的梁思成等，负责联合国总部的规划和设计。1944—1945年杨廷宝受国民政府资源委员会的委托赴美国调查工业建筑，拜访

---

[1] 即国立美术学院或"布萨"。
[2] 梁思成，"致梅贻琦的信"，《凝动的音乐》，百花文艺出版社，1998年。

了经典现代建筑大师莱特的塔里埃森、约翰逊制蜡公司等作品,给他留下了深刻的印象。这些国际性活动和抗战时期中国现代建筑思潮的涌动,奠定了中国作为国际现代建筑成员的主流地位。

抗日战争胜利后,人民期盼和平建设。著名的重庆和平谈判失败之后,中国共产党于1949年10月1日建立了中华人民共和国。大多数经过连年战争苦难和现代运动洗礼的中国建筑师,选择留在大陆为新政权服务,成为共和国建筑事业的奠基人,如著名建筑师梁思成、杨廷宝、庄俊、赵深、陈植、童寯、董大酉、沈理源等。

1920年代至抗战爆发中国现代建筑的起步,抗战时期对战前建筑的反思和现代建筑思想的涌动,以及对战后发展现代建筑的能量积累,注定了新中国成立之后第一波建筑创作将以现代建筑的面貌出现。这是医治积累十余年间战争创伤之必须,是解决四万万同胞居住问题之必须,是促进贫困中国尽速现代化之必须。

第五讲

建国初短暂的现代建筑

拉开沉重的建设序幕

1949年,中华人民共和国成立,政府在极为严峻的国际、国内政治环境中,拉开了沉重的建设序幕。

长达十二年全国范围的战争给中国人民带来了深重苦难。罹难同胞无数,财产损失无算,城市残破,经济败落,农村凋敝,人民贫寒。原本比较低下的社会生产力,几近崩溃的边缘。

国内战争的余波,"抗美援朝"参战以及政权立足未稳,致使中国共产党和政府在紧急解决民生所迫切急需的小规模建设中,也不得不同时展开激烈的政治运动。比如采取了果断而强力的措施,且用政治运动的方式加以贯彻,将抗美援朝、土地改革、镇压反革命三大运动相互结合、齐头展开,进行所谓"三套锣鼓一齐敲"。这些运动,多方面涉及建筑业以及作为知识分子的建筑师。

1951年冬,在开展三大运动的同时,政府又展开了"反对贪污、反对浪费、反对官僚主义"的"三反"运动。1952年初,又部署了"反对行贿、反对偷税漏税、反对盗骗国家资财、反对偷工减料和反对盗窃经济情报"的"五反"斗争。在这场"三反五反"运动中,暴露了建筑业的大量问题,如贪污浪费、偷工减料现象普遍而严重,引起了政府高度重视。因此,在1952年8月,成立了专管建筑业的中央人民政府建筑工程部,部长陈正人,副部长万里、周荣鑫、宋裕和。

也在1951年冬，即在抗美援朝战争期间，中国共产党和政府发起了对知识分子的思想改造运动。中共认为由于美国长期对中国的经济和文化侵略，在一部分人当中形成了"亲美、崇美、恐美"思想，因此要开展一个"仇视、蔑视、鄙视"美帝国主义的运动，促使知识分子转变立场，以适应新环境的要求。在建筑界，这项运动指向了工程技术人员和建筑师，重点在清除这些人头脑之中的"盲目崇拜英美"、"单纯技术观点"，以及"政治立场不稳"等问题，从此，开始了对知识分子进行的长期"思想改造"。

1952年，教育部对大学进行了院系调整。调整后，中国大陆高等院校182所，其中设建筑学专业的院校共7所，它们是：东北工学院、清华大学、天津大学、南京工学院（今东南大学）、同济大学、重庆土木建筑学院（后改名重庆建筑工程学院、重庆建筑大学，现并入重庆大学）、华南工学院（今华南理工大学）。1956年，东北工学院、青岛工学院、苏南工业专科学校和西北工学院等学校的土建专业，合并成立西安建筑工程学院（后改名西安冶金建筑学院，今西安建筑科技大学）；1959年，在哈尔滨工业大学土建系的基础上成立了哈尔滨建筑工程学院（后改为哈尔滨建筑大学，今又回归哈尔滨工业大学）。这八所院校集中了当时中国建筑教育的主要力量，继承了优良的教育传统，为共和国培养了一代又一代的建筑师。

在进行政治运动的同时，中国共产党和政府同时发展生产，解决民生问题。渴望和平建设家园的人民，亦忘我劳动、艰苦创业，在1950—1952年短短三年"国民经济恢复时期"之内，使国民经济中各项指标，达到和超过了战前最高水准。同时政府实现了财政收支平衡，物价稳定，取得了财政状况基本好转。

恢复工业生产，是改善民生的基础。东北地区战争结束较早，工业生产随即开展，如以鞍山钢铁工业为中心，逐步形成了比较完整的生产体系。全国各地的一些大中型建设项目，如太原重型机械厂、郑州棉纺厂、上海经纬纺织机械厂也先后建成。1952年底，中国第一个现代化的纺织机械厂国营山西榆次经纬纺织机械厂全面完成建设任务，为第一个五年计划中的棉纺工业奠定了基础。

铁路的恢复和建设也在大力进行，特别是新建铁路。成渝铁路1952年5月通车，天兰铁路1952年8月通车，1952年10月兰新铁路开工（1962年6月全线通车），1952

年7月宝成铁路在成都开工（1958年1月通车）。

在这一时期，在北京先后成立了三家比较大的建筑公司，是新型国营企业的代表。

华北公路运输总局建筑公司。1949年8月10日正式开业，这是全国第一个大型国营建筑公司。

永茂建筑公司。1950年3月10日正式开展业务。1951年更名为北京市建筑公司，下设设计公司，为今日北京市建筑设计研究院之前身。

中直修建办事处。1949年初中共中央办公厅在西山成立。1952年合入"中央直属设计公司"。

其他地区也相继成立了国营的建筑企业。如1949年4月，山东省成立了山东建鲁营造公司，7月成立了天津营造服务公司，8月上海成立华东建筑公司等。它们的设计部门，成为后来相应之设计院，如华东建筑公司为华东建筑设计院之前身。[1]

在成立国营建筑企业之际，许多私营的营造厂、建筑师事务所或其中的技术人员，被国营企业所吸纳，但社会上依然是国营和私营企业并存，共同参与了三年国民经济恢复时期的建筑设计和建造活动。

1952年7月2日至17日，第一次全国建筑工程会议召开，会议对三年来建筑事业的情况做了评估，并为今后即将展开的大规模建设工作制定方针政策。会议提出："设计方针必须注意适用、安全、经济的原则，并在国家经济条件许可下，适当照顾建筑外形的美观，克服单求形式美观的错误的观点。"这可以看作是日后"十四字建筑方针"的原型。

会议结束之后，各地建立了建筑业的行政主管部门和设计单位。1952年5月，由11个在京中央建筑单位合并，成立了"中央直属设计公司"，后改称"中央设计院"、"建筑工程部设计院"等演变至今，为中国建筑设计研究院（集团）之前身。1952年，各地也成立了第一批设计单位，如天津市建筑设计院、甘肃省建筑勘察设计院、四川省建筑勘察设计院、湖南省建筑设计院、中南（湖北）工业建筑设计院、贵州省建筑设计院等。

---

[1] 以上资料参考了：王弗、刘志先，《新中国建筑业纪事（1949—1989）》，中国建筑工业出版社，1989年。董光器，《北京规划战略思考》，中国建筑工业出版社，1998年。华南工学院建筑系建筑史教研组编著，《中国解放后建筑》（初稿），未出版油印稿。

建筑工程部和国营的设计单位成立之后，随着计划经济体制的不断完善，设计力量就完全纳入政府的管理之中。1951年2月，当中共中央提出"三年准备，十年计划经济建设"的设想时，第一个五年计划草案就已开始进行。苏联帮助的"一五计划"项目，也陆续开展设计，这些项目成为苏联建筑设计思想登陆我国之准备，预示了三年恢复时期我国自发现代建筑现象的悲剧性结局。

现代建筑的自发延续

我们已经看到，活跃在1950年代初的许多建筑师们，受教育或执业期间，普遍具有现代建筑认知，经过抗战前的实践和战时的反思以及战后的准备，多数人已认同现代建筑原则。1949年后的一两年内，其建设环境比较适于实行现代建筑原则。

政权初创，战争未了，可以投入建设的财力和物力有限。在上海、南京和天津这样保有较多公共建筑的大城市，新建之数量较少。北京定都之后，国家各部临时安排在过去的王府和其他建筑里，唯军事机构在西郊有数量相对较大的建设，但建筑的规模不大。其他城市，除了个别地区，如抗战时期的陪都重庆，经济基础较好、建筑人才济济，出现了像重庆西南人民大礼堂这样的建筑，一般城市的新建筑，大多以满足急需为限。

各地兴建的建筑类型，多以工人新村及简易的住宅当先，医院和学校建设数量也相对较多。其他建筑类型为数较少，多为办公建筑、集会和观看演出用的礼堂等，这些都和政权建设、改善人民生活之急需相关，标准不可能很高。

由于要求建筑迅速完工，加之经济力量有限，许多公共建筑采取了"边设计、边施工"的方法。建筑以满足基本功能为主旨，多为简单的平屋顶，无装饰，这样，既可以提高速度，又能节约资金，恰恰与现代建筑基本原则相契合。由于建设处于起步阶段，政府尚没有制订有关建筑设计的方针，建筑师自然地延续着以往经验。

当时进城的干部，长期投身战争或农村工作，对于城市工作不甚熟悉，对建筑设计这样"盖大楼"的技术更陌生，乃至心怀敬畏。起初，政府官员或干部，对待作为知识分子一部分的建筑师，普遍怀有"客情"，他们对具体的技术工作，很少干预。这样，在多数情况下，建筑设计的本来意图，可以得到较为完整的贯彻。在苏联的所谓社会主义建筑理论输入之前，人们毫不觉得平屋顶的"方盒子"建筑有什么不好，更不会想到建筑会有什么阶级性。

至1952年左右，随着苏联援助我国的设计项目的引入，苏联的建筑理论一并进入中国，把平屋顶的"方盒子"现代建筑，视为帝国主义文化侵略的组成部分，这种理论的影响渐渐蔓延至各地。

1. 居住建筑

1949年之前的中国居住建筑，呈明显的分化状态，多数城市市民和城市贫民阶层的住房，同少数权贵的住房，在数量和质量上形成了强烈的对比。

城市市民和城市贫民阶层的居住建筑，低矮破旧，缺乏公共设施，卫生条件极差，许多大城市都有环境恶劣的棚户贫民窟。据北京、上海、重庆等十余个大城市的统计，多数城市人均居住面积只有3平方米多一点，最低者如重庆、大连，只有1平方米多。战后，紧急解决城市劳动者的住房问题，已迫在眉睫。根据当时全国50个城市的调查结果，平均每人居住面积3.6平方米，所以中国长期采用每人居住面积4平方米作为设计标准，达三十余年。

政府在各大中城市，以较少的投资建设了大量"工人新村"，这些新村规划比较简单，住宅简易，大多数为平房或二三层建筑，有的地方将这批房屋作临时住宅应急，待日后有条件时拆除改建。在大城市，规划和设计比较正规，并深入地探索了"工人新村"这种全新的居住形式。

■上海曹杨新村，位于上海的西北郊，原来是居住环境十分恶劣的贫民区。一期建设占地23.63公顷，建筑面积11万平方米，建成住宅4000套。在规划中，充分考虑地段内的自然地形，建筑顺应小河走势，因地随坡就势，采用自由布局，延续国际上流行之"花园城市"意图。住宅多数只能采取大居室的单室户，平面简单、光线充足；外部淡黄粉墙、红色瓦顶，楼梯间窗略带装饰，形式十分简朴。新村中心设立了各项公共建筑，如合作社、邮局、银行和文化馆等；新村边沿设菜市，便于日常生活；小学及幼儿园不设在场内，平均分布在独立地段。新村绿化呈点、线、面的结合，构成一个有机的体系。建筑师自动地运用合乎时宜的规划和设计手法，处理自己面临的全新问题，亦属难能可贵，开创了中国现代居住区规划和建筑设计的先河。有趣的是，小区提早考虑了小汽车的出入问题，不免受到批判。

第五讲 建国初短暂的现代建筑

上海曹杨新村中心区总平面示意图，1951— ，汪定曾等。

上海曹杨新村沿河居住环境。

北京百万庄住宅区总平面示意图，1953，宋融，张开济指导。

北京百万庄住宅区住宅外观。

■北京百万庄住宅区，是以干部住宅为主的居住区，住宅以3层为主，公共建筑1-2层。住宅布局以双周边式为主，人均建筑面积6.59平方米。双周边式住宅布局，使区中心留出了大片的绿地和儿童游戏场地，并保证了住宅周围的安静；住宅形式比较朴实，采用红砖墙、坡屋顶，局部简单装饰，点出人居的意趣。

■天津中山门工人新村，是天津市第一个大规模建设的居住区，新村设计以当

103

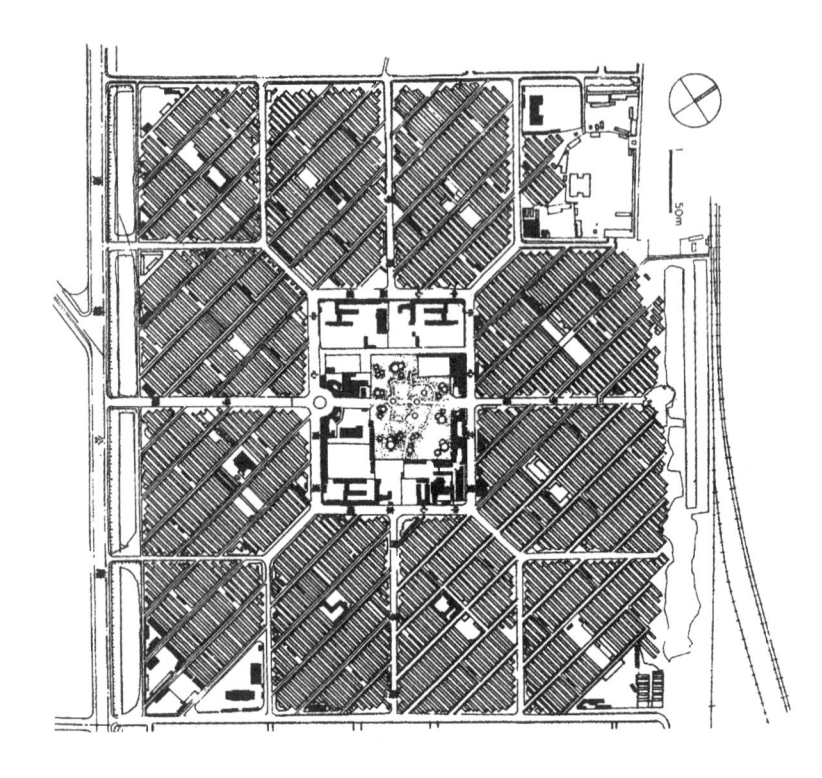

天津中山门工人新村总平面示意图，1950。

时流行的"邻里单位"理论为依据，采用比较规整又有适当变化的路网，内部道路为八卦形，将新村划分为12个街坊，围绕中心公园布置；公共设施如中学、小学、百货、副食等公建，安排在中心公园的周围；住宅每户由一间住房、半间厨房组成，朝向良好，但设施比较简陋，共用上下水、公厕。新村当年设计，当年施工，当年竣工，当年进住，解决了大量无家可归者的燃眉之急。

各地都有类似的新村建设展开，如济南的工人新村、鞍山的工人住宅区以及沈阳铁西工人住宅区等。

2. 医院建筑

1950年代之初，中国现代医院数量少、规模小、功能不全、设备简陋。比较正规、合乎科学化管理要求的少数医院，主要集中在上海等大城市。农村及县城更是缺医少药。医院建筑布局多为分散式，以门诊，病房为主。辅助科室只限于药房、检验科、放射科及手术室，占用建筑面积比例较小。病房多为大病室，只有少量小病室作为一、二等病房，建筑物单体多数为砖混结构。

第五讲 建国初短暂的现代建筑

武汉医学院附属武汉医院,1952—1955。

北京儿童医院,1952—1954,局部立面,华揽洪、傅义通。

在大城市有限新建医院,使医院的建筑设计也取得了显著的成就,出现了像武汉医学院医院和北京儿童医院这样令人注目的建筑精品。它们从使用功能和现实出发,尽量创造一个医疗条件先进、符合人本需要而又形式清新的医院。

■武汉医学院附属武汉医院(今武汉同济医院),系综合性教学医院,一期500张床位。由于基地先期已有大批宿舍和几幢教学楼建成,为适应基地偏于一隅的狭小面积,且考虑尽量节约基础工程,其体形略呈"米"字形,建筑4层为主,局部5层。医院的平面设计,综合贯彻"安静、清洁和交通便捷"的医疗运作原则,四翼护理单元分区明确,争取了最好的护理环境和医疗条件。建筑体量丰富,细部设计精巧,入口反曲面实墙立意大胆,墙上"十"字开窗,点出医院建筑符号;屋顶自由曲面的平台屋顶,活跃了室外空间的气氛,在总体上显示了现代医院建筑的性格。

■北京儿童医院,是北京最大的儿童专科医院,一期门诊2000人次/日,600张病床。建筑设计严格地按照专业儿童医院要求,门诊大厅有完善的预检部,各区隔离严密、路线分明,各科为独立单元,双走道两次候诊,并有家长的候诊面积。病房有探视阳台,地下室设陪住母亲室。建筑为平屋顶,檐头出挑轻巧,角部微微起

青岛纺织管理局医院，1952，设在山墙上的主入口，华东建筑工程公司。

翘，使人联想到传统建筑飞檐的神韵，栏板为传统格饰。山墙错落开窗，显出自由手法；烟囱与水塔合二为一，并以方塔造型加以装饰，成为建筑群构图制高点。外墙为北京地方蓝灰机砖清水墙，局部配以水刷石，与北京建筑特有的灰调浑然一体，是探索中国现代建筑的优秀实例。

■青岛，纺织管理局医院，是集门诊、医疗、病房和办公为一体的综合建筑群，200张病床。从规划到单体设计，鲜明体现功能合理形体简练的现代建筑精神。建筑物沿地形等高线布置，平屋顶，主入口少见地开在山墙。墙面局部点缀石块，基座的石工，表现出当地匠人处理石材的高超技艺，也可以说是在现代建筑中利用地方材料的探新。

3. 教学建筑

1949年之前的中国教育很不发达，教育设施与众多的人口不相适应，1949年全国校舍建筑面积仅345万平方米。有一定规模和水准的学校，大多是教会或由外国人开办或资助。三年国民经济恢复时期，仅在原有校园之内填平补齐，大规模的建

上海同济大学文远楼,1953—1954,黄毓麟、哈雄文。

校活动,则在1952年全国高等学校院系调整之后。

■上海,同济大学文远楼,设计者是青年建筑师黄毓麟(1927—1953),毕业于之江大学,当时只有26岁,合作者有哈雄文等。令人无限感慨的是,就在设计完成的当年,设计者却英年早逝了。

建筑平面按功能灵活布置,在最接近入口的部位布置阶梯教室,以利于疏散。阶梯教室部位的建筑立面,其开窗直接反映内部阶梯地面。阶梯教室的室内布置,考虑合理的视线和声响效果,后来又在小桌板上设计了简易的弱电小台灯,以利于学生在放幻灯时笔记。

正面门廊作不对称处理,与不对称体量相呼应。室内踏步、楼梯和扶手栏杆的处理,在干净流畅中不忘点以简单装饰。值得特别提出的是,作者已经自发探索现代建筑的中国化,如通风孔的图案,壁柱顶端之传统纹样以及一些部位的方形石块"榫头"等,成为建国初期建筑师自动探索现代建筑中国化的先例。

■广州,中山医学院建筑群,建筑师为夏昌世,他早年留学德国,归国后长

广州中山医学院教学楼，1953，夏昌世。　　广州中山医学院生物楼，1953，夏昌世。　　长沙湖南大学工程馆，1953，柳士英。

期专注亚热带气候条件下建筑研究，在规划和设计中善于结合环境，特别注重结合亚热带气候特点进行建筑创作。其教学楼设计采用多种遮阳手法，在建筑上形成阴影，既遮蔽阳光又丰富了立面。夏昌世大约同时期所做的广州华南工学院图书馆，也是造型简洁、自由灵活的平屋顶建筑，富有现代感。

■长沙，湖南大学工程馆，是建筑师柳士英的作品，他是最早留学日本的留学生之一，1921年回国从事建筑教育和设计。工程馆是工程学科使用的教学和办公建筑，设计手法体现了尚简的现代思想。入口处一根支柱，轻松托起一块实体；高耸的半圆楼梯，强调出建筑的重点；其余部分则统一在横线条的平整体量之中，显示内部有相同功能。联想到日后他设计的"民族形式"礼堂，充分表现出中国建筑师多能的设计技巧。

4. 商贸展览建筑

为繁荣经济，改善人民生活，1950年全国一些大城市先后举办了物资交流会或土特产展览会，如天津、武汉、济南和广州等地。这些场所，大都是临时建筑，用帐篷或围栏搭建，闭幕之后即行拆除。但在广州，把场馆建设成半永久性建筑，展览过后，在原址上发展成为公园，广州的文化公园，就是由华南土特产展览交流大会发展而来。

第五讲 建国初短暂的现代建筑

广州华南土特产展览交流大会，
1951，夏昌世。

广州华南土特产展览交流大会，水产馆船形建筑。

■广州，华南土特产展览交流大会。1951年春，广州计划举办华南土特产展览交流大会，选定西堤灾区为会址，十二个展览馆由一批建筑师分工负责，各以不同风格提出方案，建筑既统一又呈多样。参加设计工作的建筑师有：林克明、谭天宋、夏昌世、陈伯齐、余清江、金泽光、黄适、杜汝俭、郭尚德、黄远强等，技术图纸在半月之内完成。十二个展览馆有：林产馆、物资交流馆、工矿馆、日用品工业馆、手工业馆、水产馆、交易服务馆、水果蔬菜馆、农业馆、省际馆、食品馆、娱乐馆等。这些建筑，规模都不大，利用普通材料，满足特定功能要求且造价便宜。建筑体形活泼，不事装饰，全是平顶细柱的方盒子建筑，有的很富想象力。水产馆和林产馆等具有一定的代表性。

■广州，华南土特产展览交流大会之水产馆，由水环绕，过小桥进入建筑，入口轻快而亲切。展厅为环形展线，为适应南方气候，设计了可调的玻璃百页窗。建筑有圆形内院，薄壳屋顶围合水池。有意思的是，建筑的右侧"停靠"了一个船形建筑，与"水产"呼应。

商业建筑百货公司或百货大楼，曾是1950年代之初各地广泛建立的公共建筑，对于繁荣商业丰富人民生活起过重要的作用，许多大中城市都有过这类建设，其中，以北京王府井百货大楼为最著名。

北京王府井百货大楼，1951—1954，兴业投资公司设计部杨廷宝、巫敬桓、杨宽麟等。

■北京，王府井百货大楼，位于王府井大街中段，在著名传统商业街东安市场对过，是当时北京第一个新建设的大型商店。现代功能和结构，给建筑师以探新的机会，建筑体量为简单的矩形，中部高起之处，三开间为空廊，加强了建筑的重点。檐口采用传统额枋、雀替形式，局部饰以中国建筑纹样，是在现代建筑的基础上，探索民族形式的建筑实例。

5. 办公建筑

北京等地建设了数量不多的办公建筑，其中许多为军用，大部集中北京西郊。其他城市如武汉、兰州等地，也有相当规模的办公楼建设。在部队的一些办公楼中，虽然业主是军政机构，但所取方案则仍是现代建筑的思路，与民用建筑情况无异。

6. 旅馆建筑

社会旅馆建设不多，许多旅馆或招待所建筑为接待苏联专家而建。为适应专家生活需要，设计标准较高。为在我国召开国际会议，也有一些兴建，如北京新建和

第五讲　建国初短暂的现代建筑

北京某部办公大楼，1950年代初，龚德顺。

武汉军区司令部大楼，1950年代初。

平宾馆、新北京饭店等，都有良好的设施和设计。

■北京，和平宾馆，位于北京金鱼胡同，是1949年后所建的第一座宾馆，原系中等标准的普通旅馆，临时改为和平会议使用。在设计中，对环境有周到的考虑，前院保留两棵大榆树、一口井和一组四合院。主楼客房一字排开，用不对称手法处理建筑入口。为解决交通问题，建筑上开了"过街门洞"，汽车穿过建筑可停在后面，既可免除日晒，又不致沿街杂乱。同时，在宾馆前面整理出一组四合院，该院

111

中国现代建筑二十讲

北京和平宾馆，1953，杨廷宝。　北京和平宾馆鸟瞰。

北京新北京饭店，1954，戴念慈。

西安人民大厦，1953，洪青。

原系清末大学士那桐住宅，既可供外宾使用，又保护了建筑遗存。设计标准切合当时经济情况，建筑立面干净利落，符合现代建筑设计和艺术规律。后来苏联专家在批判"结构主义"时，和平宾馆被糊里糊涂地指为"结构主义"建筑。

■北京，新北京饭店，是东面旧北京饭店旁加建的建筑，旧建筑为西洋古典式。新建筑西面则遥对故宫建筑群，地处需要同时照应中西古典建筑的敏感地带。建筑设计既有传统建筑的传承，又有现代建筑的创新。建筑的入口门廊、上部的过廊以及大片墙面，可以和旧建筑取得联系；在过廊的两端，做了两个简化为直线的重檐屋顶体量，以取得中国建筑的神韵；墙面为暗红水刷石，与西面宫墙协调。

■西安，人民大厦，是1950年代初为苏联专家建造的招待所，也是当地当时标准最高的旅馆建筑。作为雕塑家的建筑师洪青，以强烈的雕塑感，塑造了富有装饰艺术（art deco）意味的中部主体建筑形象，也应该算是对早期现代建筑的一种延续。

7. 会堂建筑

营业性观演建筑不能适应机关团体举行会议的需求，省市各级机关逐渐建设一些专用会堂建筑，方便各自单位的使用。会堂建筑一般兼做观演之用，也有一些俱乐部的观演建筑，兼做会堂。

■杭州，人民大会堂，是1949年后在杭州建设的第一个礼堂，建筑十分简洁地处理了简单的方块建筑体量。建筑师只把中部入口重点，做了梁枋和彩画处理，门口周围的白色边框，设计了具有象征意义的圆形"工"字图案。值得指出的是，作为业主的军管会人员，曾要求把礼堂的座位数目设计成1949个，以纪念中华人民共和国建国的年份，对建筑的此类要求，后来经常出现在建筑师的面前。

■重庆，劳动人民文化宫大礼堂，位于文化宫院内，平面呈扇形，立面为扇形之弧面，仅有毫无装饰的6根流线型柱子，支持着简单的檐口。礼堂不设观众休息厅，室内设计略显新艺术运动作风，一些局部设计了具有全新内容的图案，如栏杆上的"和平"字样，以表达对新生活的向往。

在这个文化宫内，风景点里有个"五星亭"，设计十分有趣，亭内顶部四周的

杭州人民大会堂，1951，唐葆亨。

重庆劳动人民文化宫大礼堂，1950年代初，徐尚志。

重庆劳动人民文化宫五星亭浮雕装饰。

图案，反映工业、农业、科学及军事方面的内容，也是人们向往和平建设的意愿。

■大连，人民文化俱乐部，位于中山广场东北面，布局遵从圆形广场，体量前部界面略呈凹弧形。观众厅采用直径为29米的薄壳结构，内部有良好的视听条件。面向广场的正立面处理十分简单，石头贴面丰富了界面质感，有鲜明的现代建筑特征。

■青岛，纺织管理局俱乐部，与前面所举纺织管理局医院同时建立，建筑有可供各种演出的观众厅，并设有办公和其他活动的用房。建筑呈不对称布局，有一个

第五讲　建国初短暂的现代建筑

大连人民文化俱乐部，1951，旅大市土木建筑公司设计科。

青岛纺织管理局俱乐部，1952，华东建筑工程公司设计。

造型简单的高塔调整水平构图；也是在现代建筑中采用地方材料石材的先例，石材基座砌筑精致，石缝平均在3毫米以下，丰富了现代建筑的细部。

■重庆，西南人民大礼堂，是在三年恢复时期自发运用民族形式颂扬新政权的赞歌，也是重庆长期的标志性建筑。在征集方案的过程中，张嘉德、徐尚志、唐璞等四位建筑师各设计了一个方案，其中，三个是现代建筑形式和手法，但地区首长选中了张嘉德集

115

重庆西南人民大礼堂，1951—1954，张嘉德。

合各类清式屋顶为特征的方案。建筑利用山坡地势，有99步台阶的烘托，给建筑的宏伟壮观打下了先天的基础。建筑把各种清式屋顶形式，组合成一座富丽堂皇的宫殿式建筑，为典型的"集仿式"建筑手法。圆形礼堂屋顶跨度46.33米，覆盖着4500个座位的大厅，是当时所仅有，也是建筑师面临的巨大技术和艺术挑战；建筑装修用楠竹3.5万余根，是在巨型建筑中运用地方材料的创举。建筑的宝顶等处，消耗黄金300两。

  西南人民大礼堂是共和国成立不久的建筑颂歌，它那建筑艺术上的强烈感染力，与视听功能上的若干缺欠，给人们留下了论题。

  1950年代之初的短短三年，产生了一批风格显著的现代建筑优秀作品，表现出现代建筑在建设新社会中的能力和魅力。这些作品，不论在功能合理性和艺术处理方面，均达到当时的高的水准，是建筑师对新中国建设的第一批历史性贡献，也是新中国对国际现代建筑运动的最新献礼。不幸的是，这批"方盒子"建筑很快被斥为资产阶级或帝国主义的东西而长期蒙尘。四十多年以后，中国建筑师最崇高的社团——中国建筑学会，把最高的学术奖赏授给其中有代表性的优秀建筑。

第六讲

歌颂人民胜利的民族形式

三年的国民经济恢复,在经济上,国家工农业生产已恢复或超过历史最高水平,财政经济状况有了根本的好转;在政治上,巩固了人民民主专政政权,社会结构也发生了巨大的变化:在农村,40%的农民加入了互助组,出现了几百个农业合作社,在城市,一半左右的资本主义工业被纳入不同形式的国家资本主义轨道。这些,为第一个五年计划的开展,创造了有利条件。

"一五"计划和苏联援建156项

1952年9月,毛泽东提出,要在十到十五年内基本上完成社会主义,不是十年以后才过渡到社会主义[1]。1953年12月,中共中央批准并转发了中宣部关于党在过渡时期总路线的学习和宣传提纲,对过渡时期总路线作了完整的表述:

从中华人民共和国成立,到社会主义改造基本完成,这是一个过渡时期。党在这个过渡时期的总路线和总任务,是要在一个相当长的时期内,逐步实现国家的社会主义工业化,并逐步实现国家对农业、对手工业和对资本主义工商业的社会主义改造。这条总路线是照耀我们各项工作的灯塔,各项工作离开它,就要犯右倾或"左"倾的错误。

---

[1] 参见:《中共党史研究》,1988年第1期,第19页。

中共中央在提出过渡时期总路线的同时，即由周恩来、陈云主持着手编制发展国民经济的第一个五年计划（1953—1957）。"一五"计划的重点是进行重工业建设，规定的基本任务是："集中主要力量进行以苏联帮助我们设计的156个建设单位[1]为中心的、由限额以上的694个建设单位组成的工业建设，建立我国的社会主义工业化初步基础……"计划在五年内，全国经济建设和文化建设的支出总额为766.4亿元，折合黄金7亿两以上，其中用于基本建设的投资为427.4亿元，占支出总数的55.8%。

在中国的第一个五年计划制定和实施过程中，苏联起了重大作用，斯大林曾对此提出了一些原则性意见，苏联国家计划委员会和经济专家对"一五"计划也提出许多具体的意见，并给予大量的援助。除了已经提出的156项之外，1956年4月，苏联部长会议副主席米高扬率团访华时，决定再援助中国兴建55个新的工业企业，作为对156项的补充。此后落实了150个项目，其构成是：军事44个，冶金20个，化工7个，机械24个，能源52个，轻工和医药3个。

以斯大林为首的苏联政府，对中国的援助虽然不是无偿的[2]，却还是真诚的。同时，东欧社会主义国家的援助也很重要。这些及时而真诚的援助，对处于困难状况之下的中国建设来说，是至关重要的起步。

1953年第一个五年计划开始，5月，中国第一座精密机械工具制造厂哈尔滨量具刃具厂开工（1955年1月投产）；7月，中国第一汽车制造厂在长春开工（1956年7月出产了第一辆解放牌国产汽车）；10月，中国西北第一座大发电厂西安第二发电厂落成；12月，鞍钢三大工程开工生产，中国第一座现代化纺织机械厂国营榆次经纬纺织机械制造厂全面完工；1954年2月，毛泽东亲自确定第一拖拉机制造厂的厂址在洛阳。

---

1 所谓156项，实际是154项，由于156项工程公布在先，所以仍称156项。此后实际进行的是150项，"一五"计划期间施工146项。
2 援助协议规定，中国用战略物资偿还，如钨砂、铜、锑和橡胶等。

第六讲 歌颂人民胜利的民族形式

哈尔滨量具刃具厂，1953—1955，苏联建筑工程部设计总院。

长春第一汽车制造厂，1953—1956，苏联援建。

洛阳拖拉机厂，1958，北京工业建筑设计院陶逸钟等。

这些规模空前的工矿企业，大部由苏联帮助设计和安装，大批来到中国的苏联专家，在中国工程技术人员的辅助下，共同工作。中国的建筑工作者，第一次面临如此宏伟和复杂的任务，在思想上、技术上或管理上，都难以适应新的需求，从这个角度讲，向苏联学习是必要的。

"一五"计划的主要工业项目，从技术到资金再到建筑设计，基本全由苏联提供，"一边倒"学习苏联是当时必然的选择。

中国的社会主义计划经济体制，以及这个体制之下的基本建设体系，基本来自苏联。苏联是第一个社会主义国家，苏联的建设经验，对于刚刚迈开建设社会主义国家步伐的共和国而言是至关重要的。今天我们看到这个体制本身的局限乃至错误，以及我们在吸取这些经验时的某些盲目性，却不能否认它在建国之初展开大规模建设的积极作用。就基本建设的建筑设计体系而言，它初创了我国新型工业建筑设计体制。

1953年9月，政府决定将建筑力量转向工业建设，此后，各大区先后建立的那些国营设计院，均改为"工业建筑设计院"，并于1955年完成这一体制的转变。在这个转变过程中，主要汲取了苏联的工业建筑设计管理体制和管理经验，例如机关的组织机构、技术管理、建筑法规、标准设计等，大体上搬用了苏联现成的体制，以适应当时的建设要求。

苏联援建的工业项目及苏联专家来华,恰好提供了中国所不熟悉的工业建筑经验。从工业厂区的规划,到厂前区的设计、车间工艺布置、各工种的设计配合与协调、各设计阶段的技术文件的编制等,都有了一套完整的成熟制度。特别是在工厂车间的生活间、工厂绿化、和工业建筑的艺术面貌等方面,都力图体现对工人的关怀。

苏联的城市建设,已经有了四十余年经验,有关城市规划的实践和理论已经初成,特别是在城市的工业区规划、居住区规划、规划标准、指标定额、远近期结合以及城市的艺术面貌和精神功能的发挥等方面,具有比较丰富的经验,而这些正是当时中国所缺乏的。

苏联在经济性住宅和大量性住宅建设方面,积累了独特的经验。苏联专家十分强调加大建筑的进深,减小开间,以降低造价;取消起居室,改为走廊式布置,并增加独立房间,显然是在有限户室面积的条件下增加居室的办法。住宅的标准化和构件的系列化、定型化,给大量性的住宅建设提供了条件,同时也注重住宅的民族形式和环境美化。

苏联的建筑设计和施工技术,为中国提供了一些新的具体经验。在建筑设计方面,注重建筑总体布置和城市环境,提倡使用定型设计或标准设计。在结构计算理论方面,不用英美的"弹性理论"而采用"塑性理论"计算,以节约钢材和水泥;苏联专家主张在建筑上尽量采用砖混结构而不是钢筋混凝土框架结构,认为经过正确的设计,砖混建筑的刚性比钢筋混凝土结构大得多。施工的机械化、构件的标准化以及流水作业法、冬季施工法等技术的推广,对于当时的建设具有重要的意义。

1952年全国高等院校院系调整之后,我国大力引进了苏联的教学体制、方法和教材,建立起以苏联建筑教育为蓝本的中国建筑教育体制。苏联建筑教育注重基本功,注重文化修养,也注重技术和工业课程。这个体系虽然也脱胎于法国的老学院派——巴黎美术学院(即布萨)体系,却也是一个成熟的体系。虽然此后在不同时期,曾经多次尝试对它加以改革,始终难以建立一个全新的教学体系。

全面学习苏联先进经验,是一种政府行为,甚至很像政治运动,许多大单位建立了苏联专家办公室,并天天严厉检查专家的"合理化建议"是否得到贯彻执行。

当然，上述的这些经验并不是全部，在这个学习中也并非没有偏颇，但它在建国初期的积极因素，却是无可替代的。

苏联的所谓社会主义建筑理论

在全面向苏联学习的过程中，苏联所谓社会主义建筑理论的引入，对中国建筑界的影响十分巨大，它虽然也阐明了一些基本的建筑理论，但它那充满国内外"阶级斗争"的思维，以及"沙文主义"的姿态，不但在建筑经济上造成一定损失，也使得建筑思想方面形成长期的混乱状态。

这个向苏联学习的运动，一开始就被人为地置入以阶级斗争为核心的激烈的意识形态斗争之中。《人民日报》于1953年10月14日发表社论"为确立正确的设计思想而斗争"中指出：

"在近代的设计企业中，有两种指导思想，一种是资本主义的设计思想，一种是社会主义的设计思想。以资产阶级思想为指导的设计原则是一切服从于资本家追求个人的最高利润的目的，设计人员受资本家的雇佣，为实现资本家的意愿，同时也为提高自己的名望和物质待遇而进行设计。……资产阶级的设计思想是孤立的，短视的，没有国家和集体的观念，又常常是保守落后的。"

这篇社论观点，几乎成为此后批评中国建筑设计问题的总纲，甚至引出建筑是否有"阶级性"的问题，成为此后建筑领域"政治挂帅"的总原则。

苏联建筑理论最响亮的两个口号是："社会主义内容、民族形式"和"社会主义现实主义的创作方法"。这两个口号，本是苏联文学艺术领域中相辅相成的两个创作口号。按照苏联的文艺传统，也就是西方艺术分类传统，建筑被列入艺术门类，所以苏联建筑领域也执行这两个口号。

"十月革命"前后，与20世纪初的法国艺术界发生革命性事件一样，苏联也出现了激进的现代艺术革命，并遍及美术以及文学艺术等各个领域，著名的"构成主义"（constructivism）艺术就是其一。卫国战争结束后，当局发现这些艺术竟然与敌对资本主义国家一模一样，那是绝对不能容忍的。斯大林下令对艺术界加以整肃，这两个口号就是在整肃的过程中，相继由斯大林提出来的。此后，苏联解散了

全苏农业展览馆主馆，〖苏〗舒柯。

莫斯科，沃斯塔尼亚广场上的高层住宅，1950—1954，〖苏〗坡索欣等。

新西伯利亚，西伯利亚剧院，1931—1945，〖苏〗戈林伯格等。

建筑界的艺术派别，批判了构成主义（我国当时翻译成"结构主义"）建筑。此次，苏联建筑掀起了以茹尔托夫斯基为首的古典主义高潮。

一、"社会主义内容、民族形式"

从苏联的文献看，建筑的所谓"社会主义内容"，大都是说建筑设计要关心劳动人民的物质和精神生活，反映社会主义制度的优越性；而"民族形式"基本是指俄罗斯以及加盟共和国各民族的古典主义艺术和建筑。这种形式，在苏联的设计实践中看得很清楚：1. 建筑带有古典建筑的柱廊；2. 低层的建筑设有高高的尖顶；3. 高层建筑做哥特式处理，特别是建筑的上部。追求建筑的纪念性和象征性，成为民族形式的主流。

二、社会主义现实主义的创作方法

根据苏联文献比较权威的解释，这个口号有两个主要内容：第一，一贯力求作品按照生活的真正社会内容来全面地真实地反映和认识生活；第二，作品要具有共产主义的党性[1]。

这两个口号原本是针对文学艺术创作的，如果说第一个口号的"民族形式"还可以在建筑中做某种诠释，而第二个口号的"现实主义"在建筑中如何解释，而建筑中的"党性"又是什么，对当时广大建筑师而言，实在是难以和建筑挂钩的问题，所以，多数建筑师只能对苏联的理论持观望态度。

三、难以寻觅的构成主义建筑

构成主义艺术起源于崇尚方块的"至上主义"（suprematism）绘画，两维画面上的几何图形组合发展成三维的几何形体组合，成就了构成主义雕塑。这种全新的雕塑，把雕塑这个体量（mass）艺术创造性地推进了空间（space）艺术的范畴，而且让雕塑动了起来，成为四维以上的艺术。构成主义雕塑在建筑领域的拓展，形成了构成主义建筑，并有许多作品建成。当苏联当局整肃文艺思想的时候，建筑界的构成主义建筑首当其冲。

当苏联专家带着他们的建筑设计来到中国，也带来了对构成主义建筑深恶痛绝的情绪，他们恰好看到新中国初期自发延续的现代建筑，于是就捕风捉影地与构成主义挂钩，认为这些建筑是资产阶级甚至是帝国主义性质的建筑，并指认像和平宾馆这样的建筑就是"构成主义"建筑。中国建筑师熟悉经典现代建筑，却对苏联所谓的构成主义不甚了了，他们带着巨大疑问注视着这场政治性的批判。

---

[1] 苏联科学院哲学研究所、艺术研究所，《马克思列宁主义美学原理》，陆梅林等译，生活·读书·新知三联书店。

至上主义绘画，构图，1915，〖俄〗马列维奇。　　　　　　早期构成主义建筑意象：庄员宿舍设计，1920，〖苏〗克林斯基。

苏联所谓社会主义建筑理论的引入，得到官方的推崇，在建筑界产生了持久的影响，直到1956年苏联建筑改弦易辙走向现代建筑的道路之后，那影响力一直还在持续着。

1953年10月23—27日，中国建筑工程学会第一次代表大会在北京文津街中国科学院院部正式开幕，北京、天津、上海、南京等十六个地区和特邀代表参加了会议。梁思成在会上发表了著名的"建筑艺术中社会主义现实主义的问题"报告，在此之前，梁思成曾就这个问题在外地做过多次讲演，有广泛的影响。

梁思成是一位学贯古今中外的建筑家，对西方古代建筑以及现代建筑都有深刻的认识。1932—1946年任中国营造学社法式部主任期间，对于中国古代建筑有开创性的研究和深厚的感情。我们也已看到，他认同现代建筑并在抗战期间对中国建筑现代化问题有所思考。1947年被国民政府外交部推荐任联合国大厦设计顾问时，他访问过经典现代建筑大师，对国际现代建筑理论和动态深有体察。但是，在这个报告中，他的立场发生了根本性变化。

第六讲　歌颂人民胜利的民族形式

建成的构成主义建筑，朱耶夫俱乐部，1930，〖苏〗戈洛索夫。

1. 民族形式理论的政治性论证

梁思成在"建筑艺术中社会主义现实主义的问题"的报告里，引用了清华大学建筑系苏联专家阿谢甫可夫教授的话："艺术本身的发展和美学的观点与见解的发展是由残酷的阶级斗争中产生出来的。并且还正在由残酷的阶级斗争中产生着。"他接着引用毛泽东的话："在民族斗争中，阶级斗争是以民族斗争的形式出现的，这种形式表现了两者的一致性。"（统一战线中的独立自主问题）。据此他说："在今天的中国，在建筑工作的领域中，就是苏联的社会主义的建筑思想和欧美资产阶级的建筑思想还在进行着斗争，而这斗争是和我们建筑的民族性的问题结合在一起的。这就是说，要充满了我们民族的特性而适合于今天的生活的新建筑的创造必然会和那些充满了资产阶级意识的，宣传世界主义的丝毫没有民族性的美国式玻璃方匣子的建筑展开斗争。"

他的报告有一个十分合乎逻辑的结论：建筑艺术有阶级性，阶级斗争经常以民族斗争的形式出现，因此，在建筑中搞不搞民族形式，是个阶级立场问题。此外，他还为中国的民族形式建筑勾出了具体形象。

2. 两个中国新建筑的具体形象

梁思成在《建筑学报》1954年创刊号上发表了"中国建筑的特征"的论文，它

未来民族形式建筑的想象图之一，小十字广场，梁思成。

未来民族形式建筑的想象图之二，三十五层高层建筑，梁思成。

概括出可以认识并能具体操作的中国建筑九大特征。梁思成在另一篇论文"祖国的建筑"中，进一步发展了这一思想，他直接用自己所画的两张图，表达了他心目中民族形式的建筑理想。他在解释这两张图时说："这两张想象图，一张是一个较小的十字小广场，另一张是一座约三十五层的高楼。在这两张图中，我只企图说明两个问题：第一，无论房屋大小，层数高低，都可以用我们传统的形式和'文法'处理；第二，民族形式的取得首先在建筑群和建筑物的总轮廓，其次在墙面和门窗等部分的比例和韵律，花纹装饰只是其中次要的因素。"[1]

这样，梁思成从理论和式样两个方面，完成了苏联建筑理论的中国化。

民族形式的主观追求和探索

1949年10月1日，中华人民共和国的成立，激发出百年来饱受外侮内患中国人民"推翻三座大山"胜利之后的民族自豪感。作为"时代镜子"的建筑，必然要反映这一历史现象。民族形式建筑的推动，是这个时期集体意志追求的胜利纪念碑。

民族形式的探求从来没有这么广泛。从地区看，中国的东西南北中，均有明显

---

[1] 梁思成，"祖国的建筑"，《梁思成文集》，中国建筑工业出版社，1986年。

的反映，即便是很少设计宫殿式大屋顶的地区，也有实例；就民族而言，除了被认为汉族多使用的宫殿式大屋顶建筑之外，还有少数民族屋顶形式不同的建筑，这是1950年之前十分少见的现象，应当说有一定创新的形式。在外来建筑影响较深的地方，也有比较鲜明的西洋古典建筑，也可以算是外来"民族形式"之一。

1. 中国宫殿式

这是民族形式建筑中最为普遍的一类。以中国古代宫殿和庙宇建筑为基本范式（比如仿清式、宋式或辽式）的"大屋顶"模式，与先前的"中国固有之形式"相比没有本质的区别。基本特征是，整体建筑分屋顶、墙身和基座上下三段，屋顶一般敷设琉璃瓦，檐口有相应的木结构装饰构件，如斗拱、檐椽和飞檐椽，梁枋部位有彩画点缀。

宫殿式建筑，看上去雄伟壮观，具有强烈的纪念性，适于表达新政权建立之后的民族自豪感和正统感。

■北京，四部一会办公楼，位于北京阜成门外三里河，是政府四个部和一个委员会的办公大楼。主楼6层，中部9层，原设计是钢筋混凝土框架结构，后来接受苏联专家郭赫曼的意见，改为砖混结构，是国内最高的砖混结构建筑。总平面布局采用当时比较盛行的周边式，平面为大进深，一般为17米，个别达21米，以力求节约土地、材料和能源。为使建筑有鲜明的民族形式建筑轮廓，同时可以隐藏高层建筑的电梯间、水箱等，各楼的主要入口部分上部体量加以双重檐庑殿攒尖屋顶。檐口下面的斗拱和梁枋，均作仿石建筑处理。墙面大片的窗户内陷，以显建筑厚实稳健。这是新中国第一批民族形式建筑的尝试，尽管在许多方面力求合理节约，但在艺术形象处理方面的花费掩盖了这些努力。

■北京，地安门机关宿舍大楼，位于贯通天安门和地安门的北京城市主要轴线上，轴线上古建筑林立，位置极为敏感。在这个充满古代建筑的环境里，建筑师主要考虑的是如何创造民族形式以适应环境。建筑的主要入口部位自道路退后10米，同时以绿地加以衬托，中部体量和角部的几个重点部位，使用绿色琉璃瓦顶，其他部位是平顶作屋顶花园。屋顶檐口下面的檐枋、斗拱、柱子采取复杂的彩画以示重点，其余大部分墙面作浅灰绿粉刷。作为特定轴线环境中的建筑，尤其是在北京城内制高点景山上，有良好的观瞻。

北京四部一会办公楼主体，1952—1955，张开济。

北京地安门机关宿舍大楼，1954，自景山的景观，中央建工部设计院陈登鳌。

■北京，友谊宾馆，位于北京西郊，是接待苏联专家的招待所。该设计是利用当时已经完成设计而未用的新侨饭店图纸，加以修订而成。建筑中部作重檐歇山屋顶，屋顶内设电梯间和消防水箱，重檐的下檐，与两侧盝顶拉平，以压缩体量。墙身采用灰色磨砖，不多做装饰，仅在顶层琉璃剪边檐口下作抹灰，上嵌琉璃墙花。底部用假石墙及挂落板，划清基台部位。

■长春，地质宫，位于长春市中心地带，是在伪满拟建"宫廷府"正殿原有基础上兴建，占地面积27公顷，建筑前面有大片公共绿地。原建筑按博物馆设计，后转作长春地质学院教学主楼。平面严谨对称，设有电梯和空调及齐备的各类教学用房，顶层设置了遥望平台。立面中部稍加凸起，冠以歇山屋顶，覆绿色琉璃瓦；朱红柱子、

第六讲 歌颂人民胜利的民族形式

北京友谊宾馆，1953—1954，张镈。

长春地质宫，1954，长春建筑设计公司王辅臣等。

南京华东航空学院教学楼，1953，杨廷宝。

白色围栏、米色墙身，色彩丰富灿烂；在门前中轴30米处设大台阶，并在两侧展开作检阅观礼平台。

■南京，华东航空学院教学楼，位于南京华东航空学院（后改为南京农学院）教学区，考虑到地形的起伏和使用功能，将平面错落布置，立面为不对称构图，入口取法中国牌坊，旁边高起的楼梯间配以重檐十字脊屋顶，东西两侧教室，采用绿色琉璃瓦盝顶和传统的檐口装饰纹样。在运用传统屋顶的建筑中，采取不对称手法，在同一建筑上又采取多元屋顶等处理手法，均不多见。

杨廷宝在1950年代初期，既设计了具有现代建筑设计思想的和平宾馆，也设计了改良现代建筑的王府井百货公司，又设计了传统技巧十分娴熟的南京大学东南楼民族形式建筑，反映出建筑师扎实的功底和应变能力，他是体现中国第一代建筑师群体特征的代表之一。

■兰州，西北民族学院教学楼，位于兰州龙尾山北麓，同期建设的有大礼堂以及各类教学楼。建筑布局采用了中国庭院式格局，单体建筑为传统大屋顶，室外以

兰州西北民族学院教学楼，1954，甘肃省建筑工程局设计公司阳世镂。

长沙湖南大学图书馆和礼堂，约1955，柳士英。

园林手法处理，室内有丰富的民族风格纹样装饰。

■长沙，湖南大学图书馆和礼堂，位于地处风景优美的岳麓山下，拥有传统久远的岳麓书院。作者在设计中，充分考虑到这些环境因素条件。绿色的琉璃瓦顶与周围的绿色环境相互融合，红色砖墙闪烁于绿丛之间。建筑处理具有南方地域特色，屋顶有微妙的曲线，细部不拘法度，形式自由多样。应当注意到，这些富于地

湖南大学礼堂，约1955，柳士英。

| 杭州上海总工会屏风山疗养院，1953—1955，林俊煌等。 | 哈尔滨中共市委办公楼，1955，张驭寰。 |

域性特色的民族形式，出自设计工程馆那样典型现代建筑的建筑师之手。

■杭州，上海总工会屏风山疗养院，位于屏风山，建筑布局结合屏风般的山势地形，甲、乙、丙三段主次排列，高低曲折，连成整体。建筑造型仿古代辽、宋建筑艺术，建筑浑厚雄壮、细部简朴，是探索地域性民族形式之一例。

■哈尔滨，中共市委办公楼的所在地哈尔滨，长期在俄国和日本建筑的影响

西安建委办公楼，1950年代初。　济南山东剧院，1954，倪欣木。

北京体育馆，1953—1955，杨锡镠。

下，所以当地中国古典建筑传统并不明显。市委办公楼这种性质的建筑中采用民族形式，有它的思想意义，所以在全国性的民族形式的浪潮中也有波及。建筑的各部位设计进行了简化处理，装饰节制，是探索民族形式的良好实例。

■西安，建委办公楼，虽然地处古都西安，其民族形式的处理却有较大革新。建筑师把正面处理成两层通高的巨柱通廊，以上退层并设屋顶，退层的女儿墙即是通廊的檐口。檐口以下有方形巨柱，有简化了的雀替额枋，点出古典装饰。这座建筑的处理不拘法式，手法灵活多样，在同类建筑中比较少见。

■济南，山东剧院（已拆除），是一个成功利用地形的民族形式建筑，其门厅地

第六讲 歌颂人民胜利的民族形式

天津市人民体育馆，1956，虞福京。

重庆体育馆，1953—1954年，徐尚志。 | 广州广东体育馆，1956—1957年，林克明。

面标高位于楼座和池座的标高之间，向下半层可达池座，向上半层可至楼座。建筑在民族风格的格局下，用普通的灰砖外墙，体量和装饰比较简单，室内设计朴实无华，仅在局部点出中国建筑构件的神韵。同期济南的民族形式建筑还有山东宾馆等。

　　体育建筑一向是运用大跨度、新结构获得新造型的建筑类型，与体育活动的特点关联，其形象应当轻快而具张力感。同期的几个民族形式体育建筑，它们有相对先进的结构，在结构计算上也有对经济性的成功追求。但在造型方面，这些体育建筑虽然不属于"宫殿式"，但给有些建筑包上了相当厚实的外衣，在一定程度上掩盖了体育建筑的性格。著名的体育馆如：北京体育馆，天津市人民体育馆，重庆体

北京伊斯兰教经学院，1957，北京市建筑设计院赵冬日、朱兆雪等。

育馆，广东体育馆（已拆除）等。

2. 少数民族式

把少数民族地区的传统屋顶或其他部件，在新的条件下加以改造利用，变成建筑构图中心或要素。在新疆有伊斯兰风格的圆顶、尖拱，在内蒙古地区有蒙古包式的圆顶。这种探索使人耳目一新，丰富了中国民族大家庭的建筑文化。

■北京，伊斯兰教经学院，位于西城区南横街，靠近牛街，由主楼、食堂、宿舍三部分组成，可容学员400名。主楼的艺术处理着重中央大厅及西翼，中央正门入口做成高大的伊斯兰式尖拱空廊，屋顶设计成五个伊斯兰建筑常用的大圆拱顶。西翼礼拜殿外，设断面为八角的柱子，尖拱外廊，柱头、柱脚、檐头、栏杆等为伊斯兰风格装饰。

■乌鲁木齐，新疆人民剧场，位于南门广场，观众厅坐席1200个。建筑师把当地有些印度风格的伊斯兰建筑概念，应用于设计之中。正面的柱式来自维吾尔古宅中的木柱式，门廊和舞台台口采用了经过变形的尖拱，各部的装饰采用伊斯兰的特殊做法，并聘请民间艺人与建筑师密切合作。细部制作精细，色彩丰富华丽，给人以强烈的艺术感受，是对于少数民族地区建筑之成功探索。

■乌鲁木齐，人民电影院（已改建），位于小十字圆形广场的一角，故正面采用凹弧形平面，与之呼应。这座建筑较早地采用了少数民族的尖拱门廊，柱头的处理具有伊斯兰建筑装饰风韵，是新疆第一批探索少数民族地区民族风格的成功作品。

第六讲　歌颂人民胜利的民族形式

乌鲁木齐新疆人民剧场，1956，新疆维吾尔自治区设计研究院刘禾田、周曾祚等。

乌鲁木齐新疆人民剧场观众厅。

乌鲁木齐人民电影院，1955，新疆建设兵团设计处。

伊克昭盟成吉思汗陵，1955，内蒙古工程局直属设计公司郭蕴诚等。

■伊克昭盟，成吉思汗陵，为纪念蒙古民族英雄成吉思汗，在伊克昭盟伊金霍洛区原成陵旧址修建陵园。蒙古人行密葬，不建陵，该陵是成吉思汗的衣冠冢。陵园背山面河，四周一片草原，环境壮美。中央的纪念堂为八角形，上设重檐屋檐，饰以蓝色琉璃瓦，顶中部覆盖蒙古式圆顶及宝顶，并镶嵌以黄色琉璃砖纹样，体现蒙古民族建筑风格。

3. 苏式及其他

外来的民族形式建筑，主要来自两个方面：一是第一个五年计划期间苏联的设计或者合作设计，是苏联本土民族形式或地域形式的全面引入，如北京和上海的苏联展览馆建筑等；二是在一些受外来建筑文化影响较大的城市，如哈尔滨等地的一些建筑，有西洋古典主义影响。

■北京，苏联展览馆（今北京展览馆），位于西直门外大街北侧，是用来介绍

苏联展览馆鸟瞰，1952—1954，〖苏〗安得列夫、吉丝洛娃夫妇；中方戴念慈等；结构工程师：〖苏〗郭赫曼。

上海中苏友好大厦，1955，〖苏〗安得列夫、吉丝洛娃；中方陈植。

武汉中苏友好馆，约1954。

苏联工农产品、文教、艺术成就的展览建筑。建筑平面呈"山"字形，内容包括展览大厅、剧场、电影厅、餐厅和露天展场。主体建筑为单层，局部二层，但中央有一个87米高耸云天的黄金色尖塔，塔顶安装巨大的红星，高高尖塔由俄罗斯传统建筑的所谓帐篷顶演化而来。塔基平台的四角各有一个金顶亭子，与金光闪闪的尖塔交相辉映。建筑前面有直径45米的花瓣形喷水池，围绕广场和水池，并设由圆拱组成的弧形单廊，各圆拱中心分别悬挂16个加盟共和国的国徽。

建筑每平米造价为833.34元，这在当时已是天价，并消耗大量黄金。当时住宅造价约50元/平方米，大型公共建筑不过百元，苏联提倡民族形式的经济代价可见一斑。

北京广播大厦，1957，严星华。　　　　　　　　　哈尔滨黑龙江农学院，1952，巴吉斯。

■上海，中苏友好大厦，与北京苏联展览馆有同样的用途，苏方建筑师也相同，中方有建筑师陈植参加。建筑除设有展厅和剧场外，还组织了空间良好的庭院。建筑构图也是以中部高耸的镏金尖塔为中心，下设层层柱廊，门口设华丽的柱子和纹样，整个体量层层向上，直入云天，有强烈的俄罗斯风格。

武汉、广州也兴建了类似的展览建筑，出自经济和工期的考虑，武汉和广州的展览馆已经不设尖塔和柱廊，也取消了繁琐的装饰。这些简化了的建筑形象，反而有些现代感和展览建筑的性格。

■北京，广播大厦，位于西长安街，坐南朝北，是苏联援建的156项之一。苏联提供广播电视工艺设计及结构、设备设计，中方建筑师严星华担任建筑设计，包括室内设计。建筑严格符合工艺要求，结合天线功能的需要，建筑的中部突起了尖顶，形象合乎逻辑，但也具有苏联建筑尖塔建筑的韵味。

■哈尔滨，黑龙江农学院，建筑的中部，设有圆形的门厅和相应的外部体量，圆形体量做细柱竖向划分，以增强向上的力量，逐步收缩为尖塔，塔顶有五角星图案为构图中心。建筑细部也有一些类似古典建筑的装饰。农学院礼堂的观众厅，具有西洋古典剧院意味。

■哈尔滨，工人文化宫，是一座功能齐备的文化建筑，有1600个座位的剧场和不同规模的各种活动厅堂，如舞厅、图书室、天象馆等。建筑采用西洋古典建筑形式，但总体运用了不对称的手法，把不同功能的空间组织到一起。主入口采用贯通

哈尔滨工人文化宫，1956，
李光耀、胡逸民。

哈尔滨工业大学建筑学院，1953，
斯维里道夫。

三层的巨柱式科林新柱范，并在山花中设计舞姿优美的雕塑（今不复存）。由于哈尔滨建筑具有西洋古典建筑的原型，所以文化宫在城市建筑中能和谐存在。

■哈尔滨工业大学建筑学院，以西洋古典建筑为蓝本，标准的竖向三段、横向五段构图。中部方形门廊，设类似多立克柱式，上部为科林斯式跨三层的巨柱式，檐口上面为硬山山花。两翼也为巨柱式，檐口上有山花，绿色屋顶。建筑的室内设计与外观一气呵成，同样具有厚重的古典建筑气息。

摆脱宫殿式的其他探新活动

一、地域民居式

中国宫殿式建筑在抗战前就受到许多质疑，在提倡民族形式的过程中，许多建筑师不赞成这一方向，他们把眼光投向民间传统地域性建筑，在不同地域的民居建筑形式之中寻求民族形式的灵感。地域性民居建筑，朴实、亲切，设计中具有民间智慧。这个时期的地域式建筑的民族形式探讨是开创性的，是具有显著成就的领域之一。

■北京，外贸部办公楼（已拆除），作为1950年代之初的政府机关办公大楼，不着眼"官式"建筑的宏伟、华丽，而转向民间"小式"建筑的亲切、简朴，体现政府建筑的亲民作风。建筑由中间的主楼和两侧的配楼围合成为一个正面庭园衬托着主体建筑。主楼体量平平，仅有方格装饰，不追求纪念性。所有屋顶类卷棚顶，采取当时北京极为普遍的灰色机制瓦，檐口用天沟封住，既免去了繁琐的

北京外贸部办公楼，1952—1954，天津大学徐中。

檐椽装饰，又不失于单薄。山花搏风的处理则类似硬山，赋绿色，构造简单而有装饰性。开窗比例尺度宜人，窗台抹灰处理作栏杆状图案，并与下层的遮阳板相结合，手法精巧。

■天津大学第九教学楼等楼群，为建筑师徐中同时期的类似作品，同时还有天津大学建校新址的教学楼、图书馆等。这批建筑使用天津地方特有的浅棕色过火砖（俗称琉缸砖，砖上有过火的琉缸突起，俗称"疙瘩"），具有更大的强度和独特的肌理；屋顶用普通水泥板瓦，墙身局部采用水刷石。第九教学楼的屋顶中部，受摩尼殿的启发，设置了山花朝前的十字交脊歇山屋顶，在简朴的总体上突出中部入口；建筑的檐部做简化了的彩画纹样，亦有革新的意趣。

图书馆门厅设单跑楼梯直登二层，楼梯两侧为开敞的阅览空间，给人新颖的空间感受。

其他教学楼用同样的过火砖和水泥板瓦等材料，以不同特色的门头造型，以示区别，其形象庄重，比例良好。

■上海，鲁迅纪念馆（已拆除改建），位于鲁迅故居附近的虹口公园，为纪念鲁迅先生逝世二十九周年，将鲁迅墓由沪西万国公墓移此。公园和纪念建筑的规划，采取自由活泼的布局，尽量扩大原有水面，并注意交通路线和分区，以同时满足各种群众活动的需要。依据纪念馆的性质，结合鲁迅先生的性格，建筑设计具有绍兴地方民居风格，采用灰瓦、粉墙、毛石勒脚、马头山墙等，造型保持民居的简

天津大学第九教学楼，1954，天津大学徐中、冯建逵、彭一刚等。	上海鲁迅纪念馆，1956，上海市民用建筑设计院陈植、汪定曾、张志模等。
上海同济大学教工俱乐部，1957，王吉螽、李德华。	厦门大学建南大会堂，1950—1954，陈嘉庚、刘建寅。

洁、朴实、明朗、雅致的格调，是探索地域性民族形式建筑的优秀实例。

■上海，同济大学教工俱乐部，位于同济大学宿舍区，其建筑不以静止的投影式平立面布局，而是由外向内，由内向外，随着人的流动和视线转移，来创造功能的合理性及艺术的完美性。整个建筑采用了空间导向、空间延伸和空间流动等建筑手法，使得建筑艺术在繁复的功能要求下，在有限的经济条件下，完成建筑艺术创造。建筑尺度亲切，形式亦如同朴实无华的江南民居。

■厦门大学建南大会堂，是爱国华侨陈嘉庚在1950—1954年间对厦门大学第二次大规模建校时建立的，第一次建校是在1921—1937年间。陈嘉庚自聘工程师并按自己的意愿设计建筑，体现"古今、中西相结合"的思想。建南大会堂观众厅可容纳4500人，巧

第六讲 歌颂人民胜利的民族形式

厦门集美学村，1950年代中[1]，陈嘉庚等。

集美学村南薰楼。

妙利用山坡地形作地面升起；建筑与地形的良好配合，加上会堂面临约4000平方米的椭圆形运动场"上弦场"对衬托，使得建筑更加壮观。建筑的台基、基座、墙身皆吸取西洋古典建筑手法，并采用了爱奥尼克柱式；屋顶吸取闽南民居屋顶加以扩大，屋脊起翘、檐口重重、檐角高扬，具有丰富而轻快的轮廓。这种结合在中式建筑里面极为少见，反映出华侨文化对故乡和海外建筑文化的开放态度。

■厦门，集美学村，建筑面临宽阔的湖面一字展开，中段体量突出，有重檐阁楼式闽南民居屋顶，为构图的中心；其余各段虚实相间，既反映功能又富于变化，建筑细部透露出海外建筑的影响。民间巧匠把红砖、白石加工成工艺品式的建筑细部，十分耐看。

1　集美学校的建设年代有不相同的几种说法，确切年份待考。

北京建筑工程部大楼，1955—1957，建筑工程部北京工业设计院龚德顺。

北京电报大楼，1955—1957，建筑工程部北京工业设计院林乐义。

南薰楼高15层，这在当时是少有的高层建筑。在高层建筑的设计中，各重点部位设计了种种亭台楼阁，丰富的构图融汇了我国民间建筑精神，至今也少见。

陈嘉庚最后的建筑活动，是在海边选址建造他的陵墓"鳌园"。陵墓运用民间雕刻手法，在纪念碑上刻下多种事件和故事，充满了建筑文化的地方风情。集美学村可以说是对于地域建筑的自发探求和贡献。

二、新民族式

更有建筑师，不再做"大屋顶"或苏式高尖塔顶的文章，而是在现代建筑原则的前提下，摸索新的民族形式之路。这批探新的建筑，深化了1930年代一些中国式现代建筑探索，如当年国民政府外交部，南京国民政府会堂等，新建筑规模更大，内容更复杂，成果也更明显。因而，具有重要的历史意义。

■北京，建筑工程部大楼，位于西郊百万庄，占地10公顷，7层砖混结构，如此高度的砖混结构建筑，在当时条件下是技术革新的成果。建筑师结合功能要求和结构条件，采用了平屋顶。其檐口借鉴我国传统石建筑的挑檐做法，并以足尺模型确定尺度。建筑细部以简化的中国传统建筑构件和纹样做装饰，依然具有中国建筑风貌，是民族形式后期转型的一件成功新民族形式作品。

第六讲 歌颂人民胜利的民族形式

北京全国政协礼堂，1955，
北京市建筑设计院赵冬日。

北京首都剧场，1953—1955，中央建
工部设计院林乐义。

■北京，电报大楼，位于西长安街的显著位置，主体7层，连塔楼12层，塔顶高73.37米。建筑的功能性强、技术复杂，要求有高效率的工艺运转，因而建筑平面紧凑、流线简洁；建筑体量和立面处理均十分明朗，室内外均无纹样装饰。体量的中部略微向前凸出，处理成高大的空廊，既可以突显下部入口，亦可呼应上部钟楼。钟楼一扫古典风气，有全新现代面目，钟楼的结束部造型线条挺拔，形象明快，入口两侧立灯与之遥相呼应。

■北京，全国政协礼堂，位于西城区太平桥大街，建筑平面对称布置，礼堂首层有1520个软席座位。全部建筑为钢筋混凝土框架结构，中央上下两层大厅的跨度为28.5×28.5米方形井字梁结构体系，是当时北京最大的井字梁结构。立面采取三段式处理手法，建筑具有中国传统建筑的细部，同时具有西洋古典建筑的韵味，是大屋顶建筑退潮同时的一条比较通顺的路子。

■北京，首都剧场，位于王府井大街，是中国第一座以演出话剧为主的专业剧场，同时可为大型歌舞和放映电影使用。观众厅1302座（其中楼座402座），舞台深20米，设有直径16米的转台，是当时中国唯一在剧场使用且为自己设计和施工的先进设备。在建筑形式和室内外装饰上，摈弃了古代传统形式，而是利用有代表性的

北京天文馆，1956—1957，张开济。　　　　　　　西安人民剧院，1954，洪青、吴文耀。

传统符号，如垂花门、影壁、雀替、额枋、藻井以及沥粉彩画等典范进行再创造。

■北京，天文馆，位于西直门外大街南侧，是普及天文知识、放映人造星空的场所。天文馆分天象厅、讲演厅、展览厅三部分，中心以八角形的交通厅相联系。天象厅为半圆形，屋顶分内外两层，外顶为直径25米钢筋混凝土薄壳结构，内顶为直径23米的半圆球顶，内设548个座位；建筑造型从内容出发，正中门厅高起，安放约十米高的傅科摆；天象厅最高，是建筑的主要体量。立面处理略有西洋古典建筑的韵味，墙面、檐头运用中国传统云纹图案等，点出与天的关系。室内重点装饰与天文有关的神话传说内容的绘画浮雕。

■西安，人民剧院，作为历史文化名城西安的一个早期剧院，探索了如何在现代建筑的体量上表现民族形式。作者仅在入口重点装饰了一个门廊，运用具有中国色彩的柱子和梁枋，其余部位均为平整的实体，既显示了剧院华丽的一面，又大大地节约了笔墨。有意思的是，年久之后实墙上长满了绿色的藤萝，使得建筑生气勃勃，似乎具有建筑结合自然的先见之明。

■呼和浩特，内蒙古博物馆，建筑平面以大厅为中心，两翼展开对称布局。中

内蒙古博物馆，1957，内蒙古建筑设计院郭蕴诚等。

部大胆设计了三层通高的圆拱，其中运用了中国梁枋的片段，兼有当地民族形式。两端也以两层通高的圆拱结束，使得母题呼应相得益彰。在建筑的顶端设置了一匹骏马，活跃了体量，增添了地域和民族气息，建筑设计之中实不多见。

建筑中的第一次反浪费运动

早在1954年9月15—28日的第一届全国人民代表大会第一次会议上，周恩来的《政府工作报告》就尖锐地批评了太原热电建设工程中的惊人浪费现象。政府总理在《政府工作报告》里批评一个企业，足见浪费之严重，事态之紧急。

建筑领域正式反浪费运动，是在苏联全苏建筑工作者会议之后。这次会议，苏联清算了"社会主义内容、民族形式"口号及其导致自己复古主义的消极后果。

1954年11月30日，苏共中央和部长会议召开了有2200人参加的"全苏建筑工作者大会"，中国派出了以周荣鑫为团长的代表团参加了会议，其他社会主义国家也派出了代表。

这次会议，是赫鲁晓夫上台以后，大力扭转斯大林时期所执行政策的一部分。大会揭露了导致建筑浪费政策的严重后果，倡导大量发展预制钢筋混凝土构件，推行机械化施工，以及建筑设计的标准化。

1955年2月4—24日，建工部召开了有370余人参加的设计及施工工作会议，以期在全国范围内对全苏建筑工作者会议做出反应。会议突出地批判了"设计工作中的资产阶级形式主义和复古主义倾向"，并点名批评了梁思成。

在建工部党组给国务院总理和中共中央的报告中说："这种倾向的主要表现，就是脱离建筑物的适用和经济的原则，只注意或过多地追求外形的'美观'和豪华的装饰。而以梁思成为代表的少数建筑师在'民族形式'的掩盖下更走向了复古主义的道路。"

"民族形式"原本是官方执行"一边倒"政策学习苏联的结果，但反浪费斗争的主要矛头，还是对准了建筑设计单位、建筑师乃至为政府助推的梁思成，许多人在报刊上进行自我批评。运动中，首当其冲的梁思成，不但在报刊上受到点名批判，而且还成立了批判梁思成的专门办公室，两个月后，给梁思成总结出七大错误。不过，这个办公室组织的96篇点名批判梁思成的文章，在政府高层领导的干预下，没有完全发表，原先准备在电台点名批判的广播稿，也最终撤销。

梁思成确实为"社会主义内容、民族形式"等口号的中国化竭尽了全力，他在首都计划委员会里的领导地位，足可使他推行他心目中的民族形式和建筑艺术观点。但是应当看到，梁思成实际上并没有能力独自掀起所谓"复古主义"浪潮，他只是在特定的政治气候条件下，提出了某种建筑模式而已，所谓建筑中的"复古主义"，是政治气候和苏联影响的直接结果。假如梁思成的意见果真具有决定性作用，他为保护北京的牌楼和城墙的奔走呼号，不会如同螳臂挡车。

反浪费运动向深入发展，最为直接的节约措施，就是降低建筑造价。早在1954年，中央就已经指示，将建筑的原计划造价降低10%。1955年5月，"党中央特别要求大大降低非生产性建筑的标准"，在1954年已经削减的基础上，要求民用建筑要再削减30%–77%，平均下来也在55%左右，这无疑是一个异乎寻常的降低造价幅度，无论如何都是一个难以达到的数字。

由于降低造价的指标过于苛刻，所以采取的措施也就十分严厉，以致失当的命令造就失当的执行。许多已经到达工地的构件弃之不用，这样可以不计入造价，就算是"节约"，而所弃之构件，长期闲置，或毁坏殆尽，或不知所终。经过反复降低造价的一些建筑,过于简陋而无法使用,成为一些"留下无用,拆了可惜"的建筑包袱。反浪费运动实践中的最大失误是,越过了节约的最低限界,造成另类新的浪费。

反浪费运动之后,建筑界正式形成了一个"建筑设计方针",即"适用、经济,在可能条件下注意美观"。

早在国民经济恢复时期,经济领导部门就陆续提出了"建筑设计方针"的雏形。1952年8月20日建筑工程部在第一次全国建筑工程会议之后的一份报告中说:"……设计的方针必须注意适用、安全经济的原则,并在国家经济条件许可下,适当照顾建筑外形的美观,克服单求形式美观的错误观点。"1953年10月,周荣鑫在中国建筑学会成立大会报告中提出"以适用、经济、美观为原则",汪季琦的报告提"建筑设计的原则要适用、经济、美观,三者应通盘考虑"。1955年2月,建工部党组向中共中央提出的报告说,建筑设计方针是"适用、经济,在可能条件下注意美观",自此形成"标准"的提法。

这项建筑方针,是结合中国国情的一项适用于建筑设计的方针政策,此后深入到建筑创作的各个层次,指导中国建筑创作,到改革开放时,已达三十余年,至今还在重申这一方针。

第七讲

北京十大建筑

为迎接中华人民共和国建国十周年，政府决定在首都北京建设包括人民大会堂在内的国庆工程，由于这项计划大体上包括了十个大型建筑项目，故又称"北京十大建筑"。与此同时，天安门广场的改建工程也全面展开。

人们在不同时期、从不同角度，评说北京的十大建筑，或交口赞誉，或不以为然，但是，不能否认的是，它们是中国现代建筑史的一个里程碑式的事件，时至今日，依然如此。

回顾这十年，建筑创作曾举步维艰。建国初，建筑师曾自发延续了经典现代建筑，被苏联引来的所谓社会主义建筑理论批判为资本主义的"方盒子"；政府号召学习苏联搞"民族形式"建筑，结果因"浪费"问题又被指为"复古主义"，受到更加猛烈的批判。建筑创作中的意识形态因素，使建筑师下笔踌躇，左右为难。

北京十大建筑要在一年之内建成，这对彷徨中的建筑师是一个契机，建设工期之短，建筑项目之多，纪念意义之大，政府不但难以在建筑风格方面有统一限制，反而须鼓励建筑创作的多样性，建筑师的创作周期虽然紧张，但气氛相对宽松。十大建筑虽说是北京的工程，实为倾全国之智力、物力、财力，加之"大跃进"激发起的高昂的政治热情，无疑是个国家性建筑成果展。

设计的群众运动

1958年9月6日，北京市副市长万里召集北京1000多名建筑工作者开会，作了关于国庆工程的动员报告。这些工程规模巨大，内容复杂，时间紧迫，因而要求"大搞群众运动，群策、群力"。除了组织北京的34个设计单位之外，还电请了上海、南京、广州、辽宁等省市的30多位建筑专家，进京共同进行方案创作。

这是一个轰轰烈烈建筑设计的群众运动，建筑专家、教授、工人、市民都提出自己的建议。在这一过程中，人们对各项工程先后提出了400个方案，其中仅人民大会堂就提出了84个平面方案和189个立面方案，并结合广场上的项目对天安门广场提出了多种规划意见，这是一个设计的群众大协作。

人民大会堂采用北京市规划管理局设计院（今北京市建筑设计研究院）方案，中国革命和中国历史博物馆的平面和立面分别采用清华大学以及北京市规划管理局设计院的方案，北京火车站由南京工学院与建工部北京工业建筑设计院（即后来的建设部建筑设计院、中国建筑设计研究院）合作完成，建筑科学研究院和其他设计单位和院校，也为工程的实施进行了大协作。

所提方案可以说丰富多彩，反映出虽然经过多次设计思想批判，如果政府的态度比较开放，建筑师就会把种种顾忌搁置一旁，思想依然能够活跃起来。以人民大会堂的建筑造型为例，被批判过的大屋顶方案仍赫然出场（张镈），曾被指为资本主义的"方盒子"竟不在少数（北京市规划管理局设计院、中南工业建筑设计院、华东工业建筑设计院等），有的方案发展成全玻璃的玻璃盒子（北京市规划管理局设计院、郑光复、蔡镇钰），陈植、徐中的方案仍然在探索小式中国地方性建筑，苏联式的尖顶方案依然在场（清华大学建筑系），还有一些方案尽量采用新结构，以发挥创新之意（同济大学建筑系、戴念慈等）。中选方案设置了有西洋古典建筑意味的柱廊，柱廊的明间（中间的开间）稍宽，吸取了中国建筑开间的做法，柱头有些埃及柱头的意象，檐口比例也近似西洋古典建筑，外贴彩色琉璃瓦，显示中国建筑精神。人民大会堂是一个有创意的巧妙集仿建筑，潜在地反映了经过对大屋顶无数批判之后，对于西洋古典建筑纪念性选择。

中南工业建筑设计院的大玻璃人民大会堂立面方案。
同济大学建筑系设计的玻璃盒子人民大会堂立面方案。
北京市规划管理局设计院、郑光复、蔡镇钰设计的玻璃盒子方案。
清华大学建筑系设计的尖塔式人民大会堂立面方案。

由最高领导层直接决策这些工程的立项,并经过亲自反复审查而后定案。例如,人民大会堂经过集思广益,选出三个方案,于1958年10月14日报送周恩来审查,经多次召集有关专家和领导对设计方案的指导思想乃至细部进行讨论,最后定案。人民大会堂是北京十大建筑中最重要的建筑,它的造型也就倍加引人关注。接近西洋古典柱式的立面,再加上对开间和局部装饰做传统手法处理,使它得以顺利通过。西洋古典建筑在中国并没有受到上升到"阶级斗争"层次的剧烈批判,也许是西洋古典建筑至今仍有市场的原因,当然,西洋古典建筑的美学魅力,是它永世流传的根本原因。

北京站的立项和设计定案过程,也是周恩来亲自主持和过问的,毛泽东还在竣工前视察了新车站,并为车站题写了站名。视察中,他以特有的幽默,在售票处对售票员说要买一张火车票。

革命意志变建筑

1958年9月5日确定国庆工程的建设任务,10月25日陆续放线、挖槽开工,仅仅用了一年的时间,到1959年的9月,全部完成了人民大会堂、中国革命和中国历史博物馆、中国人民革命军事博物馆、北京火车站、北京工人体育场、全国农业展览馆、迎宾馆、民族文化宫、民族饭店、华侨大厦（10月完工）共十座建筑,总面积达67.3万平方米。"十大建筑"是北京国庆工程的俗称,原先计划有国家大剧院、科技馆等项目,落成的项目有所变动。1959年9月25日,人民日报以"大跃进的产儿"为题发表社论,盛赞这些建筑"是我国建筑史上的创举"。

无论对这些建筑持有什么观点,也不论这些建筑中有什么不足和缺欠,人们都不会否认十大建筑的建成是个奇迹,在仅仅一年的时间里,建设所投入的智力、人力、物力、财力无与伦比。建筑技术之复杂、施工之艰巨以及所遇到的难题在当时可以说无以复加。应当说,它是政治意志、民族自豪、群众力量的巨大胜利。

■北京,天安门广场和人民英雄纪念碑。天安门广场原是帝王宫殿大门的前院,本是狭长的丁字形空间,四周封以厚实红墙,既是重重保卫,也是帝威所在。但是,它所处的位置,恰是不准穿行的东城与西城之间的必由之路。1949年之后,东西长安街之间的交通已经沟通,但遗留下东西三座门和红墙。由于天安门广场既是皇家历史文化遗迹，还是自"五四"以来的许多历史事件和学生爱国运动的场所，所以对它的改建十分敏感。规划排除了保留历史遗存建筑艺术格局的意见，并于1952年拆除了被叫做"两个拦路虎"的牌楼。

在天安门广场规划的过程中，就其性质、规模以及周围建筑的高度等基本特征作了设想。在已经编制的25个方案中，总结为四个类型加以比较。广场为政治集会、欢聚歌舞和缅怀先烈的地方，规划中的广场52公顷，由高大建筑围合起广场空间。

南北为主导方向深1090米，东西宽500米，呈长方形，第一期工程40余公顷。广场及两侧建筑都是对称格局，人民大会堂和对面的博物馆建筑高度约30—40米，其长度均在300米以上，两座建筑一虚一实、一轻一重，相得益彰。纪念碑立在广场中央，其高度以及同周围建筑的距离，权衡得当。纪念碑以南，设大片的绿化，气氛肃穆严整。由于广场在更多的情况下被认为是政治性的，所以规划中缺乏与人尺度相近的活动场所和休闲设施，绿化面积也相对较少。

1949年9月30日，第一届政协决议建立"人民英雄纪念碑"，当日奠基，于1952年8月正式动工，1958年4月落成，5月1日揭幕。纪念碑设计者为梁思成、刘开渠等所代表的一批建筑师和雕塑家。碑身通高37.94米，台阶基座分两层，围以汉白玉栏杆；碑身台座为大小两层须弥座，下层大须弥座束腰部分，四面镶嵌8块巨大汉白玉浮雕，浮雕高2米，总长40.68米，刻画人物191个，记载自鸦片战争以来的重要历史事件；上层小须弥座镌刻花环，全部浮雕设计精美、石工精湛。碑身材料为青岛浮山花岗岩，碑心石高14.7米、宽2.9米，重达60余吨，石材往北京运送时，曾对两个车站进行过局部拆除。碑身正背两面分别有毛泽东和周恩来所题的碑名和碑文。碑顶冠以简化的庑殿顶，造型稳重宏伟，具有民族特色，该碑的建成对各地的纪念碑设计有深刻的影响。

■北京，人民大会堂，位于天安门广场西侧，占地15公顷，总建筑面积17.18万平方米，南北长336米、东西宽174米（总宽206米），由万人会堂、宴会厅和全国人民代表大会常务委员会办公楼三部分组成。中央大厅宽75米、深48米，面积达3600平方米，四周有10.5—12米的回廊，中央空井24×55米，大厅面向广场，可举行各

天安门广场,人民英雄纪念碑。

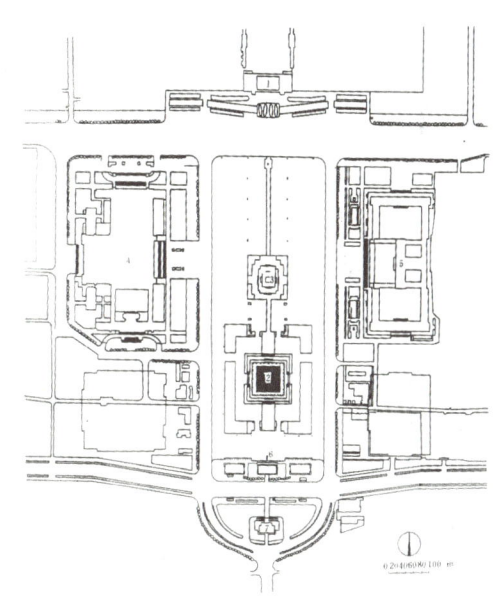

天安门广场总平面图。

种仪式。

大会堂的万人会堂宽75米、深60米,平面呈卵形,中央穹顶高33米;舞台台口宽32米、高18米、深24米,台上可容300人以上坐席,台前有容纳70人的乐池。观众厅坐席分三层,底层设带桌的固定坐席3670个;二、三层分别设3446个和2518个坐席。墙面与穹顶以圆弧相连,使取得"水天一色、浑然一体"的效果;穹顶中央呈水波状,自中心向外层层推展,穹顶中央镶嵌五角红星和金色葵花光束图案。会场内除了声、光、电、空调装置外,还有当时可称现代化的设备,如每个坐席设小型扩音喇叭和即席发言设备,十二种语言的译意风等。

宴会厅主入口面向长安街,首层中央交谊大厅宽48米、深45米,净面积2500平方米。通向二层宴会厅的大楼梯,宽8米、高8.5米,全部以汉白玉镶嵌。宴会厅东西宽102米、南北深76米,净面积7000平方米,可容5000人的宴会。

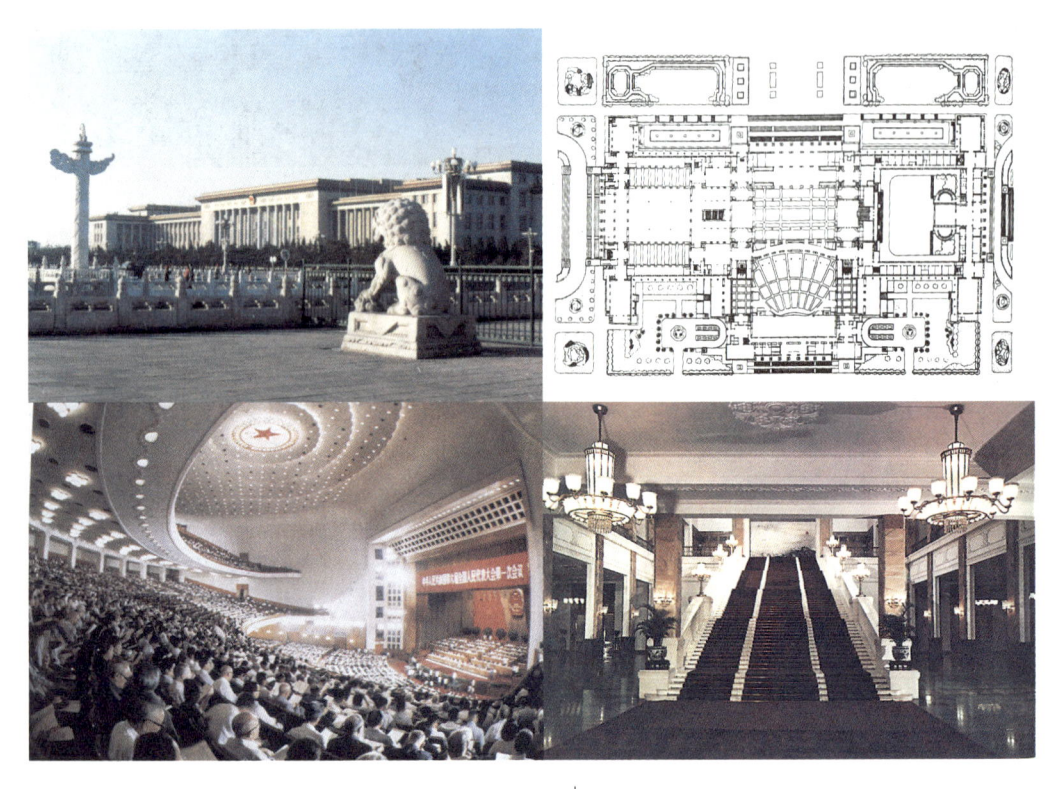

人民大会堂，1958—1959，赵冬日、张镈等。　人民大会堂，平面。

人民大会堂，礼堂。　人民大会堂，楼梯间。

    大会堂的平面对称，体量高低结合，台级、柱廊、檐口为中国传统建筑的基本格局。台级分两段，下部有2米高的台度，上部有3米高的须弥座，以花坛、大台阶、车道连接；柱廊既有传统西洋古典建筑神韵，也涉及传统中国建筑法式，是中西建筑的独到结合。大会堂的建筑艺术处理，充分考虑到与天安门广场和城楼的关系，既协调一致，又富于创新。

    大会堂方案，本是北京市规划管理局设计院建筑师赵冬日、沈其所做，施工设计为建筑师张镈、朱兆雪等。

    人民大会堂的落成，对各地有强烈的影响，一是各地也竞相设计兴建会堂，二是各地许多会堂的形式模仿北京人民大会堂。不过，许多地方终归财力不支，或徒

中国革命和中国历史博物馆，1958—1959，北京市规划管理局设计院张开济等。

有其表或纸上谈兵。

■北京，中国革命和中国历史博物馆，位于天安门广场东侧，与人民大会堂相对，南北面宽313米、东西进深149米、高26.5米，立面中央部分高33米。展览馆为3层，二三层主要为展览厅，可容1万人同时参观。为适应展览路线的需要，采用了院落式布局，革命和历史两馆分别在两个院落，中间的院子与南北两个院子相连，且有空廊通向广场。

整个建筑坐落在一个宽大的基座上，建筑主体分两段处理，底层以实墙为主，饰以花岗岩。上部两层墙面以类似法式柱廊处理，屋顶挑檐用黄绿两色琉璃砖饰面，以加强建筑的民族色彩。博物馆面临广场的西面，是十一开间饰以五角星旗徽的柱廊，为两个博物馆共用的大门，其造型取意中国古代的石头牌坊，廊柱为海棠

北京站，1958—1959，杨廷宝、陈登鳌等。　　　　　　　　　　　　　北京站室内及双曲扁壳。

角的方柱，不仅富有民族形式，而且与人民大会堂的圆柱实廊形成对比。

■北京火车站，位于建国门与东单之间，最高客流量1.4万人/小时，20万人次/日。平面布局对称，首层安排旅客流程作业，如中央大厅外的各种服务口、行包房、出口厅、市郊厅等。二层大部分为候车面积和旅客餐厅等，通过高架候车厅到达各站台，二层的夹层设休息娱乐部分，成为一个亲切愉快的"旅客之家"。

火车站是功能性比较强的建筑，兼有大空间的需求，是应用新结构的适当类型。建筑的中央大厅采用了35米×35米先进的预应力双曲扁壳，正立面将扁壳外露，用三个拱形垂直窗将其化成正常的尺度，与相邻的双重檐四坡攒尖的钟楼浑然一体，成为建筑的重点，并将总体统一在中轴之上。

高架候车厅用钢筋混凝土连续扁壳，与中央候车大厅的扁壳相呼应，从铁路方向来的旅客，可以看到新颖的壳体曲线。北京站是在新功能、新结构的条件下，探索民族形式的可贵尝试。

■北京，工人体育场，位于东郊朝外大街以北，水碓大街以南，占地面积35余公顷。总图简洁、疏散迅速，有适当的停车设施，车流和人流互不干扰。中心体育场南北轴布置，轴向北偏东5度，以免眩光。椭圆形场地，场地适应各种体育比赛

第七讲 北京十大建筑

北京工人体育场，1958—1959，北京市规划管理局设计院欧阳骖等。

要求。建筑充分利用了看台下的空间。建筑外观朴实无华，顶部悬挑使得建筑略显轻快。建筑配以体育题材的雕塑，有良好的衬托作用。

■北京，全国农业展览馆，位于北京东郊东直门外环境优美的水碓公园西部，由于建筑地点恰好位于东直门外城的轴线上，城市要求对准东直门处矗立一座纪念性建筑。建筑采取了集中又分散的布局，把建筑按用途分类，结合现场地形进行合理布置。总体以综合馆为主体，形成一个较为严谨的不对称轴线，把展览建筑的大体量和大空间，组织在中国传统的宫殿式和庭院式建筑的规划格局中。

综合馆的主要部位加以重檐亭阁，并把建筑饰以琉璃瓦屋顶、柱廊、栏杆。其他各馆多采用新型结构，亦是当时的设计潮流，取得了新的室内外造型，整个建筑群融中国传统规划和设计形式与现代化的功能与形式于一体，统一在优美的环境中。

■北京，民族文化宫，位于北京西单以西的复兴门大街，建筑用来展出、介绍各民族历史、文物、生产、生活情况，也是进行各项政治文化活动的场所。平面呈"山"字形，正面辟有绿化广场。全部建筑由四部分组成，科学研究部分，含博物馆、图书馆等；礼堂；文娱馆、舞厅；高级招待所。博物馆共有展出面积7000平方米，图书馆藏书60万册，礼堂1150个座席，有多种演出功能的舞台设施以及各种文

157

北京全国农业展览馆主馆，1958—1959，严星华等。

总平面。　全国农业展览馆气象馆。

体活动室十余间。

　　建筑中部的塔楼地上13层，高67米，中部主体的屋顶主次配合，与两翼盔顶相互对照。体量为白色面砖、屋顶为翠绿色琉璃瓦，挺拔而秀丽，是传统建筑与现代建筑在高层建筑领域相结合的成功范例，也是梁思成在高层建筑中探讨民族形式建筑理想的实证。

　　■北京，民族饭店，位于西长安街民族文化宫西侧，12层，高达48米。共有客

北京民族文化宫，1958—1959，张镈、孙培尧等。　　　　　　　　　　北京民族文化宫入口。

房597间，可同时住1200客人，是一座以接待国内少数民族为主的会议旅馆。

这是中国第一座大型预制装配式高层框架结构建筑。建筑造型的处理，紧密结合这种新结构的特点，大片的墙面有微微鼓起的线条，形成一种带有肌理的背景；突起的阳台使立面活跃起来，并点出了建筑亲切的居住性格。二层有阳台出挑并连成一片，饰以勾片栏杆，点出民族装饰纹样。比较突出的是它的门头，建筑师与美术家合作设计了八幅镂空花饰，这是取自中国古代园林廊庑花窗，内容表现工业、农业、交通运输、文化科学等内容，具有现代装饰意趣。民族饭店在探索新结构与民族形式的结合方面，是成功的先例。

■北京，中国人民革命军事博物馆，平面呈"山"字形，馆内有20个展厅和54米跨度的兵器馆。建筑构图为尖塔式，中央的顶部设圆锥形塔尖，尖上有考虑视差设计的"八一"军徽图案。

■北京，华侨饭店（已拆除）。由于原计划中的十大建筑中有些项目下马，此际完工的项目华侨饭店被列入其中。建筑位置比较显要，位于十字路口之一角，主要体量面对路口中心。建筑朴实无华，是当时较为普遍的建筑作品。

这里要附带说一下，中国建筑中有个常见的"跟风"现象。北京十大建筑鼓舞

北京民族饭店，1958—1959，北京市规划管理局设计院。

北京华侨饭店，1958—1959，北京市规划管理局设计院。

北京中国人民革命军事博物馆，1958—1959，欧阳骖、吴国桢。

大同类似北京人民大会堂的建筑。

了各个地方政府，有的也向往有个当地的"人民大会堂"。例如大同新建的会堂，就刻意模仿人民大会堂，当然在规模上无法相比。其他实例，如青岛会堂、成都锦江礼堂等，也依稀可见大会堂的影子。

建国十年纪念碑

1958年的"大跃进"，是经济建设的大冒进，从国民经济的总体看，本无多少佳绩可言，甚至对国民经济造成巨大灾难。但是，在建筑方面，却留下了北京"十大建筑"这组中华人民共和国成立十年的建筑纪念碑，尽管仅仅集中在首都北京一个城市，这也是一件可以称道的全国大事。

1. "十大建筑"是特殊时代的特殊产物，由于它的政治意义，设计和施工都是精心进行，利用了被视为禁忌的"三边"工作法（边设计、边备料、边施工）和人海战术，终于使之如期完成，这本身就是一个壮举，是一种将革命意志化为建筑的共和国十年纪念碑。

2. 建筑中的集体创作，注定了建筑作品的折中性而缺乏先锋性。但是，由于集中全国的设计和施工精英，出现了在当时条件下最稳健、最优秀的建筑创作高峰，"十大建筑"的设计、施工和建筑内容都是当时最高水准。

3. 在众所瞩目的建筑艺术方面，出现了多样化的局面，创作思路基本是自由的。例如，并不忌讳已经被批判过的大屋顶模式（全国农业展览馆），也不拒绝类西洋古典式（人民大会堂）或类苏联模式（中国人民革命军事博物馆），而对新结构和新形式下的中国建筑的探讨，则是正确的发展方向。

4. 最值得推崇的是，许多建筑暗合国际潮流，以新结构为切入点进行中国建筑的探索（北京火车站、民族饭店、全国农业展览馆的小型展馆等），这是在当时条件下具有进步意义的可贵探索。薄壳结构、预制装配结构以及在其他地方悬索结构的应用，加上在应用这些结构时对民族形式的思考（如北京站），构成了继国民经济恢复时期自然延续现代建筑理念之后，又一波探索中国现代建筑的高潮。在"大跃进"这个非常时期，中国建筑师在建筑艺术以及新结构方面的特殊努力，是中国现代建筑历史上的又一个亮点。

北京十大建筑创作表明，多元化并存，多学派并存，才是建筑创作的基本道路。我们甚至可以说，十大建筑是预示建筑多元化的先声。

| 第八讲 |

技术创新

前面已经讲过,1958年的"大跃进"运动,是以政治运动方式搞经济建设的非科学运动,它给国民经济造成了灾难性的后果。但是,也应当看到,在那个以"技术革新"、"技术革命"为号召的群众运动中,也有一些个人或单位,不但发挥了一腔热情,同时也秉持科学精神,出现一些局部成就,出现了一批具有创新意义的新建筑,展示了中国现代建筑的正确方向。

暗合国际发展新技术潮流

1950年代末,世界各国基本完成了战后恢复和重建,先后进入了新的发展时期,许多国家和地区,出现了经济建设的奇迹。在亚洲有日本经济起飞,亚洲"四小龙"腾起等。其实,中国第一个五年计划的完成,也标志着战后经济恢复工作的完成,与国际上的发展潮流相当吻合,不幸的是,中国采取了"大跃进"运动的发展方式。

世界各国在发展新建筑的回合中,掀起了探索新结构和新技术的热潮,1958年布鲁塞尔举办世界博览会,不论是在展品上,还是在展览馆的建筑设计和结构设计的水准上,都是二十年间国际科学技术、经济建设、文化艺术成就的大检阅。

布鲁塞尔世博会,是自1851年在英国伦敦举行第一次世博会以来的第三十次,博览会的中心建筑是比利时的原子馆,这个用管道连起巨大球体庞大无比的构筑物，象征着放大到1600亿倍的铁分子，球体之间一部分可以由楼梯连贯。在其他一些中小型展览馆里，建筑师各显其能，各建筑具有鲜明特色。

德国馆是八个钢结构玻璃盒子，随着原始地形不同标高布置，其间用天桥连接，并形成美丽的庭园。这个展览馆完成使命，拆卸回国之后，可以组建成一所学校。西班牙馆以外径6米的伞状结构单元为基本模度，也是沿自然起伏的地形而起伏布置，排列成体形奇妙的建筑，伞状单元的中间圆形支柱，可兼作落水管，体现了建筑单元定型化和装配化的灵活性。巴西馆为悬索结构，在平面中有一椭圆形坡道围绕着热带植物园，上空屋面留有孔洞，空上设一个可以升降的大气球，气球升起时，阳光自顶部射入，雨天时气球下落，盖住空洞可以防雨。菲力蒲馆是勒柯布西的抽象梦幻之作，他运用一个预应力负高斯曲率混凝土薄壳，造型奇特，被称为"电子诗篇"。

最令中国建筑师感到兴趣的是三个大型展览馆的悬索结构：苏联馆、美国馆、法国馆，基本力学原理相同的三个结构，竟然产生如此不同的建筑造型，似乎给中国建筑师对现代技术与民族形式之间的困惑，提供了某种有意义的答案：同样的现代结构，也可以有完全不同的形式，甚或"民族形式"。

苏联馆的平面为长方形，主要承重结构是由两排特殊结构的柱子组成。每个柱子为金属桁架构成，柱顶两侧用钢拉索拉起两个另端固定在柱身的桁架，中间跨的屋架，支持在两排柱子所拉的桁架端。外墙为大片玻璃，造型十分轻快、明朗。

美国馆平面是一大一小的圆形，大圆为主馆，是直径92米的悬索屋盖，有36对钢柱支持，覆盖着直径为104米的展馆。屋盖中部有一个露天圆形天井，建筑巧妙地利用了悬索结构所需要的内支承环，正对地面上的圆形水池，雨水可下入水池，围绕水池布置展品。屋顶及墙面为塑料制品，造型轻巧明快。

法国馆的造型就更加令人惊奇。由于基地地质条件所限，法国馆只能有一个支点支起1200平方米的建筑，结构工程师采用由一个支点出发的巨大悬臂梁和平衡杠杆，支撑起两个双曲抛物面悬索屋面，造成了有力而轻快的"展翅"建筑，再一次显示出法国建筑师在创作中的先锋姿态。

这些建筑的出现，不是临时性的孤立现象，而是一个时期国际建筑师对技术在建筑中的创造力所作的有趣答案，是基于建筑本体的探新，很少玩弄风格流派哗众

1958年布鲁塞尔世界博览会，美国馆。

1958年布鲁塞尔世界博览会，比利时馆。

1958年布鲁塞尔世界博览会，菲力蒲馆。

取宠的意象。中国建筑师虽然长期与国际基本隔绝，但1958年所展现的"技术革新"和"技术革命"的建筑方向，暗合了这一国际潮流。

新结构新材料的新建筑纪念碑

在"大跃进"中，最响亮的口号是"双革"——技术革新和技术革命。在建筑中，提高施工速度和节约建筑材料，是这个"双革"的中心目标。

"思想大解放"过程中的非科学态度,并没有泯灭中国建筑工作者的科学精神,许多人在这个特殊的社会环境里,依然倾心于开发新结构、探索新形式,做出了一定的科学贡献。这个时期所诞生的一些以新结构为特色的新建筑,其意义远远超过事件本身,它是中国现代建筑史上的又一闪光点,是建筑创作经历十年曲折道路之后,一个有希望的正确方向。

1958年以来在建筑领域的新探索,可以说多种多样,但成就比较突出在新建筑结构以及连带的新形式,主要有四个方面,一是建筑的标准化与装配化,二是节约钢材的薄壳结构,三是屋顶轻快、覆盖面积巨大的悬索结构,四是各种新结构的构筑物。应该指出,建筑师和工程师们从探索新结构伊始,就自发地注意到了现代结构形式的中国化问题,如"十大建筑"里民族饭店的预制装配结构,北京火车站的双曲扁壳和全国农业展览馆的各个新结构的陈列馆等,对新结构都相应地做了艺术处理。还应该看到,这是一个全国性的运动,是中国现代建筑冲破技术关口的初潮,在此之前,还没有这种独立的精神和成就。应该赞扬建筑工作者在那种环境中的科学研究精神,因为新结构的新建筑,往往伴随着反复的科学实验,这是建筑创作的新动力。西北工业建筑设计院的工程师徐永基等人,在薄壳计算方面做出的努力和成果具有一定的代表性。

■重庆,山城宽银幕电影院,位于两路口繁华的商业区,钟形观众厅平面,30×35.3米,由三波11.78×30米的筒形薄壳构成。为适应山地地形,采取跌落手法,使各主要空间建立在不同标高的平台上。休息厅屋盖为五波6×8米筒壳。新型结构全部外露,入口的连续拱壳加以艺术处理,体现出新型结构所带来的新的艺术特色。这座建筑,一方面率先在观演建筑中使用了新结构,同时也是我国第一个宽银幕电影院,不幸的是,它已经在1998年的大建设中拆除了。

■上海,同济大学学生饭厅,位于同济大学校园院内,大厅可容3300人就餐,5000人观看演出。屋盖为跨度40米的钢筋混凝土联方网架,外跨54米。建筑造型密切与结构相结合,对结构略加处理,赋予相关艺术效果,如落地拱结构带来的张力感,室内拱顶天花和侧墙天窗,均以结构杆件组成富有韵律的图案而不靠任何装饰要素,取得了简洁有力的现代感。该饭厅是探索新结构、新技术和新造型的代表性作品。

重庆山城宽银幕电影院，1958—1960，黄忠恕、吴德基、梁鼎森、秦文钺等。　重庆山城宽银幕电影院观众厅。

上海同济大学学生饭厅，1961，黄家骅等。

■北京，工人体育馆，位于北京东郊，与工人体育场组成一座体育公园。平面为圆形，1.5万个座位，系国内首次采用圆形双层悬索结构屋盖，圆形屋盖直径94米，略大于布鲁塞尔世博会直径为92米的美国馆。钢结构内环直径16米，高11米，钢筋混凝土外环圈梁断面2×2米，上下各144根钢索组成，具有良好的结构性能和节约用钢量指标（比同跨的网架节约钢材600吨）以及良好的排水性能。建筑在满足体育比赛和各项活动的前提下，采用新型结构，既节约了钢材，又得到了新颖的室内外建筑造型。

■杭州，浙江省人民体育馆，位于杭州市中心，是一座以体育比赛为主、集文艺演出与群众集会为一体、具有多功能用途的建筑。主体建筑平面，南北125.24米，东西103.8米，最高外檐20.4米。这是中国第一座采用椭圆形平面和马鞍形预应力钢

第八讲 技术创新

同济大学学生饭厅侧面的落地拱。

同济大学学生饭厅天窗处钢筋混凝土网架的结构杆件图案。

北京工人体育馆，1959—1961，熊明、孙秉源等。

北京工人体育馆比赛大厅。

浙江省人民体育馆，1965—1969，唐葆亨、沈济黄、宋德生等，原国家建委建筑科学研究院负责悬索屋盖结构设计。

浙江省人民体育馆比赛大厅。

天津大学风雨操场和更衣室，1959，天津大学设计院。

福州火车站，1959—1961，黄孝修。

成都，双流机场航站楼，1960—1961，西南工业建筑设计院、四川省建筑设计院。

筋悬索屋盖结构的大型体育馆，结构用钢量不到18千克/平方米。椭圆形比赛大厅轴长80×60米，设观众席5420座位，多数观众座位有良好视听效果。东西长轴方向两端布置门厅和休息厅，室外有四部疏散直楼梯，交通便捷。独特的屋盖呈双曲抛物面形状，体态轻盈，线条流畅，使观者耳目一新，过去只有在外国建筑图片上才能看见这种建筑形式。

高等院校对于新结构的试验比较敏感，如天津大学的风雨操场，是中国第一个鞍形悬索结构试验建筑，在馆旁边游泳池的双曲扁壳的更衣室，也是为大型的顶升法施工所作的试验性建筑。这些试验对于在校师生探索新结构有良好的作用。

■福州火车站，位于福州市东北郊，东西最大长度116米，南北最大深度30米。平面略呈凹字形，对称布局，中部设置候车大厅。大厅覆盖五波20米跨钢筋混凝土筒壳组成的屋盖。新结构的采用，获得了新颖轻巧的轮廓，加以大片的玻璃，显示了交通建筑的开放性格。

■成都，双流机场航站楼，位于成都双流机场，候机室三开间为一单元，每开间4.8米，每单元屋顶覆盖钢筋混凝土筒形薄壳，单元之间由平顶相连，立面波起平复，具有新结构的轻快和明朗。

新疆维吾尔自治区在运用新型结构和技术革新方面有许多实例，其中固然有节

乌鲁木齐，建筑机械金工车间，1960，中国人民解放军新疆建筑工程第一师设计院。

约材料的主要原因，但新技术给建筑师带来了活跃建筑体量、改进内部空间、丰富艺术感受的机会，这也是吸引建筑师在这个方向努力的重要原因。

■乌鲁木齐，建筑机械金工车间。车间平面为圆形，采用了60米直径的圆形薄壳屋盖，沿周长按圆心角6度等距设置砖柱，柱间以大玻璃采光。柱顶钢筋混凝土连系梁上，覆盖60米直径的椭圆旋转曲面薄壳。钢筋的耗量约为12千克/平方米。新型结构获得了巨大的空间，节约了大量钢材。

在这个结构革新的年代，除了遍及各地已经实现的薄壳、悬索结构建筑之外，还有许多大型公共建筑的设计方案，也采用了比较先进的结构，并且取得了新颖的建筑形象，这些建筑虽然没有实现，但是影响巨大，是一个时代建筑师的理想凝固。如山东体育馆、广州火车站等建筑设计方案，都采用了双曲扁壳屋盖结构。

1950年代末至1960年代中，虽然中国经济蒙受挫折，但中国建筑师和工程师从技术道路追求中国建筑现代化，是一个十分可贵的开端，那些建筑可能规模不大或并不完善，也许今天已经破败或拆除，但它们是中国建筑师和工程师开创建筑现代化的里程碑。人们应该怀着敬意谈论这些建筑，因为它们是在一个、非科学当道的特殊环境中诞生的。同时，人们也应该检讨，如今已经有了如此强有力的技术手段，有了自由宽松的创作条件，创造新结构、新建筑的热情和能力却不似当年。

地域性建筑再现于低潮之中

"大跃进"之后，经济建设进入低潮，国民经开始执行"调整、巩固、充实、提高"的调整经济的方针，基建投资大规模缩减，大型建筑活动已力不从心，只能分散在各地兴建一些必要的小型建筑，这就为地域性建筑打开一扇窗。地域性建筑一般规模不大，可用地方材料减低成本，更有条件发挥设计技巧，与当地自然条件相结合。有些项目采用了拆除旧建筑的旧材料或旧装修木作加以利用，可以在花钱不多的前提下，完成比较有品位的作品。有一些建筑有特殊的使用要求，如接待党政首脑人物的建筑，尽管资金不缺，但都不事豪华，而与当地条件结合。值得肯定的是，有关建设当局并没有在这些方面做出号召，主要是建筑师的自发行为，这样，反而合乎建筑的自身发展规律，我们在建筑历史中会经常看到这种不经号召而取得成就的实例。

这个时期的地域性建筑，上承民族形式后期的地域性倾向，下启"文革"中地域建筑的高潮，成为中国现代建筑历史中地域性建筑成就的重要一环。

■兰州，白塔山公园，位于市中心黄河北岸的白塔山上。早年参加革命的建筑师任震英，曾任兰州市长，1957年被打成"右派分子"。1958年，后任市长指着戴着"右派帽子"的任震英轻蔑地说，"你有能耐把土山变成公园吗？"任说："当然能，但要听我的！"。1958年8月，与一批老工人开始工作，他们利用兰州当地坍塌旧建筑的遗物，以及西关大寺寺门等古建筑拆除的木料，在白塔山上的建筑废墟上，经过精心设计、巧妙组合，陆续建成建筑面积约8000余平方米的公园，仅投资48万元。

建筑群分为三个层台，利用对称的石阶踏步、石壁、砖雕、亭台和回廊等贯连一体，上下通达、层次分明。第一台的回廊两侧，各有重叠交错的重檐四角亭，又称错角亭，因上部屋檐转角45°而得名，这是中国传统建筑中极为罕见的处理手法；循回廊往北，有错综杠杆结构梁架的八角亭。二台牌厦是二台重点建筑，檐下

兰州白塔山公园，1958，任震英。　　白塔山公园七级云斗。　　白塔山公园错角亭。

的"七级云斗"，层层上叠、玲珑剔透，在中国现存的古典建筑之中十分罕见。三台大厅是严整的古典建筑，在主峰的衬托下格外壮丽。一、二、三台东侧是露天剧场，其他建筑，如展览馆等亭台楼阁，成为有机整体。建筑小品，如三角形的东风亭，翼然而立，清新活泼，也在古建筑中极其少见。作者认为，白塔山公园是建筑师、匠人和人民的共同创作。

■武汉，东湖梅岭招待所一号楼、三号楼，坐落在武汉著名风景区武昌东湖旁的坡地上，是湖北省委的高级招待建筑群，原为接待党政最高领导的招待所，现已对外开放参观。这组建筑位于用地宽绰、风景美丽的东湖梅岭，设计标准高，造价几乎没有限制。但作者的设计，几乎没用华丽和昂贵的材料，完成了一件有地方性又有新意的作品。建筑群由高级接待用房梅岭一号（2000平方米）、梅岭三号（多功能小会堂及室内游泳池等4360平方米）、水榭（340平方米）、长廊（450平方米）四部分组成。建筑群依山就势，结合地形；建筑的体型组合密切联系功能，各个房间均可以领受不同的湖景。精心运用普通的地方建筑材料，外观十分简朴，室内的装修，均是一般材料和设备，但气氛非常温馨。

广州建筑师莫伯治于1958年设计建成了广州北园酒家，此后在探索岭南地域建筑方面付出巨大努力，取得了丰硕成果。他的作品，结合当地的气候、地形等自然条件，把建筑融入自然环境之中，甚至看不到巨大的体量；在沟通地域的历史和

武汉东湖梅岭招待所一号楼，主要首长客房，1958—1963，吴庐生、戴复东等。　东湖梅岭招待所一号楼随行人员客房。

东湖梅岭招待所一号楼会议室。　东湖梅岭招待所三号楼会堂入口。

建筑文化融入建筑空间的同时，又赋予建筑以现代性、活力与情趣。1960年代的作品，就有广州泮溪酒家（1960）、广州白云山山庄旅舍（1962）、广州白云山双溪别墅（1963）等，具有广泛的影响，他的作品独获建筑最高学术奖竟达七项之多。

■广州，泮溪酒家，位于环境优雅的荔湾湖畔，将原有的破旧危险建筑拆除，利用旧料重新建筑。占地面积约4000平方米，建筑面积2700平方米。在扩大使用面积和充分合理安排功能的基础上，恰当地运用了中国优秀传统园林建筑的手法，使堂榭山池的布置和设计，洋溢着大众使用者的亲切喜悦气氛，在淡雅朴素中求精美，与旧时园林截然有别。由于酒家是荔湾湖的组成部分，在风景线方面能与湖面

广州北园酒家，1958，莫伯治、莫俊英。

结合起来，互相因借。建筑尽量利用地方拆除建筑的旧有材料和木作，既符合节约的原则，又可以保存流散于民间的建筑工艺精品。

■广州，白云山山庄旅舍，位于白云山脚，为扩大对外交流而设立的高标准招待所。建筑结合山地地形，布局沿着山的纵轴展开，空间组合灵活多变，树木、山石、水面穿插其中。值得称道的是它的现代建筑品格，钢筋混凝土构件轻巧挺拔，玻璃天窗和侧面漏窗，大大地丰富了空间的变幻效果，是岭南园林艺术和现代建筑艺术结合的模范之作。

■桂林，伏波楼，位于桂林敏感的风景点伏波山上，伏波楼又名涛阁，既是众所注目的风景点，又是观赏周围胜境的好去处。桂林的山体尺度较小，在这种位置的设计，很难取得与山体之间满意的关系。建筑师采用了尽量小的体量，同时又采

广州畔溪酒家平面，1960，莫伯治。 畔溪酒家庭院。

广州白云山山庄旅舍，1962，莫伯治、吴威亮。 白云山山庄旅舍。

用钢筋混凝土结构，使得建筑可能有较大的"空虚"部分，使之在小体量之中又透着轻巧，取得了建筑与山体的适当关系。建筑立面由石头的蹬道、台基和石砌外墙组成，融入了自然环境。是在敏感的风景点上结合自然、运用现代建筑手法并结合地域传统的成功实例。

■韶山，毛主席旧居陈列馆，位于距毛泽东旧居500余米的引凤山下，背负群山，掩映于山林之间，与旧居的自然环境融为一体，保持了韶山的原有风貌。平面布置采取内庭园、单廊式，结合地形利用坡地，形势高低错落、与大小各异的内部

第八讲 技术创新

桂林伏波楼远景，1964，莫伯治、吴威亮等。　　　　　　　　　　　　桂林伏波楼近景。

庭园。室与室之间以开朗的庭园和单廊作过渡，紧凑之中有变化。全馆有14个展室，流线明确而无交叉。建筑采用当地常见的小青瓦，挑出轻快而刚劲的屋檐，外墙是较大片的实墙，下部砌筑石头勒脚，局部贴预制面砖。该建筑是广州的作者探索建筑地方性和园林化的可贵尝试。

■青岛，一号俱乐部小礼堂，位于青岛市美丽的海滨疗养区"八大关"路一带，原是专供国家领导人使用的综合性会议场所。疗养区是德国占领时期设立的，有各种形式的低层小别墅掩映于绿化茂密的优美环境之中，在此建设如此庞大的建

175

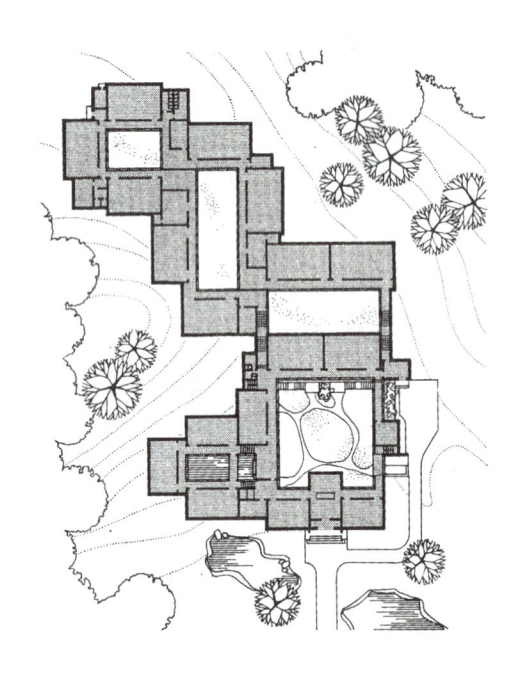

韶山毛主席旧居陈列馆平面，1964，黄远强等主持设计，广州市规划设计部门和华南工学院建筑系合作设计。

毛主席旧居陈列馆入口。

毛主席旧居陈列馆庭院。

筑是对原有环境的一项严重的挑战。建筑师把建筑体量化小，把距离拉开，使得建筑也能像周围建筑与环境一样，掩映于绿丛之中。屋顶采用多种薄壳结构，并施与周围同样的红瓦，造型既新颖又能同环境融合在一起，建筑还大量地采用地方材料石材，整个建筑显示出新结构与地方材料和特定环境密切结合的努力，是探索地方性现代建筑的实例。

其他建筑成就

1958—1964年间，还有多方面的探索，代表了一个时期建筑师在不同方向上的

青岛一号俱乐部小礼堂，1961，林乐义等。 | 青岛一号俱乐部小礼堂局部。

青岛一号俱乐部小礼堂石头连廊。

努力。完成了一批重要大型公共建筑。

■北京，中国美术馆，位于五四大街东端北侧，展出部分有大小展厅17个，展览厅布置在最显要的部位，与其他部分既有方便的联系，又避免了交通流线的相互干扰。

在建筑形式方面，建筑师要反映鲜明的民族风格，要以丰富多彩的形式反映美术创作的繁荣，同时，与附近的故宫景山等环境相呼应。中部突出的四层部分（美术家之家），采用中国古典式阁楼屋顶，其他部分均为平顶，以利于展览馆的顶部采光。在正面门廊及个别几处休息廊，亦采用中国式屋顶加以点缀，从整体上烘托出民族建筑的风貌和文化气息。

■北京，中央高级党校主楼。党校地处北京环境优美的风景地带，建筑群布局

北京中国美术馆，1960—1962，戴念慈、蒋仲钧。

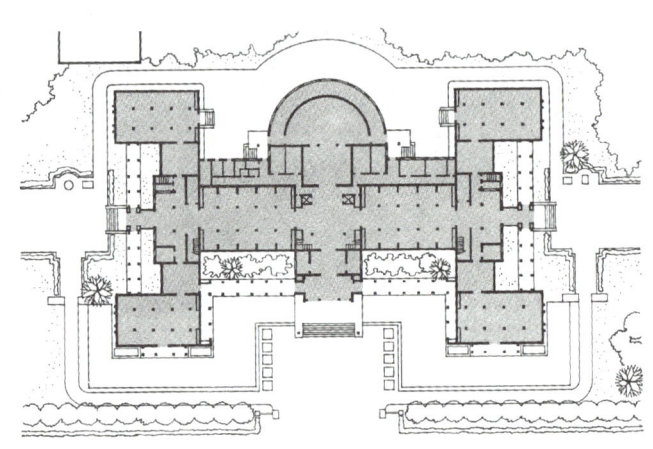

平面图。

基本对称，中轴正对颐和园后山主要景点景福阁，力求与群体协调。主楼集教学、办公于一体，平面组合类似莫斯科大学式的宏大布局，两翼有过街楼连接其他部分。立面采取三段式构图，严整稳健，是一个时期教学建筑的主要模式。

■兰州，甘肃省博物馆。兰州在第一个五年计划期间有十几个大型工业项目，但在市区很少有大型公共建筑建设，该博物馆是国庆十周年"献礼"工程，主要展示省内工农业建设成就，不论在规模和内容上都备受瞩目。重工业厅为18米跨度的门式钢架，其余3层，中部5层为构图中心。建筑比例严谨，檐口、门头有精致的装饰，整体建筑造型雄浑，使人感到有中国西部建筑的厚重朴实。

北京中央高级党校主楼，1958—1962，戴念慈等。

兰州甘肃省博物馆，1958—1959，于典章。

成都锦江饭店，1959—1961，徐尚志。

西安邮电大楼，1958—1960，洪青、杨明根。

■成都，锦江饭店，位于城市中轴干道人民南路西侧，主体9层。建筑后退红线40米，有比较安静的休息环境。建筑的体型和艺术处理，有旅馆建筑的性格，很好地考虑了周围环境，如与周围道路和桥梁有良好的关系。

■西安，邮电大楼，平面呈"八"字形，6层。正面朝向著名的古建筑钟楼，建筑高度为24米，不超过钟楼，以维护建筑环境。建筑造型平稳，顶部有平顶空廊，两端结束处有重檐方亭，与钟楼略有呼应，使得大楼与钟楼有着和谐的关系。

■广州，中国出口商品陈列馆，位于海珠广场，是中国对外贸易的窗口。主楼10层，两翼8层。由于建筑位于路口，平面以"八"字布局，主楼面对广场与开敞

广州中国出口商品陈列馆，1958—1959，林克明、麦禹喜等。　　　南京长江大桥桥头。

的视野。建筑处理简洁，仅以开窗的组合取得虚实效果，靠近门头及其上部略施装饰，属于批判大屋顶之后有探新性质的建筑，在全国有一定影响。

■南京长江大桥桥头。1958年9月经国务院批准成立大桥建设委员会，1960年南京长江大桥开工，铁路桥、公路桥分别于1968年9月、12月通车。大桥全长6722米（公路桥4588米），桥梁跨度突破160米，桥墩深达70—80米。南京长江大桥工程指挥部委托中国建筑学会，就桥头建筑造型等组织设计竞赛。1960年各单位共提出58个方案。经修改综合，形成三个推荐方案：南京工学院红旗方案、南京工学院拱门方案、建筑科学研究院群雕方案，最后为红旗和群雕的组合方案，以1958年提出的"三面红旗"成为主题。红旗高5米、长8米，上下收分，朝向江面。南岸的小塔顶部，设手持毛泽东著作的群雕，预示了"文革"时期的政治性建筑。红旗式桥头的建成，影响了南京市很多工厂的大门和其他建筑，到处可以看到大大小小的"三面红旗"大门。

第九讲

正面观察"文革"建筑现象

1958年"大跃进"之后,接着又是"三年自然灾害",雪上加霜的中国经济,进入一个"调整、充实、巩固、提高"的调整时期。

1963年毛泽东提出"阶级斗争,一抓就灵"。9月,又对文艺工作提出了严厉的指责,说文化部是"帝王将相部、才子佳人部、外国死人部"。1964年夏,这种批判扩大到学术领域。1965年1月,中共中央发布了"农村社会主义教育运动中目前提出的一些问题"(即"二十三条"),"左倾"的政治理论一再升级。毛泽东关于社会主义社会阶级斗争的理论和实践,导致浩劫空前的"无产阶级文化大革命"。

在建筑创作领域,这场浩劫从设计革命开始。

建筑"文革"从设计革命始

文化大革命启动之前的1964年,毛泽东发动了"设计革命运动",1965年全国设计革命工作会议的召开,就意味着全国设计界和建筑界的"文化大革命"已实际开始。

1964年11月1日,毛泽东就"设计革命"作了批示:"要在明年二月召开全国设计会议之前,发动所有的设计院,都投入群众性的设计革命运动中去,充分讨论,畅所欲言。以三个月的时间,可以取得很大成绩。"

设计革命起初的目标,直指我国已经实行十余年引自苏联的"苏修"设计体制。中国仿照苏联模式建立起来的设计体制，经过多年实践，反映出许多不适中国国情之处。当时所反对的苏联框框，一方面是指过去旧建筑体制的框框，实际上也是在政治上反对赫鲁晓夫"现代修正主义的新危险"。设计革命运动是国内设计领域"文革"前站，矛头直指知识分子个人。

设计革命运动认为，从事设计工作的知识分子，大多数是从"家门"到"校门"再到"机关大门"的"三门干部"，这种干部存在着"脱离政治"、"脱离实际"、"脱离群众"的"三脱离倾向"。这些人"争名图利，好大喜功，标新立异，为自己竖立纪念碑"，认为他们的设计"高、大、洋、全、古"、"洋、贵、飞"等。运动认为，这些实质上都是资产阶级思想在设计工作中的表现，是修正主义思潮在设计中的反映。

设计革命采取的步骤是"解剖麻雀"、"下楼出院"。

所谓"解剖麻雀"，是指在运动中具体分析、批判一个选定作品。几乎所有的设计单位都有一些人揭发自己的同行。他们牵强附会，罗致罪名，把设计中本来没有的事情指为罪证。比如，一位姓钟的建筑师在建筑的总平面里设计了一个钟塔，被指为自我表现；更有人在设计图案中找到了"双十"或"青天白日"，那后果就十分可怕了。因而运动中错误地批判了一些建筑，伤害了一大批有能力的建筑师和设计人员的感情。

解决"三门干部"的"三脱离"，具体措施是："下楼出院"、"三结合"、"现场设计"。大部分设计单位派出了设计小分队，奔赴设计现场，在现场与使用单位和施工单位"三结合"，以求得正确的设计，有时设计人员常驻工地，以方便"设计为施工服务"，从而完成设计革命化的全过程。现场设计可以更周详地占有资料，也不失一种可行的设计方法，但客观上又使设计力量分散，工作条件恶化，眼光局限于眼前的施工状况，不利于建筑创新和新技术研究。而"设计为施工服务"的口号，为简化工作、提前工期提供了方便，而牺牲设计质量的现象，经常发生。

"文革"的正式启动是1966年5月16日的"五一六通知"，这个"通知"是毛泽东"砸烂旧世界"的纲领，而"五七指示"则是毛泽东"建设新世界"的蓝图。他期望以这种纲领和蓝图，使中国"天下大乱"而后"天下大治"。1966年底，全国大动乱的局面开始。

第九讲 正面观察"文革"建筑现象

"文化大革命运动"风起云涌，正常的建设基本停顿，全国的设计工作也基本瘫痪。广大的设计工作者，特别是资深的技术人员和技术领导干部，被指为"反动学术权威"和"党内走资本主义道路的当权派"，几乎毫无例外地受到了冲击。

在建筑界，首当其冲的是建筑学会和部长刘秀峰以及他的《创造中国的社会主义的建筑新风格》。《建筑学报》被指为资产阶级反动学术权威和党内的资产阶级代理人物复辟资本主义的工具。而刘秀峰以及他的《创造中国的社会主义的建筑新风格》则是"建筑界的反党反社会主义纲领"。

全国各地的设计单位和高等院校，大体上都对本单位的"反动学术权威"和"走资本主义道路的当权派"进行了残酷的斗争。更为不幸的是，许多教学、科研和设计单位，把知识分子送往各地的"五七干校"，进行"接受工农兵再教育"的劳动改造。此后，又根据各种指令和命令，对上述单位实行"下放"或"战备疏散"，直至解散。建工部所属的建筑施工、建筑设计、科学研究、大专院校等企事业单位，原有38.2万人，下放了29.1万人。代表国家建筑设计和科研水准的、建筑技术力量十分雄厚的建筑工程部建筑科学研究院、北京工业建筑设计院等单位，于1970年遣散下放。这些单位的学术地位和水平最高，受灾也最惨重。实验室的设备，大量散失，成吨的资料图纸被烧毁；科技人员遣散到全国各地，有的当公社的采购员，有的卖洗澡票，几十年的人才和资料积累，毁于一旦。而刘秀峰、梁思成、刘敦桢等干部和专家所惨淡经营的建筑科学研究院及其建筑历史与理论研究所，早在1965年就当作"封资修"的老窝而被倾覆，建筑科学研究院从那时就成为不再研究建筑的建筑单位了，直至解散。

四个视角正面观察文革建筑现象

漫长的"文革"十年间，运动时紧时松，也有"促生产"的时候，所以仍有少量建筑设计需求。尚能被允许做设计的人们，虽然明令要坚决贯彻"适用、经济，在可能条件下注意美观"的建筑方针，但现实中最明确的方针是：突出政治，突出节约。由于"文革"中的"造反派"头头极为关注政治权力，常把经济建设抛在一边，建筑设计事实上形成了一种隐形的地方割据或部门割据状态。在这种状态下的建筑设计人员，倒也可以在有限的条件下发挥才能，在一些局部地区或领域，对建筑做出特定贡献。

"文革"中的建筑现象，可以从下面四个视角做正面观察：政治性建筑、地域性建筑、领域性建筑和建筑的现代性。同时，也应当看到此间所表现出来的建筑现代性，尽管那时现代建筑依然被认为是建筑领域的"阶级敌人"。

一、象征和隐喻的政治性建筑

政治性建筑有两个基本特征：一是建筑的功能是宣传"毛泽东思想"和中国共产党的"路线斗争"，二是让建筑设计表现具体政治内容。

从建筑的本体意义上讲，它表现政治思想内容的能力十分有限，如果硬让它表现力所不及的事，势必引起不适。以往常见的是用图案或符号来表达比较单纯的政治含义，如向日葵、镰刀斧头、红五星等，这些已经不是建筑自身的元素。更进一步，是借助绘画、雕塑等媒介，对政治内容作具体宣示，这就更不是建筑自身的表现能力了。

当时所谓政治性建筑的表现手法，大体上分为两类：一是形象的明喻，二是数字的暗喻。

形象的明喻是指在建筑设计中，将建筑的体量、局部、细部或装饰，处理成具有某种含义的具体形象，让观者从中得到某种含义的联想。数字的暗喻则是用特定数字，来确定建筑的体量、局部、构件或细部的尺寸，企图用这些看不见的数字，表现数字的含义，这就更使观者莫名了。

典型政治建筑是"毛泽东思想胜利万岁展览馆"，群众称之为"万岁馆"；同时还有一些纪念性建筑。在不同的地区，要求建筑反映不同的政治含义。

■成都，四川毛泽东思想胜利万岁展览馆，是中华人民共和国成立二十周年之际，"向毛主席敬献忠心"的"忠"字工程。领导人将展览馆设置在成都市中心明代蜀王府（俗称皇城）旧址，为此，拆除了王府城门以及清代作贡院时期所建造的明远楼、致公堂等古建筑5000余平方米，推倒明代城墙1500余米。

建筑由主馆、检阅台和毛泽东巨像三部分组成。主馆平面呈"中"字形，建筑的两侧原来建有省、市的办公楼再加上检阅台，略呈一个"心"字，毛泽东巨像雕塑就成为心字当中的一点，貌似形成一个大大的"忠"字。建筑立面由四个巨大无

第九讲 正面观察"文革"建筑现象

成都四川毛泽东思想胜利万岁展览馆，1969，西南建筑设计院。

广州广东展览馆。｜广东展览馆路灯的火把图案。

柱头限定的柱状体，谓之"四无限"的，把体量横向分成三段则是"三忠于"；中段有10根红色花岗岩柱子把建筑分为9个开间，隐喻中共中央下达的文件《解决四川问题的十条意见》——"红十条"以及中共第九次全国代表大会的召开；检阅台

185

长沙展览馆。

长沙清水塘展览馆。

清水塘展览馆庭院里的梭镖形路灯。

有23级踏步,隐喻中共中央发布的《农村社会主义教育运动中目前提出的一些问题》——"二十三条";台阶总高8.1米,隐喻"八·一"南昌起义;毛泽东巨像底座高7.1米,隐喻中国共产党的诞生日;塑像高12.26米,隐喻毛泽东的生日12月26日。这是一个十分典型的用数字或文字暗喻的建筑实例,但人们很难察觉如此丰富的内容。今天观者看到的,只是一座建筑所能表达的朴实和雄伟。

■广州,广东展览馆,该展览馆是用具体形象明喻政治理念的典型建筑。位于广东农民运动讲习所旧址旁,建筑表现的主题是"星星之火可以燎原",作者以火把为母题,当作明喻的具体形象。在主体建筑的中央,设一个方形的塔楼,塔顶设一巨大火把,四周设置四个小火把;在建筑的立面上,设置浮雕,上面雕有中国革命的历程;庭院路灯的灯罩,也采用了红色的火把图案;展览馆的铁围栏也使用了

第九讲　正面观察"文革"建筑现象

贵阳贵州省毛泽东思想万岁展览馆，细部有北京人民大会堂的影响。

南昌江西省展览馆。
——
福州福建省展览馆。

排排火把图案，共同加强了这一主题。

■长沙展览馆和清水塘展览馆。"文革"中，长沙被称为"红太阳升起的地方"，这里的展览馆设计，除了用火把之外还大量使用了"红太阳"。如长沙展览馆，两侧为圆形火把，中部有个镶着青年毛泽东画像的红太阳。在清水塘展览馆，一面红旗占据了立面最重要的位置，上面有青年毛泽东的画像。庭院中的路灯，采用农民起义的武器"梭镖"形象。

这类展览馆在全国各地较大城市都有兴建，如今绝大多数都易作商用，这不但证明建筑表现政治性的能力十分有限，而且建筑的所谓政治性也是一种暂时设定。当时有谁能想到，具有如此强烈政治性的建筑，现在竟成为当年的革命对象所有——"自由市场"。

187

郑州"二七"纪念塔，1971，胡诗仙。　　　　　　　　长沙火车站，1977，王绍俊等。

■贵阳，贵州省毛泽东思想万岁展览馆，平面呈横"日"字形，四周的展室围绕着两个庭院，展室相互串通，流线组织灵活。进深6米的柱廊形成建筑的主要立面，使人想到北京的人大会堂。

在其他类型的建筑中，也有大量表现政治的实例，郑州"二七"纪念塔为其一。

■郑州，"二七"纪念塔。为纪念1923年2月7日京汉铁路工人大罢工中牺牲的两位烈士而设立，位于当年悬挂牺牲者首级处，即今之"二七"广场上。纪念碑采用双塔型，两个塔体的平面各为不等边的六边形相互连接，一边为交通厅，一边为展览厅。总高56米，是当时河南最高的建筑。建筑大量采用了数字的暗喻手法：建筑面积1923平方米，喻1923年；两个塔原设计各7层，喻"二七"，后因比例不当改为9层；应群众要求塔顶设两个钟亭，暗喻两位烈士。

■长沙火车站，为线下型通过式车站，建筑严谨对称，中间大厅的上部设立高出屋面35.1米的钟塔，钟塔顶尖为9米高的红色火炬。在设计过程中，火炬飘向的方位成了问题：无论飘向何方都有政治性的不当：如果向西，被认为"倒向西方"；

如果向东，则是"西风压倒东风"。最后决定向上，群众戏称为"朝天辣椒"。这是在大型功能性建筑中运用明喻手法的实例。

二、自发自强的地域性建筑

这里所说的地域性建筑，有双层含义：一是建筑反映当地的自然条件和风土人情；二是建筑师对国情有深刻的理解，真实地反映出当时当地建设条件。建筑崇尚纯朴，毫不铺张，留下一个创业时代的谨慎和清新。

在广州，温和的气候和得天独厚的自然条件，注定具有丰富的园林建筑文化传统，建筑师在探索新建筑的同时，新园林的创造与之并肩而行。这种探索，并不是把园林和建筑作简单的组合，而是将注入一定的使用功能并改善环境。例如，前庭绿化可分隔空间，阻隔噪声，减弱视线；利用庭园做交流空间甚至集会空间；可结合防火考虑庭园、水池的设置等。可贵的是，园林设置与现代生活、现代建筑材料和工艺结合。

广州地区的地域性新建筑，在全国有广泛的影响，一直影响到北方地区。

■广州，旷泉客舍，位于广州三元里，建设地段有温泉资源，是利用原有仓库扩建、改建而成。总平面布置中有多个院落，建筑空间与自然环境结合，主体的公共活动部分是敞开的支柱层，到处有精致的大小庭院与巧妙绿化，使原来没有观赏价值的平地形成为具有自然魅力的场所。客舍的标准层不设会议室和会议厅，利用支柱层开会，减少了会议和文娱活动的使用面积。在这群建筑里，由于绿化的衬托，人们几乎感觉不到建筑立面的存在，简洁的立面处理成为园林环境的一部分，是传统园林与现代建筑相结合的良好范例。

■广州，广州少年宫。在十分简陋的条件下，作者把流水湖畔某化工厂破烂的遗址，变成绿草如茵、内容丰富的科学园地。建筑群的主要特点是：善于利用旧建筑和现有条件，以极为普通的地方材料和朴素的建筑做法，改造成为广大少年儿童向往的"地道"、"航天馆"、"飞机库"、"天文台"等；建筑创作中考虑国情国力等经济性原则，以有限的资金新建科学馆、芭蕾舞厅和园林绿化。设计手法简洁，追求建筑的现代性，创造了令人感到十分亲切的现代建筑。

创作过无数大型建筑的佘畯南建筑师，曾把这项看来"简陋"的项目作为自己

广州旷泉客舍，1972—1974，莫伯治、陈伟廉、李慧仁等。 旷泉客舍底层开敞空间。

广州少年宫大门空间，1966，佘畯南。 广州少年宫活动室，1970。

最重要的设计之一，是作者在困难条件下，胸怀对儿童无限爱心之作。

■广州白云宾馆。为适应外贸需要，广州市成立外贸工程领导小组下设设计组，建筑师林克明为组长，建筑师莫伯治等主持设计。宾馆位于环市东路，33层，高度114.05米，客房881间。低层为大跨度的公共部分，高层为客房。宾馆的前院，保留了山冈和树林，尽量不破坏自然环境，不仅节约了土方，而且使主楼与交通干线之间有一个适当的隔离，保持了主楼的安静。餐厅设内院，院内设水庭，以及各种园林设施。白云宾馆一方面又创中国高层建筑新高纪录，同时也是现代建筑与传统园林结合的先例。

■南宁体育馆，位于广西南宁市邕江大桥附近，与南宁剧场遥遥相望。平面呈矩形，比赛大厅跨度54米，长66米，比赛场地22×34米，容纳观众5450座。场地可

第九讲　正面观察"文革"建筑现象

广州白云宾馆，1973—1975，广州市外贸工程设计组，林克明为组长，莫伯治等主持设计。

白云宾馆入口庭院。

供球类、体操、举重等项目的比赛，同时兼作文艺、杂技演出和集会场地。

南宁地处亚热带，气候炎热多东南风，且体育馆所处位置地势开阔、平坦，建筑采用了自然通风。比赛大厅的大面作南北布置，使热天的主导风向垂直于大厅的长轴面，并将看台底之斜面外露，形成一个阴凉的兜风口；体育馆不作围护墙体，主体建筑的结构完全露明，加上轻巧的金属栏杆和细致的混凝土透花窗，建筑显得灵巧通透。建筑反映出亚热带地区体育建筑的明朗建筑性格。

■桂林，风景建筑。1959年桂林优美的芦笛岩岩洞被发现后，即被辟为风景区。建筑科学研究院建筑师继续了过去的探索，1970年代由尚廓等人在此规划设计了一批风景建筑，以建筑与风景的极好结合，以现代建筑与中国传统建筑的成功革

191

南宁体育馆剖面，1966，广西综合设计院设计。

桂林芦笛岩接待室，1975，尚廓等。 | 桂林芦笛岩水榭。

桂林杉湖水榭，1978，尚廓等。

新，获得了普遍的赞许。

　　作者通过一条曲折多变的环形旅游路线，展现出优美的时空风景序列，使桂林"山青、水秀、洞奇、石美"的风貌，在游程中得以充分展现。风景建筑采用民居常用的两坡顶，吸取南方及广西民居的楼层、阁楼、栏杆出挑等特点；借鉴"楼船"和园林建筑中的"旱舫"等形式处理水榭；运用令人感到十分亲切的小尺度，和清新活泼的体形；体形通透，视线可以穿过建筑看到后面的景色。用钢筋混凝土取代木结构，以典型的现代建筑手法处理整体和局部，采用大大简化成现代建筑形象的南方民居细部，使之具有鲜明的现代感和地方特色。

此外，位于市中心的杉湖水榭，也是一个具有现代精神的小型建筑，建筑与周围的环境完好地结合，突破在园林建筑中惯用的古典式亭榭，使人耳目一新，表现出作者在小型风景园林建筑上探索地域建筑、现代建筑与传统建筑相结合的功力。

三、得天独厚的领域性建筑

十年"文革"之中，需要大量人群聚集的场所，各地建设了一些体育馆，以适应开群众会、文艺宣传等需要。同时，由于中国在联合国合法席位的恢复，以及建交的国家日益增多，外事需要的建筑类型得到重视和发展。负担"国际主义义务"的中国"援外"活动，在"文革"之中依然持续进行。在十年动乱建设凋敝的整体环境下，这些领域及其相关的建筑类型，有些突出的发展，可算是在整体的停滞中局部的发展。

体育馆是继"万岁馆"之后兴建较多的又一类建筑。体育馆可以进行体育比赛，也能适应当时政治性集会的需要，有一专多能的功效。体育馆建筑一向是新结构、新技术的用武之地，但在当时的条件下，创新精神受到局限，其艺术成就不及技术成果。体育馆设计在技术上的进步，奠定了中国体育建筑日后的发展基础。

■北京，首都体育馆，位于北京动物园西侧，1.8万个座位，比赛大厅99×112.2米，比赛场地最大40×88米，屋盖结构为平板型双向空间钢网架。体育馆有许多个"第一"：首次采用百米大跨空间网架；场地设活动木地板，地板下设有30×61米的冰球场，也是国内第一个室内冰球场；第一次设计使用活动地板和活动看台；第一次采用拼装体操台。馆内有空调、冷冻系统、扩声以及转播系统，是当时设施完备、技术先进的大型体育馆。这是一个外表比较简单的建筑，可以认为，是一种被压抑了的建筑形象。

■南京，五台山体育馆，位于南京市区五台山，比赛厅面积5010平方米，1万个座位。八角形平面的大厅，科学地满足了比赛、视线及声学等要求。建筑为三向

北京首都体育馆，1966—1968，张德沛、熊明等。

南京五台山体育馆，1975，南京工学院建筑系齐康等与江苏省建筑设计院合作设计。

上海体育馆，1975，汪定曾、魏敦山、洪碧荣等。

空间网架结构屋盖，建筑造型紧密与网架结构结合。立面设计了少见的厚檐口，檐口与柱子结合在一起，形象挺拔庄重又感到柱子的力度。

■上海体育馆，位于市区西南漕溪中路山环路附近，为适应不规则的地形，比赛馆为圆形，直径114米，可容纳观众1.8万人，采用双层看台，并设近2000个座位的活动看台。在建筑艺术方面，尽量把功能、结构和造型融会贯通，构成统一完整的建筑轮廓。屋盖出檐深远，檐口下面内收，使屋顶显得轻快，力图反映体育建筑简洁明朗的性格。

■沈阳，辽宁体育馆

位于沈阳市青年大街，系综合性比赛馆。双层看台，1.14万个座位，比赛场地32×

沈阳辽宁体育馆，1973—1975，陈式桐、王罗、刘芳敏等。

郑州河南省体育馆，1967，黄新范、李舜华、王国修。

48.8米，室内净高18.1米。平面为24边形，其外接圆直径91米，略成圆形的平面围合方形比赛场地。顶部为6米高的空间网架，由24个板型支柱支持。为使馆内获得理想的人工环境，将四组通风机房设在馆体周围，中间有6米宽的天井，机房和四座出入口大台阶，构成直径为115米的24边形环绕基座，衬托主体建筑形象。

■郑州，河南省体育馆，比赛大厅有5500个座位，屋顶为钢筋混凝土碗形屋盖，上设环形气窗，构图整体感强。简单的立面处理反映出崇尚节俭的风气。

1970年，我国先后同加拿大、意大利、智利等国建立外交关系；1971年10月，中华人民共和国恢复在联合国的席位；1972年2月美国总统尼克松访华，9月日本首相田中访华，中日邦交实现正常化。到1972年底，同中国建立外交关系的国家已有88个，其中有31个是在近两年之内建交的。外交领域的发展，对建筑提出了具体的要求，一方面有使领馆的建设，一方面要有相应的涉外建筑设施，如宾馆、公寓等。

■北京饭店东楼（新楼），位于天安门东侧东长安街和王府井大街西口，是北京饭店的第二次扩建。主楼地下3层，地上20层，单间客房485套，双套间84套。考虑到新楼和旧楼之间的关系，较低的大厅部分在前，以连廊与旧楼相接，主楼退后。

建筑立面檐部贴黄、绿琉璃花砖，底部基座贴花岗岩，中部及阳台，为白色和浅黄马赛克贴面；室内设计具有中国古典建筑风格，如门厅设4根沥粉贴金圆柱，藻井天花，是当时比较高的装饰标准。

北京饭店东楼，1974，张镈、成德兰。　　北京十六层装配式外交公寓，1971—1975，北京市建筑设计院。

在建筑艺术受到压抑的年代，具有深厚中国古典建筑修养的作者，赋予高层建筑古典建筑神韵，也是难能可贵的探索。

■北京，十六层装配式外交公寓，位于建国门外，采用整体式钢筋混凝土双向框架结构，是北京较早出现的装配式高层建筑。建筑采用横向和半凹阳台相结合的手法处理大片墙面。建筑顶部，电梯间和水箱间结合，遮以大片玻璃和混凝土花格，形成一个瞭望廊，并将檐部作重檐处理。公寓具有工业化的简洁和居住建筑的性格。

■北京，国际俱乐部和友谊商店，位于建国门外，俱乐部内设文娱、体育、社交和餐饮设施。建筑采用庭园式布局，前院作重点处理，使用了不同的标高，设亭、廊将庭园分成两部分，有庭院小品供室外活动。建筑外观在当时属于新颖、活泼的造型，建筑体量高低错落，虚实有致。混凝土花格具有朴实的装饰效果，显出俱乐部建筑的开朗性格。

还有一批使馆建筑，成为这个时期引人瞩目的建筑类型。这些建筑有的是国外建筑师的方案，与中国设计单位合作设计。伊朗驻华使馆的布局考虑到防备北京的风沙，在主导风位方向堆起假山，外墙采用北京特有的青砖，在建筑造型方面既新颖又颇具地方特色。巴基斯坦驻华使馆，在实墙上开出具有伊斯兰建筑风格的尖拱，拱内填充混凝土花格，既保持了伊斯兰建筑比较厚重的风格，又透出一些轻

第九讲　正面观察"文革"建筑现象

北京国际俱乐部，1972，马国馨等。｜北京友谊商店，1972，马国馨等。

北京伊朗驻华使馆。｜北京巴基斯坦驻华使馆。

快，具有亚热带建筑特色。由于此类建筑设计涉外，受到干预不多，许多建筑比较活泼、清新，成为北京一道新的风景。

国际交往的增多，交通设施的需求也增多，机场及候机楼严重不足，特别是在一些外宾活动频繁的城市，候机楼建筑应运而生。当美国总统尼克松访华要经过杭州时，杭州机场候机楼的建设成为当务之急。

■杭州机场候机楼，为迎接中美建交、美国总统尼克松访华而兴建，从勘察设计到建成使用，不到两个月。机场位于杭州笕桥，建筑为简单的"一"字平面，流线简洁明确，并有利于快速施工。建筑的框架外露，形成四周列柱，柱间衬以大片玻璃，形象开朗、朴实。与北京首都体育馆相比，具有建筑艺术受到抑制的共同时代特征。

■乌鲁木齐机场候机楼，位于乌鲁木齐西北郊地窝铺民航原址，由于候机室所

197

杭州机场候机楼，1971年12月—1972年2月，张细榜、黄琴坡等。

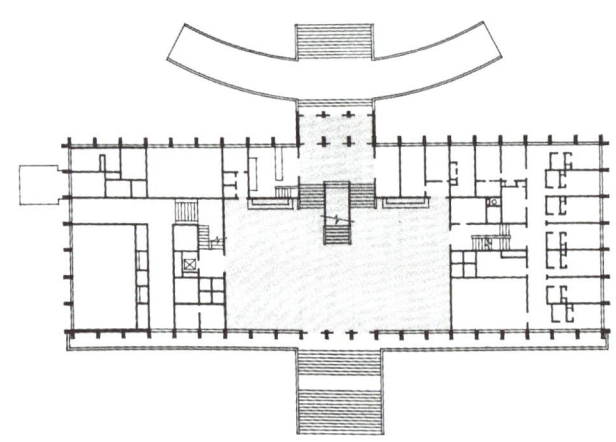

平面图。

在位置的空侧方向低于陆地侧约三米多，因此在机坪方向自然形成了一个基座层，层内正好利用来安排行李房、设备用房以及机务外场工作间等。为利用地形，避免较大的土方，建筑垂直于跑道布置。候机楼简单的水平体量和塔台的竖直体量形成对比，衬托在以天山博格达峰为背景的大漠绿洲环境之中。与杭州机场的候机楼相似，大片玻璃的使用是当时候机楼的普遍做法。

　　文化大革命造成了国内建筑园地的长期荒芜，而援外建筑因其特殊政治意义，即尽"国际主义义务"而继续进行，成为建筑创作的一块独特的国外"飞地"，不仅成为一个面向世界的展示窗口，而且在一定程度上代表了本时期中国建筑设计的高水平。

第九讲 正面观察"文革"建筑现象

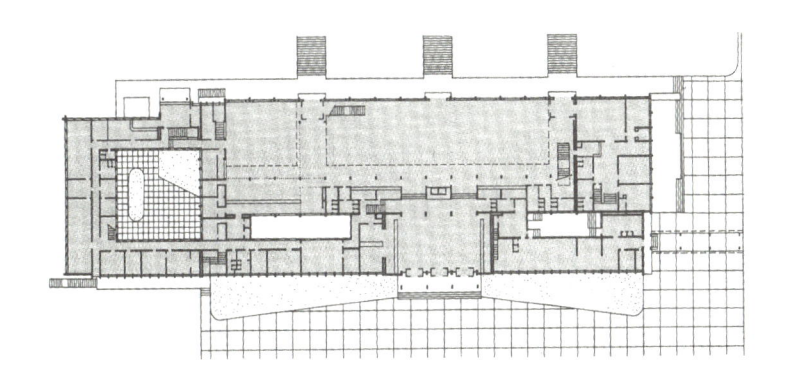

乌鲁木齐机场候机楼，1972—1974，孙国城等。

平面图。

体育建筑是援外建筑成就突出的建筑门类，为表彰中国援外的体育建筑，国际奥委会曾颁发奖杯给中国政府，萨马兰奇也曾赞扬说，要看中国的体育建筑，请到非洲来。在体育建筑的设计中，建筑师做到：能适应不同国家的不同要求，采取国际上比较流行的"第二代体育馆"、"多功能"模式，如叙利亚体育馆，要求兼有会堂和宴会厅等功能，即"一馆多用"。塞内加尔友谊体育场（1975—1985）、塞拉利昂西亚卡·史蒂文斯体育场（1979）等也是这个时期有代表性的作品。

会堂和观演建筑在体现当地自然条件、地方建筑文化的结合方面做出了巨大的努力。中国援外项目，大多在非洲或东南亚地区，具有独特的气候特征。建在不

塞拉利昂西亚卡·史蒂文斯体育场，1979。　　斯里兰卡国际会议大厦，1964—1973，戴念慈等。

同地区的会堂建筑，在总体布局和单体设计上，能采用迥然不同的手法，适应当地的条件，创造良好的人工环境。在表现地方传统建筑文化方面，能充分尊重民族情感，借助传统建筑手法或构件。

■斯里兰卡国际会议大厦，由戴念慈提出的初步方案，吸取了该国康提古都的传统建筑形式，将会议大厅设计成八角形平面，40根大理石柱支撑着向上倾斜的八角形屋盖，正门入口处理成传统雕刻艺术形式。舒展的屋盖、柱廊的韵律和精美的金属柱头，给予优美形象。办公楼则是典型的国际风格，横向水平带窗，通长遮阳板，体量低缓、平展，与会堂形成对比。

■几内亚人民宫，位于首都科纳克里，设2000个座位大会议厅1个，300个座位国际首脑会议厅1个，40—100个座位的中小会议室5个，并设有民主党总部。适应当地的气候，开设了大片通风遮阳的花格，形成简洁的立面。

■扎伊尔人民宫，位于首都金沙萨，有3502个座位的大会堂，800个座位的电影厅。外部有大台阶和坡道直达二层，建筑竖向划分，立面坚挺明快。

此外，还有文化教育、办公、医疗、展览等其他公共建筑类型。例如阿尔及利亚展览馆（1960年代）、毛里塔尼亚青年之家（1970）、毛里塔尼亚文化之家（1971）、阿拉伯也门共和国塔伊兹革命综合医院（1975）、索马里摩加迪沙妇产儿

第九讲 正面观察"文革"建筑现象

扎伊尔人民宫，1979，林开武、单沛圻。

毛里塔尼亚青年之家，1970，刘福顺。 | 阿拉伯也门共和国塔伊兹革命综合医院，1975，陈嵩林、李全卿。

科医院（1977）、坦桑尼亚达累斯萨拉姆火车站等。

四、隔而不绝的建筑现代性

中国建筑师，接受过经典现代建筑的洗礼，并有令人注目的实践表现。由于意识形态原因，现代建筑思想在中国一直受到压抑，"文革"中又被"踏上一只脚"。尽管中国建筑与国际现代建筑运动隔绝了约二十年，中国建筑师与心目中的

201

现代建筑原则隔而不绝，现代建筑是建筑发展的客观规律，也是发展中国建筑的必由之路。

我们已经看到，地域性建筑紧紧结合中国国情和地域条件，并且运用了许多现代建筑的原则和手法，做出了具有方向性的贡献；领域性建筑中，由于新的功能要求，也接触到许多现代事物，特别在援外建筑中，表现出当时可能具有的现代性。

应当深切地感受到，与外界似断还连的广州建筑，所表现出来建筑的现代性具有一定榜样作用。广东邻近香港，且与南洋等海外国家和地区有密切交往，易于接受海外建筑及其技术。作为外贸窗口的广交会，在连绵十年的"文革"动乱里始终没有中断。主管建设的广州市长林西支持建筑师的创新，广州建筑不但在探索建筑地域性方面做出了贡献，实际上正走着一条探索中国现代建筑的正确之路。在现代建筑被视为"阶级敌人"的"文革"年月里，这是难能可贵的坚持。

高层建筑是全面体现建筑现代性的类型，复杂的结构计算、多样而高难的建筑设施以及施工过程等，全面体现建筑领域现代化的成果。广州建筑起到先锋作用。

■广州宾馆，建于白云宾馆之前，是中国当时最高的高层建筑先行之一。位于市中心海珠广场东北角，主楼27层，西楼5层，北楼9层，高88米。建筑立面处理反映了基本使用功能，大片的水平线条使得建筑朴实无华，窗上的水平遮阳板可防止渗水并考虑擦玻璃使用。

在勒柯布西的新建筑五点中，底层的抬起、自由立面之带形窗、屋顶平台等，已经成为现代建筑的经典形式，正因如此，在当时就有人拿这些特征当作划分社会主义和资本主义建筑的标准。甚至指带行窗为资本主义。广州建筑不但在高层建筑率先使用水平玻璃带窗，同时还使用整片的幕墙，并把底层抬起，这在当时却需要很大的勇气。

■广州，东方宾馆（原名羊城宾馆），位于流花路上，原有旅馆1962年建成，1975年扩建，整个建筑群广泛使用了现代建筑的手法，如底层抬起、露天平台等、中部开流畅的带形窗等，建筑轻快而舒展。建筑群之间设置了庭院绿化，有着优美宜人的环境，是现代建筑和地域条件相结合的佳作。

■广州，中国出口商品交易会展览馆，建筑处理力求朴实大方，装修及用料全

第九讲　正面观察"文革"建筑现象

广州宾馆，1965—1968，莫伯治等。	广州东方宾馆，1975，广州市建筑设计院。
广州中国出口商品交易会展览馆，1974，陈金涛、谭卓枝等。	广州火车站，1974，广州市建筑设计院。

部国产，特别值得注意的是立面处理，采用了大片的玻璃，近于玻璃幕墙，这在当时是一种向往新材料的追求，令人感动。可惜的是，由于没有真正的隔热玻璃幕墙材料，致使室内日晒严重。

其他以简朴、实用、经济反映现代精神的建筑有以下几例。

■广州火车站，平面布置注意了建筑的合理功能设置、方便旅客。建筑对称布局，朴素无华，但具有开放的气氛。

■昆明，云南省农垦局招待所，为接待省外的知识青年而兴建，南楼垂直北京路，是当时所忌讳的"肩膀朝街"布置，但取得了南北朝向。南楼是云南第一个采用装配式钢筋混凝土框架剪力墙结构的高层建筑，平面简单，利于抗震。造型简

昆明云南省农垦局招待所，1976，石孝测、涂津。

武汉湖北省计量局恒温楼，1963—1982，胡镇中、时传斗、赵进铎。

洁，用料朴实，具有现代精神。

■武汉，湖北省计量局恒温楼，是在科教建筑中追求现代化的实例。位于武汉市武昌中北路和东湖路路口，先后建造了第一恒温楼和第二恒温楼。第一恒温楼建于1966年，二期工程于1976年完成设计，1982年6月竣工。建筑采用双走道式，将有恒温、防微震及高精度要求的试验室集中于中间，用恒温走廊加空腔墙体保温，楼层则按恒温精度高低，由上至下，既使温度稳定，又节约能源。

五、天安门广场上的建筑句号

1976年9月9日，毛泽东主席逝世，9月中旬，八省市的代表和美术家，开始进行毛泽东纪念堂的选址和方案设计。在前期的准备工作中，大多数设计者把建筑设计成陵墓形式，一般体形较小，外观较实，基本不开窗，无柱廊，瞻仰厅布置在地下。有的以延安窑洞或红五星为主题。有关领导提出，要设计一个纪念堂而不是陵墓，这就加大了体量和造型的可能性。

10月6日，"四人帮"覆灭，不久，中共中央决定建立毛泽东纪念堂，以长久瞻仰毛泽东的遗体。第一轮方案，纪念堂的建设地点有天安门广场、香山、景山

第九讲 正面观察"文革"建筑现象

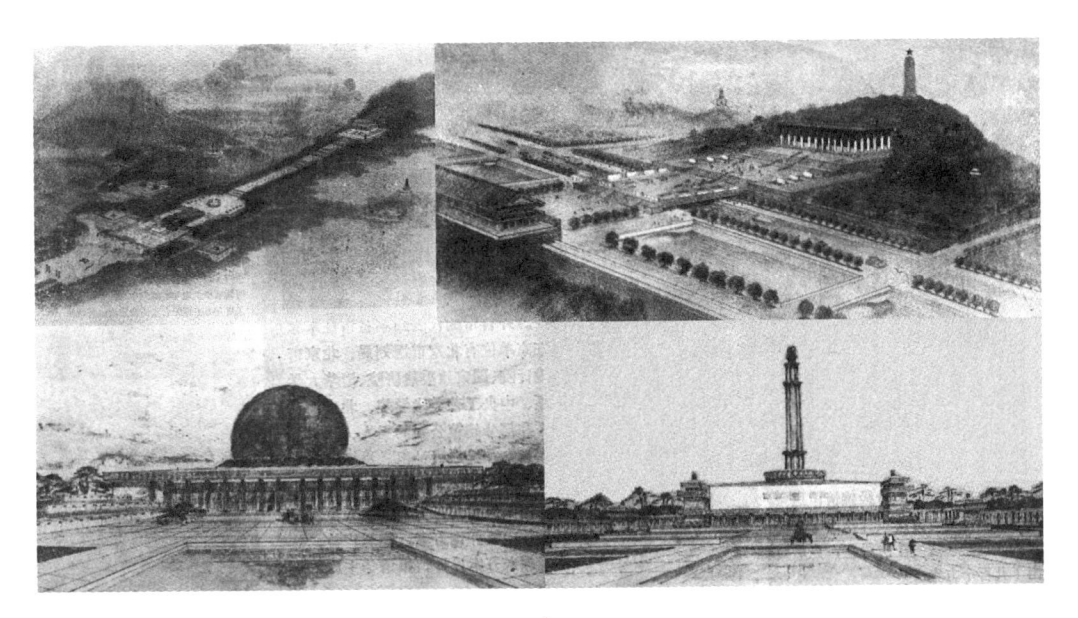

毛主席纪念堂香山方案。	毛主席纪念堂景山方案。
毛主席纪念堂红太阳方案。	毛主席纪念堂纪念塔方案。

等位置；建筑形式有柱廊式、群体式以及其他形式。10月下旬，设计思路逐渐明确：纪念堂的位置设在天安门广场，不拆除正阳门，正方形平面，有柱廊，设台阶等。

纪念堂位于天安门广场的中轴线上，平面为105.5×105.5米的正方形，高33.6米，其中心，距离人民英雄纪念碑第一层平台南台基和正阳门城楼北边线各200米。纪念堂打破中国传统朝南的习惯朝向而朝北，与纪念碑朝向一致。平面布局严整对称，有强烈的中心感。路线通畅便捷，利于参观疏散。纪念堂首层设瞻仰厅，二层设陈列厅，地下室布置设备和办公用房。建筑的立面，由中共中央主席华国锋确定，执行"古为今用、洋为中用"的方针。屋顶为重檐琉璃平板挑檐，檐下44根白色花岗岩石四周柱廊，开间不同；底部设台阶，高4米，选用红军长征时经过的大渡河边四川石棉县红色花岗石做台基，象征"红色江山永不变色"。建筑的总体色彩设置，如红、白、黄等色，与天安门广场现有的建筑浑然一体。

毛主席纪念堂，1976—1977。

    毛主席纪念堂的设计和建设，是改革开放以前官方领导的重大项目，也是"文革"后期建筑设计思想的最后总结，全面体现建筑设计政治挂帅、集体创作、领导审定的先例，以及为完成政治任务不惜代价、设定工期的施工程序等。

    改革开放以后，许多建筑师乃至群众，对于纪念堂的选址、设计都颇有微词。应该看到，它是一个特定政治条件下的建筑现象，纪念堂应该是"文革"建筑的一个句号。

第十讲

小建筑起步，体现了重视国情的大原则

1976年10月"文革"正式结束，1978年12月18—22日，中国共产党召开了第十一届三中全会，划时代地揭开了崭新的历史新篇章。在政治上，确定了解放思想、开动脑筋、实事求是、团结一致向前看的指导方针，果断地停止使用"以阶级斗争为纲"和"无产阶级专政下继续革命"等"左倾"政治口号。做出了把工作重点转移到社会主义现代化建设上来的战略决策，打开了"改革开放"的大门，中国经济由计划经济向市场经济的转型开始。

小建筑起步，掀开新时期新建筑新篇章

改革开放初期，建筑创作中的经济条件和物质条件有所改善，但改善有限；建筑思想有所解放，但力度不大；与国外建筑有所交往，但程度不深；建筑技术和材料、设备有了进步，但仍然相对落后。但是，努力建设"四化"的口号，成为鼓励建筑师实现中国建筑现代化的强大思想动力，他们在现有的条件下，开始了建筑创新的进程。

其前三十年间，建筑界已经形成了执行"适用、经济，在可能条件下注意美观"这条建筑方针的共识，也普遍赞同中国建筑应该"中而新"，而经典现代建筑原则，更是建筑师创造新建筑普遍自觉遵守的设计规律。就是这些简单、朴素的设计思想和原则，指引建筑师开始了新时期的路程。

天津塘沽火车站，1975—1978，
胡德君、张文忠等。

桂林火车站，1977，柳州铁路局勘测设计所。

改革初期的建筑作品，并不刻意追求什么外来的风格流派，事实上外来流派也没有完整地输入进来，但大多数项目，能根据课题性质，考虑现有经济条件，在深入生活调查研究的基础上，做到功能流线顺畅、外形朴实新颖，无浮华，不张扬。今日来看，这些起步性的建筑其规模并不宏大，甚至可以说是其貌不扬，但这是中国现代建筑在新条件下的一次有意义的新起步，是建筑立足国情，立足现代原则的自发行动，是具有历史意义的建筑现象。

鉴于当时的经济条件，有一批规模相当小的建筑，而且多为交通建筑，成为开路的先锋。交通建筑形式并无传统的或固有的模式，它们功能性强，客物流线直接，外观也无需虚饰，因而建筑平面简捷顺畅，立面划分不琐碎，建筑形象十分朴实。契合现代建筑的设计原则。

■天津，塘沽火车站，只是一个最高聚集旅客1500人的中小型车站，平面布局采用分散自由式，结合不规则地形环境条件，以圆形大候车室入口面向塘沽市区主干道。主候车室采用48米跨圆形三角锥钢网架结构，内直接暴露钢网架结构，突出下弦杆之图案，平面中有一面略有弯度的导向墙面，引导交通流线，体现流动空间。为节约投资，内外檐装修都用普通建材，以精心推敲细部适度表现其艺术性。

■桂林火车站，建筑面积只有4549平方米，最高聚集旅客1300人。建筑有一个

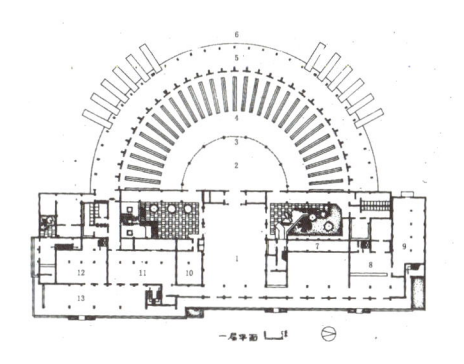

第十讲　小建筑起步，体现了重视国情的大原则

昆明汽车客运站，1979—1983，云南省建筑设计院。　　　　　　　　平面图。

十分简单而干净的外观，但内部空间设计相当丰富。结合当地的气候条件，室内外设计通透，空间和绿化内外交融，有一个良好的候车条件。而外观为简洁、朴实，带有挑檐的方盒子建筑，也是一个时期的共同选择。

■昆明汽车客运站，是一个独特的设计，在分析汽车车站使用功能的基础上，把建筑平面设计成一个矩形和半圆形相结合的图案。人流以最短的路线进入扇形的分配大厅，由此以最大的辐射面扩散到乘车处，体现出车站的人和车，从集中到分散而又从分散到集中的流程，以简单的构图，解决复杂的关系。旅客和行李、乘车和候车，互不交叉、路线最短。半圆与矩形的交接处，设置了两个庭院，以利采光通风，是一个十分理性化又有建筑趣味的交通建筑。

■重庆，白市驿机场航站楼，受局限于地形和应对气候的考量，将通常的候机大厅打碎，做分散式布局，并将多个分散的小候机厅旋转45度，既满足了总图交通转弯的流畅，同时也活跃了建筑体量。在气候炎热，又没有条件采用集中空调的情况下，建筑师采用了便于灵活起闭的小型空调设备，在各个候机厅朝西的窗外，设置了倾斜的遮阳庇荫通风系统，窗子则深深地退到坡顶和栏板之后，即便在最炎热的夏季，西晒阳光仍照射不到后退的带形窗上，这是利用现有适宜技术创造小气候的良好实例。建筑师还以新颖钢雕和有创意的细部令人耳目一新，增强了现代感。

重庆白市驿机场航站楼，1984，布正伟、郑冀彤、张仁武。 | 辽阳火车站，1978，中国建筑东北设计院。

北京首都机场航站楼卫星厅，1979，刘国昭、倪国元等。

■辽阳火车站，是一批小型交通建筑之一。上部立面体量较实，在下部类似"骑楼"的空廊衬托下，显得较为轻快，对于小型车站而言，简洁的建筑立面处理得体。

■北京，首都机场航站楼，上层为出港大厅，坡道解决了交通问题，且营造了一个开敞和包容的气氛；建筑以蓝色基调大玻璃和立柱相间，圆形卫星厅活跃了体量的组合，其室内装饰有明朗的民族色彩。餐厅有多幅壁画装饰，其中有半裸体的形象，引发了争论，反映出当时的艺术家对"禁区"的冲击。

这些建筑虽小，创作环境也不算优越，却具有揭开新时期新建筑的重要意义。小建筑创作条件虽然受限，但相对容易把握，主管长官的行政干预也不算严重。当时的创作思想比较本土化，较少受到外来风格流派的影响，紧扣中国国情。至今，我们也不应当小视小建筑，国际现代运动证明，创新的突破口，往往就在小型建筑之中。

第十讲 小建筑起步，体现了重视国情的大原则

立足现实国情，从现代性出发探索新形象

随着建筑思想的进一步活跃，建筑师开始有意无意地寻求对经典现代建筑的突破，艺术形象逐渐消除了外来经典现代建筑痕迹。由于立足于所在的地域特点，立足设计项目的具体条件，经过深入现场做调查研究得出建筑构思，因而体现了建筑的特异性，也体现了自由创造精神。尽管处于初期阶段，其艺术追求令人难忘。

其实，一些"文革"晚期的作品，已经在起步探索新意，当时的物质条件较差，也是在一些小型、边缘性的类型建筑中，例如动物园这类主流视野之外的建筑中。

■北京，动物园爬虫馆，虽然建成于"文革"末期，但在当时比较寂寞的建筑界引起了很大的兴趣，主流视野之外建筑类型的特有性质，允许建筑师做些自由的发挥，因而有一定的开拓意义。

建筑位于北京动物园内，结合各种爬行动物的习性和生长气候，利用各种手法为动物创造了适宜的生活条件。除了营造种种地形、瀑布、河滩之外，还将暖气管置入假山石、假树木之中，利于动物在北方冬季的生存。

■天津，水上公园动物园熊猫馆，位于水上公园的动物园内，建筑的总体布局和造型，采用了椭圆、圆形和大量的曲线，既可以得到流畅简洁的参观流线，又可引出圆滚滚熊猫的象征性联想。经过调查研究，室内的展笼玻璃自下而上向外倾斜，地面则往里倾斜，可消除视线遮挡并利于清洁地面。光线设计注意到展笼明亮而观众区暗淡，使注意力集中并减弱眩光。主馆立面上下各开一列小窗，既可减弱室内亮度又可组织自然通风。外墙面采用预制船形装饰板，阳光之下具有美丽的肌理。

■自贡，恐龙博物馆，位于中国恐龙化石埋藏丰富的自贡市大山铺发掘现场，第一期博物馆以现代的简洁构思，表现最古老的主题。用化石的堆垒和简练的巨石形体，作为艺术形象的母题。顺应地形，结合化石发掘现场，保留地址剖面，引起人们对远古时代恐龙埋置环境的联想。

■沈阳，新乐遗址展厅，位于沈阳市新乐小区，展厅运用了几何形体的分解与变形，通过实廊与空廊的串连，组成了富于变化的外部体量和内部空间。外部以梯形锥台和三角形锥体两组集合形体组成一组建筑群，以表现远古"新乐人"的"马架"穴

北京动物园爬虫馆，1975，张郁华等。　　天津水上公园动物园熊猫馆，1976，彭一刚。

自贡恐龙博物馆，1983—1986，高土策、夏朗风、吴德富等。　　沈阳新乐遗址展厅，1984，张庆荣、李慧娴。

居文化。空廊外侧镶嵌7块实体面，演绎从"新乐人"时代至今7000年的里程。展厅前面广场的"权杖"雕塑，启迪今人对古代母系社会原始人类创业的敬仰。

■南京，侵华日军南京大屠杀遇难同胞纪念馆，位于南京城西江东门，建筑设计旨在以历史见证遗物和资料来悼念遇难同胞，将骇人听闻的惨剧昭示后人。设计与大地环境紧密结合，以极为简洁的建筑造型，利用空间的闭合和开放、室内外空间尺度的变化，烘托和突出了特定的纪念意义。纪念馆入口迎面"遇难者300000"一行大字，点出令人难忘的沉重的主题。内庭院以大片卵石和草地交织，雕塑"母亲"与枯树突出其间，表达了生与死的主题，沿途的浮雕加强了这一主题，使人触景产生悲愤与缅怀之情。

■北京，国际展览中心，其总图是在极短的时间内定案的，一期工程的设计过

第十讲 小建筑起步，体现了重视国情的大原则

北京国际展览中心，1985，柴裴义、张天纯、林慧姬。

南京侵华日军南京大屠杀遇难同胞纪念馆入口，1985，齐康、顾强国、郑嘉宁等，东南大学建筑研究所与南京市建筑设计院联合设计。

程也相当短促，建筑单方造价比甲方在规划场地范围内添建的临时性展览厅还低。从展览功能出发，建筑适于采用简单的方盒子，为了打破"方盒子"的呆板格局，作者在每两个方盒子之间插入连接体，安排入口和门厅，入口处有突出的拱形门廊，上面飞架圆弧形额枋；方盒子四角局部切削，装上玻璃窗；外墙上部是外凸的高窗，下部为斜向内凹的低窗。在简单的体量上运用现代建筑艺术的处理手法，获得了繁简得体的建筑效果。

■北京，第四中学教学楼，位于北京西城区西什库大街，规模为30个班的现代化中学。教室的设计按最佳座位区的方法，把教室设计成边长为5.4米的六角形，因为在面积相近的情况下，六角形教室使学生视听效果最佳，较好的座位数所占比例比矩形教室大，因此出色地解决了此种规模的教室中课桌排列形式与视角、视距、黑板长度的关系，且获得了教室门前的缓冲地带。科技实验室按每一层一科，依各科不同的房间数，自然构成台阶式建筑，造型别致。

现实的技术观，低技术和适宜技术并用

中国建筑师长期在"短缺经济"和封闭的创作环境中进行工作，因而造就了"自力更生"的思想和方法，"因地制宜"和"土法上马"，已是他们的工作常态。

北京第四中学教学楼，1985—1987，黄汇、程玉珂、徐禹明等。

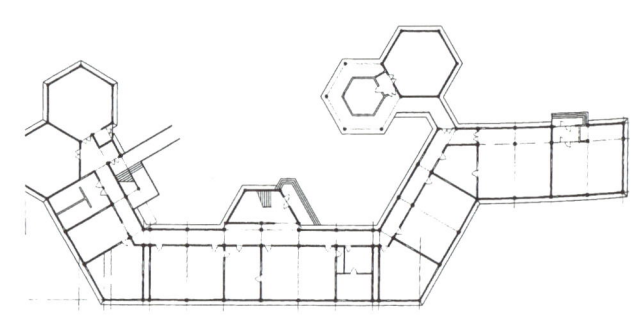

平面图。

他们所沿用的建筑技术，基本上属于我们今天所说的"适宜技术"和"低技术"。

改革开放之初，建筑师们渴望建筑的"现代化"，却又缺乏先进的建筑技术和设备，很自然地沿用现有的技术条件，低技术和适用技术并用，作为创新的基础。

■甘肃，敦煌航站楼，地处干旱少雨的戈壁沙漠，建筑师借鉴当地土堡、内天井等民居式布局，让旅客大厅的窗户少而又小，封闭的外墙可以防范风沙。圆形综合楼，沉入地下，也可以有效地阻挡风沙，防止太阳辐射和自身的热损耗。建筑师不但采用符合国情的技术手段，而且在装饰艺术方面，很好地体现了汉回藏维民族杂处地区的人文景观。

第十讲 小建筑起步，体现了重视国情的大原则

甘肃敦煌航站楼，1983—1985，刘纯翰等。
甘肃窑洞建筑，办公建筑，任震英。

在我国的西部地区，有许多采用民间技术、地方材料建成的不同类型的建筑，窑洞建筑就是鲜明的一例一类。窑洞建筑节约能源、冬暖夏凉；有利于防火、防风、防泥石流；没有噪声和光辐射、很少空气污染和放射性物质污染。

建筑师任震英长期从事新窑洞的研究，并取得丰富的成果。白塔山庄窑洞居住小区，探索了新式的城市型窑洞住宅生活区。布局依山就势，爬坡而上，节约土地，不破坏地表植被，有利于保护生态环境，显示了人类"重返浅层地下空间"的特殊魅力和黄土高原的雄浑气势。

陕西省礼泉县烽火大队窑洞农房和学校、四川道孚县藏族康房等，同样就地取材、施工简便、冬暖夏凉、节约能源、有利于保持生态和保护环境。这些地方性设计方法,值得纳入全面的技术观,成为新形势下综合技术的重要组成部分。

与小型建筑起步的情况一样,改革开放初期这些立足国情、立足此地追求建筑现代化的建筑,不论在规模、指标上都很不起眼,更无"豪华"可言,也许一些实例在新的一轮建设大潮中早已被推倒,但那是一个发展中国家建筑现代化的重要起步,将以健康的步伐走出中国现代建筑之路。

整体建筑语言,建筑艺术中构思统一

这里有一个看似无关宏旨的问题,值得今天的建筑设计工作参照,那就是整体建筑语言问题。建筑作品,从总体空间布局,到单体建筑的体量、空间构图,再到内外界面和细部,甚至到内部的桌椅板凳,应当有统一的艺术构思。这需要运用整体建筑语言,才能构成一个不可分割的建筑艺术整体。中国建筑师的创作过程中,有一直跟进全过程的优良传统,并在室内外设计中深化整体的构思,这一作风,在改革开放之初的创作中得以恢复。这不仅是一种建筑手法的恢复,也是建筑文化观念在创作中的恢复。

可惜的是,这种完整建筑语言的作风,在建设的大潮中泯灭了。在工期、利益或业外指导等原因的支配下,建筑师丢却了整体统一构思,本应完整的艺术作品被解体了。建筑师把建筑设计的空壳子,交给了装修公司,而总图环境交给了环境艺术公司。由于对原始的建筑意图了解不深,或者索性各显其能,推广产品,追赶工期等,使得建筑艺术质量大大降低。

这里举出新时期处理整体建筑语言的几个优秀实例。

■曲阜阙里宾舍的室内设计,与建筑设计一气呵成。除了厅堂之内古朴的陈设外,回廊的栏杆采用手工打制的金色铜锣作装饰,意趣古雅而深远,点出孔子的礼乐思想。厅堂和客房的灯具,乃建筑师自行设计,用钢筋作支架,外敷以白色麻布,让人想起古代的竹架纸灯。建筑师这种从宏观入微观的整体建筑语言,使之成为完美的艺术统一。

■上海西郊宾馆睦如居的室内设计,基本格调与建筑外观一致,以尺度亲切的江南民居定位,更多地注入现代精神,使朴实中透出精致。建筑师也是自行设计灯具,以精细的木工和油工灯框,配以乳白玻璃,也能做古代白色灯具的联想。

第十讲 小建筑起步，体现了重视国情的大原则

曲阜阙里宾舍，1985，用铜锣设计的栏杆，戴念慈、傅秀蓉、杨建祥等。

上海西郊宾馆睦如居，1985，成套灯具设计，魏志达、季康、方菊丽等。

上海电影技术厂录音楼，1985，郭小苓、刘呈莺、徐之江等。

■上海电影技术厂录音楼，其室内装饰紧紧依托建筑的特定功能，没有无关的虚饰。录音楼对于音质的要求十分严格，恰恰这些要求与室内设计的地面、墙壁、天花等要素的设计有至关重要的关系。天花、墙面材料的使用、形状和部位，均符合科学要求，同时又不失色彩和造型的美观。

新疆的一批建筑，从总体到局部，能够使用整体的建筑语言，将传统伊斯兰建筑语言加以提炼、抽象，贯彻到细部和室内设计之中。

传统之再复兴，被砸烂之后的反弹

"砸烂"传统，是"文革"中的主要"革命行动"之一，由于对古建筑和文化遗迹破坏殆尽，使得社会对古建筑的复兴或传统建筑形式的再现，有很大的期待或包容性，在建筑中重新启用传统建筑形式，作为解决千篇一律的手段之一，也是顺理成章。新时期古典建筑反弹的浪潮中，不论在理论上还是实践中，真正复古性质的建筑极少，多数贯彻了创新的思路，尤其在特定的地区如古城西安、曲阜等地和特定建筑师，有明显的新成就。

乐山大佛寺楠楼宾馆，1980，
沈庄、章光斗、黄学武等。

西安青龙寺，1982，张锦秋、管楚清。

■乐山，大佛寺楠楼宾馆，建于大佛寺内，正殿右侧，面对峭壁，用地狭窄。作者采用凿石穿岩的方法，利用天桥使楼层与台地花园相连。在用地狭窄、空间闭塞的条件下，创造了一个具有内庭、外院、台地花园、悬崖石洞等等变化丰富的空间和环境。建筑采用了四川传统建筑形式，使得新旧建筑浑然一体。室内陈设用竹藤家具，四川陶瓷器皿等，富有浓郁的地方特点。

■江油，李白纪念馆，位于李白的故乡江油县，有大小项目二十余项组成。建筑形式采用仿唐风格，力求做到仿古而不复古，既有古代建筑环境的意趣，又有现代园林的景观。

■西安，青龙寺，位于古名胜区乐游原上。西安作为唐代古都有深厚的唐代建筑传统，但地面遗存不多，建筑师在复原研究的基础上，做出有开拓性的仿唐建筑，开地区唐式建筑之先河。

■西安，大雁塔风景区"三唐工程"，包括：唐华宾馆、唐歌舞餐厅、唐代艺术陈列馆。运用传统空间和园林手法，发掘唐代建筑形式，并使之与现代化的公共建筑功能、设施、材料等结合起来，形成西安地区特有的"仿唐"建筑，是西安建筑继承传统、注入现代性的共同成就。

第十讲　小建筑起步，体现了重视国情的大原则

西安大雁塔风景区"三唐工程"，唐华宾馆入口正面，1984—1988，张锦秋等。

大雁塔风景区"三唐工程"，唐歌舞餐厅西立面。

大雁塔风景区"三唐工程"，唐代艺术陈列馆主院。

■西安，陕西历史博物馆，用地104亩（6.93公顷），建筑面积4.58万平方米，文物收藏设计容量30万件。作为文物保护和陈列机构的同时，兼有学术交流、科学研究、科普教育和文化休息的作用。尊重环境和历史文脉，以简约的平面构图概括表现传统宫殿建筑群体的"宇宙模型"。以"轴线对称，主从有序，中央殿堂，四隅崇楼"的章法，取得了恢宏的气势。由于注重了诸多传统因素与现代的结合，体现了古今融合的整体美感。

■曲阜，阙里宾舍，位于曲阜城中心，建筑西临孔庙、北临孔府等重要的历史文物建筑，故在建筑中采取了甘当配角的策略，在布局、体量、尺度和色彩等方

219

曲阜阙里宾舍，1985，戴念慈、傅秀蓉、杨建祥等。 | 曲阜阙里宾舍，门厅。

西安陕西历史博物馆，1984—1991，张锦秋、王天星、安志峰等。

面，与古建筑群融为一体。宾舍运用了现代建筑结构体系，中央大厅的十字脊屋顶，采用了四支点正方形壳体结构，外部顺理成章恰好形成歇山屋顶的十字屋脊，内部自然形成伞形空间，没有通常在处理传统屋顶时与结构的矛盾。大厅中央放置一座出土文物复制品——战国早期"鹿角立鹤"，点出古代文化源远流长并以欢迎宾客，体现"有朋自远方来，不亦乐乎"的意境。回廊的栏杆用中国乐器铜锣作装饰，点出孔子的礼乐思想。正面主题性壁画创造了室内的文化氛围。

■北京图书馆新馆，1970年代之初开始筹建，许多专家参与了方案工作，如杨廷宝、戴念慈、张镈、吴良镛、黄远强等。位于北京西郊紫竹院公园北侧，采用了高书库、低阅览的布局，形成了有三个内院的建筑群，吸收了中国庭院式的手法，呈现出馆园结合的优美环境，中国书院的特色。建筑构图严整对称，各种屋顶丰富了构图，屋顶进行了简化，使用了明朗的蓝绿色，呈现出新意。

■大理州民族博物馆，建筑布局结合了馆址环境条件，借鉴白族民居"三坊一照"、"四合五天井"的传统建筑形式，按照使用功能，划分为几个区域，又围绕构成一个或几个庭院，庭院间用柱廊相连，可以通往建筑群的中心建筑——古典楼阁建筑珍宝馆。建筑采用了白族建筑的传统装饰，具有浓郁的地方特色。室内装修采用地方民族工艺材料，如蜡染、草编、木雕等。

■银川，南关大清真寺，是改革开放之后较早建立的宗教建筑，属于中国回族地区的传统形式建筑，主要设计人员也都是回族人士。建筑坐西朝东，平面呈方形，分两层。底层形成一个大平台，内设沐浴、办公、学习用房，二层为礼拜堂，立面有5开间的尖拱大拱廊，在平屋顶中央设直径9米的绿色穹顶，四周各设一个小穹顶，具有穆斯林传统建筑风格。

为适应旅游事业的发展，在许多旅游景区，特别是古代的遗迹所在地，以复原的名义建设了一批类复古建筑。其中比较典型的有两类：一是古代建筑景点的复建如武汉黄鹤楼；另一类是形形色色的一条街，以北京琉璃厂文化街为代表；此外还有景区周围的附属建筑。由于这些古建筑形式乃今人所造，反对此举的人称之为"假古董"。反对假古董的人，主要是因为现有亟待保护的真古董没有保护好，对于在建设浪潮之中对古代建筑遗迹的破坏深感焦虑，认为在破坏真古董的同时修建假古董有悖常理。主张修建假古董的人士认为，为了旅游的需要，可以取得一定的经济效益。

■武汉，黄鹤楼重建，位于武汉市武昌蛇山，相传黄鹤楼始建于三国，历史上屡建屡毁，最后一座古楼毁于1884年。楼高51.4米，钢筋混凝土仿木结构，楼体造型"四望如一，层层飞檐"、"下降上锐，其状如笋"，保持了明清黄鹤楼的基本风貌。楼前修复了六代白塔一座，楼后新立古黄鹤楼铜鼎遗物。

各地形形色色的一条街可以说风起云涌，继北京琉璃厂之后，天津建起古文化

北京图书馆新馆，1987，杨芸、翟宗璠、黄克武等。

大理州民族博物馆，1987，毛昆、周东华、徐志媛等。

街、食品街、服装街，开封出现宋城等，不胜枚举，许多项目受到专家的质疑。

■北京，琉璃厂文化街，位于西城区和平门外，是中外驰名的集中经营书画、碑帖、古玩的商业地段，第一期全长500米。共有54家店堂。琉璃厂街按步行街布局，街宽8—12米，沿街两侧的店铺均为1—2层，全部按清代乾隆年间的面貌改建，采用北方店铺、民居形式，自然形成错落的轮廓。屋顶有坡顶和平顶两种形式，坡顶用硬山小卷棚，平顶为冰盘挂落檐。外廊形式多样，分别装饰沥粉贴金彩画和苏式彩画。

■天津古文化街，位于南开区，宫南、宫北大街，是天津市商业活动的发祥

第十讲　小建筑起步，体现了重视国情的大原则

| 银川南关大清真寺，1981，姚复兴等。 | 武汉黄鹤楼重建，1978—1985，向欣然、郑锦明、袁培煌。 |
| 北京琉璃厂文化街，商店内院，1985，张光恺、梁震宇等。 | 天津古文化街入口，1986年，杨令仪等。 |

地，1985年对两街进行了修复，并与一道修复的天后宫（娘娘庙）及宫外戏楼广场，形成了一条长达687米的古文化街。文化街的修复因地制宜，依照小街走向顺其自然。店铺大小不拘、参差错落，采取重建、修复、装饰等不同手段。南北两条大街在天后宫前相汇，形成宫前广场，并与戏楼及河岸相通，构成了层次丰富、转承自然的建筑空间序列。广场采用不完全对称布局，两根直插云天的幡杆成为空间构图的轴线，引发人们对昔日祭海的联想。

■南京，夫子庙古建筑群，位于南京市旧城城南秦淮河北岸，原为宋、明府学所在地。清代学府他迁，此处改为江宁、上元两县县学，并在其周围形成繁华的

223

南京夫子庙古建筑群，1986，潘谷西、叶菊华、王文卿。

商业区。日寇占领南京，庙市俱毁，仅留有明德堂、青云楼等少数建筑。抗战胜利后，此处仍为热闹的摊贩市场。1980年代中叶，按上、江两县县学规制予以恢复，重建了棂星门、大成殿、尊经阁、敬一亭、聚星亭、魁光阁及东西市场等，使之形成一组完整的具有清代江南风格的建筑群，作为各种展览、演出等文化活动以及销售地方工艺品的场所。

第十一讲

新地域性

　　我们已经多次谈到地域性建筑，认为它是中国现代建筑发展过程中十分健康的类型。在提倡"民族形式"建筑的1950年代，就有传统民间形式的"小式"建筑与"大式"的宫殿式大屋顶建筑相抗衡，纠正"复古主义"的浪费现象。在"大跃进"之后进入国民经济调整时期的1960上半叶，各地又有一些地域性建筑出现，为经济较差、物质匮乏的创作环境添加了优秀的作品。跨"文革"十年的1970年代，中国建筑师又在特殊的创作环境里，留下了地域性建筑闪光的一页。自改革开放以来的1980年代起，各地建筑师更是自觉地进行地域性建筑的探讨，并取得了广泛的成就。这一切似乎已经在明确地提示人们，与国情和当地实情相结合的建筑创作，将是中国建筑独步世界建筑的宽广大道。

　　地域性建筑有一些最基本的特征，例如：第一，它有效地回应当地的地形、地貌和气候等自然条件；第二，它运用当地的地方性材料、能源和建造技术；第三，它吸收包括当地建筑形式在内的建筑文化成就；第四，它有其他地域没有的特异性，并且具有明显的经济性。可以看出，做到了这些，建筑就会有独特的品质，包括建筑形式在内。正因为如此，地域性建筑成为中国建筑师持续关注的课题，也是成就突出的侧面。

　　新时期的1980年代，为建筑创作的繁荣增添了光彩。改革开放之后的十余年间，可以明显地看到已经有几个比较活跃的建筑地区。

福建武夷山庄，1980—1983，齐康、赖聚奎等，南京工学院建筑研究所和福建省建筑设计院。

福建武夷山庄，庭院。

福建：风景区和大城市并举

在福建地区，南京工学院（今东南大学）的教师齐康、赖聚奎等，及当地设计单位建筑师黄汉民等为代表的建筑师群体，较早地迈出了探索的步伐。他们的作品特别看重当地的自然环境，把建筑融入具有当地特色的风景里。同时，他们发掘当地的建筑样式，结合现代技术和审美意趣加以提炼，产生新的形式。他们还应用当地的建筑材料和做法，维持了地方建筑文脉。早在1980年代，福建地区建筑的地域性就已经有了显著成果和影响。

■福建，武夷山庄，位于武夷山自然风景区崇阳溪畔，由于地处优美的风景区，建筑与特定的风景环境和乡土建筑文脉有机结合，体现武夷山"碧水丹山"的独特风貌。单体建筑的组合与设计，借鉴、发展了闽北传统民居空间布局形式，使用地方材料如石材、竹材等，做坡屋面、悬梁垂柱等形式处理。在室内设计方面，突出主题意境，发掘砖雕、石刻、木雕、竹编等传统技艺，塑造内部环境，提升了艺术和文化品位。在改革开放的初期，该作品有一定的示范作用。

1990年代，"武夷山"的主题又有新的发展，建筑师在原有的基础上力求出新，

福建武夷山庄，室内。

如武夷山九曲宾馆。

■福建，武夷山九曲宾馆，位于武夷山自然风景区的中心地带，规划设计因地制宜，建筑的空间组合、地方材料的应用、造型风格上均与自然环境融为一体，使建筑成为环境的一部分。与1980年代的山庄相比，建筑更多地保存了传统的文脉和结构，在建筑的形象处理和细部设计方面，有许多新的提炼，在地域建筑中反映出更强的现代精神。

■福建，长乐县下沙海滨度假村"海之梦"。小型建筑在设计中拖累较少，构思和实施更加自由。"海之梦"建筑面积仅250平方米，建筑师运用似海洋生物曲线的有机形态，抽象组合成一种梦幻式的体形，这在当时有一定的先锋性。同时，该建筑的抽象形体与其下方的传统小庙互为衬托、相得益彰，传统与现代共生。

■福州，福建省图书馆，建筑平面对称，为适度的集中庭院式布局。四层高的中庭，对两侧庭院开敞，内外空间流通，适合南方温暖的气候。入口部分用高墙围出一个半圆形露天空间，使读者进入图书馆前有个空间过渡，也隐喻了福建土楼。建筑立面的女儿墙上，汲取闽南民居屋顶分段升起的手法，丰富了建筑的天际轮廓。在底层基座部分饰以花岗石面，间红砖横缝，继承闽南传统建筑的装饰效果。

■福州，福建省画院，坐落在福州市中心乌山脚下、白马河畔，建筑总体布局

福建武夷山九曲宾馆，1993，齐康、张宏等。

福建长乐县下沙海滨度假村"海之梦"，1987—1988，齐康、张宏、郑昕等。

福州福建省图书馆，1989—1995，黄汉民、刘晓光、王小秋等。

福州福建省画院，1990—1992，黄汉民、梁章旋、金华元等。

借助城市山水环境，景色优美。为适应南方气候特点，采用对内开敞的自由布局，吸取福建传统民居和园林的处理手法，将建筑沿周边布置，围出大、中、小三个庭院。院内水面、曲桥、绿地、叠石有机结合，内院空间互相连通，层次丰富。外观突出地方传统语汇，如仿汉阙式的入口形象，曲面蓝色屋顶，花岗岩石柱以及外墙条形砖贴面等。

■福建，南平老年人活动中心，位于风景秀丽的闽江畔，九峰山下，有九峰索桥从南面凌空而过。中部三层是主体建筑，采用错层布局，每走半层就到一些厅室，适于老年人使用。大厅外设宛如船舱的拱形葡萄架及供老年人垂钓的船形

福建南平老年人活动中心，1985—1986，陈政恩、周以文、廖中平。

钓鱼台。建筑设计立意新颖，白墙交错如帆，阳台叠落似舟，寓意着古老渔村或渔舟待发。

江浙：主流地区的传统和现代

江浙民居建筑，粉墙黛瓦，清丽朴实的建筑形象，一直受到建筑师的偏爱，也可以说是我国"江南风光"的代表，享有全国地域性建筑的主流地位。进入新时期以来，这类创作由过去模仿个别要素，如马头墙、青瓦顶、漏窗等，发展到融入总体环境以及加入现代因素。在上海这样的大城市，地域性建筑也有特定的表现。

■杭州，楼外楼，始建于清代光绪年间，因"山外青山楼外楼"诗句而得名，周恩来曾指示楼外楼的修建要有民族形式。建筑依山而建，利用自然高差布置平

杭州楼外楼，1979，严佩堃、沈之翰。

无锡太湖饭店，1984—1986，钟训正、孙钟阳、王文卿等。

无锡新疆石油工人太湖疗养院五号疗养楼，1985，卢济威、顾如珍、李顺满等。

绍兴饭店，庭院，1987—1990，陈静观、谢永锦、龚景超等。

面。由于建筑地处西湖游览地带，东临西泠印社，建筑采用南方当地传统建筑形式，吸取园林手法，运用现代材料及技术，使得传统建筑焕发新颖神韵。

■无锡，太湖饭店，总入口在山东麓，解决了主要车流不需上山及大面积停车问题。建筑自山顶平台向东和东南坡延伸，将体量化整为零，按坡势分两区迭落。在太湖主要景区所见，新楼露出山头之体量甚少且较灵巧活泼，建筑寓江南地方特色于现代建筑之中。

■无锡，新疆石油工人太湖疗养院五号疗养楼，位于无锡市马山、檀溪、驼南山的东南坡上，面向美丽的太湖。建筑以两层为主，依山就势分布，建筑取江南民居之构图，在细部融入了简朴的现代建筑的手法。

■绍兴饭店，原系绍兴市政府招待所，改建时充分尊重传统建筑的"灵霄社"建筑群，保留其整体布局及特有的庭园式建筑空间艺术风格。新建的各部楼与旧有建筑紧密结合，组成10处庭园空间。主庭院空间以水面为主题，回廊曲桥穿插其间。绍兴小巧的乌篷船可以从饭店水园摇向城区水网河道。建筑外观粉墙青瓦，错落有致，古朴典雅。室内装饰具有古越民居的韵味，大堂装饰以"兰"为主题，餐厅以"咸亨酒店"命名，富有地方情趣。

在上海这样具有外来影响的大城市，不但在公共建筑中有主流的西洋古典建筑，同时，由于地处江浙地区建筑传统影响之下，也延续着当地民居特征的地域性建筑。

上海有些场地，具有外来地域性建筑文化环境的脉络，建筑师也充分注意到这种环境，并做出反应，也应为地域性建筑之一，像龙柏饭店。

■上海，西郊宾馆，位于上海风景优美的西郊，新建设有"睦如居"、"怡情小筑"等组合成庭园，互为对景。建筑造型，取江南民居中坡地的处理手法，使高低起伏的屋面形成优美的轮廓线。简化传统细部构件，使之呈现新意。建筑依照江南民居之青瓦、粉墙、石头勒脚，局部墙面饰以虎皮石墙。在室内设计方面，不同房间各有特色，突出地方做法，如木制的灯具，设计精美且具有现代感。

■上海，龙柏饭店，坐落在上海西郊，为专门接待外宾的旅游旅馆。基地原为私人花园别墅，具英国庄园风格，后为接待外宾的俱乐部。因园内芳草如茵、龙柏雪松可观，故此命名。新建筑的布局与原有的环境结合为一体，建筑的功能布局、室内外空间关系、建筑造型、装饰材料，都从"地方"出发，形成有英国和中国园林相融合的上海地方风格。

■天台赤城山济公院，位于中国著名的风景区浙江天台山的中心风景点赤城山，著名佛教圣迹，其中瑞霞洞相传为济公显圣的地方。基地地形极为复杂局限，设计紧密结合地形，分置各部在6个不同标高的台地上，布局闲散自若。建筑群体之间，用游廊和展廊穿插交接，建筑体量、空间处理，既无先入之见，又无明确的几何属性，适应山势地形构成完整的图画。

天台赤城山济公院，1988—1989，
齐康、陈宗钦。

上海西郊宾馆，睦如居，1985，
魏志达、季康、方菊丽等。

上海龙柏饭店，1980—1982，
倪天增、张乾源、胡其昌等。

川陕：民居是建筑风格的源泉

地域性建筑的许多特点，都体现在民居中，许多建筑师认为："民居是风格的源泉。"在民居中寻求地域性建筑的创作灵感，始终是中国建筑创作中有希望的方向。

■仪陇，朱德纪念馆，位于四川省仪陇县，建筑布局如当地民间宅院，但采用钢筋混凝土结构，仿照民居的形式，尺度亲切，造型朴实，符合这位革命家的性格。

■四川，九寨沟宾馆，位于四川省阿坝藏族自治州九寨沟风景旅游区，客房为

仪陇朱德纪念馆，1982，杨星海、张文聪、孙嘉瑞等。

四川九寨沟宾馆，1985—1988，赵擎夏、刘小明等。

四川九寨沟宾馆室内。

景洪傣族竹楼式宾馆，1984，石孝测、赵体孝、张涓燕等。

两组基本相同的四合院和一座三层楼组成，并以藏式亭廊将各组建筑联系在一起。山泉水流引入庭院，融合于背山面水的优美自然环境之中。由于地理和气候条件的影响，藏居具有外向封闭、内向开放的特点。宾馆朝北立面设置小窗，并加上象征吉祥的牛角窗套，使北墙的防寒功能与立面的需要得到统一。由于此处日照条件较好，朝向院内的东南向尽量开大窗。室内装修使用了当地出产的木料、石材。多功能厅挂置了藏族寺庙所习用的布幔；木装修取材于当地藏族堆码柴禾呈1/4圆树枝的图案，带树皮的桦木吊顶装饰等，都具有浓郁的地方色彩。

除了川陕以外，其他地区也进行了很有意义的探索。

■景洪，傣族竹楼式宾馆，位于景洪市云南省热带作物研究所内，取傣族民居特色。这座极小的建筑临湖而建，形似傣族的竹楼，除一间客房和服务间外，大部分建筑架空如干阑建筑，建筑的两层设凹廊，并与晒台连接。建筑四周椰林环抱，景色优美，居住舒适。

新疆：民族形式向地域性转换

新时期的新疆建筑创作，有令人瞩目的成就，以新疆建筑设计研究院王小东、孙国城为代表的建筑师扎根新疆，为探索这里的地域建筑，做出长期贡献。他们组织建筑师各处采风，做建筑速写，以丰富建筑创作。如果说，1950年代的探索"以民族形式"为主轴，进入1980年代后，新疆地域性建筑的探索在吸取当地民族形式的同时，更注重对地域因素的挖掘。这一时期的成果，引起了内地建筑师的普遍关注和兴趣。

■吐鲁番招待所（即第一个吐鲁番宾馆），位于吐鲁番葡萄街（青年路）吐鲁番宾馆院内，仅24间客房。葡萄架下是当地居民很重要的活动空间，建筑师将室外的休息、活动人流，均组织在葡萄架下，可休息、纳凉。拱和拱券是当地传统的结构体系，建筑采用连续的悬链线落地拱，屋面上覆以黄土，冬暖夏凉，在有火洲之称的吐鲁番，大大增强了隔热性能。建筑外形是正确结合地域条件自然天成。

■吐鲁番宾馆新楼，位于原吐鲁番宾馆院内，建筑的基本构思是：适宜当地自然条件，让不同的宗教文化并存，使现代化与地方发展条件并存。建筑平面集中式布局呈"Π"形，功能互不干扰。外部敦实的台阶式体量处理，暗喻山势和生土建筑的体块；不同高度层次的凉台，可植花草，可赏歌舞；拱窗、半月窗、滴水等细部处理朴实，给建筑增添了几分生气；因为无雨，不设雨棚，风沙大，少开窗洞；大厅吸取民居的"阿以旺"天窗采光。是一座兼具地域性、现代性和人文特色的建筑。

■乌鲁木齐，新疆人民会堂，由主体和副体组成，两者用前后两条连廊相连。主体内包括能容纳3160席位的观众大厅，舞台设备齐全。副体内设500席位圆桌会议多功能厅，建筑造型以方圆体量组合，高低错落有致，主体的四角高耸塔楼以及窗间连续的尖拱构件，标志着浓郁的地方特色，宽大的檐部镶贴琉璃瓦片，整个造型体现了以维吾尔为主体的各民族文化的交融。

吐鲁番招待所，1979—1980，王小东等。 吐鲁番宾馆新楼，1992—1993，刘谓等。

乌鲁木齐新疆人民会堂，1984—1985，孙国城、韩希琛、王小东等。

■乌鲁木齐，新疆维吾尔自治区迎宾馆，是一座能满足接待国宾的迎宾馆。建筑师将新疆伊斯兰建筑的传统语言加以抽象变形，赋予建筑以新意。传统的尖拱序列及其节奏，入口悬厅底部的尖拱曲梁及其优美的图案，凉水塔的轻巧秀丽并符合功能的造型，展现出强烈的新疆地方风情。

■库车，龟兹宾馆，是个服务设施齐全的旅游旅馆。在建筑创作上表现出对现代化、民族、宗教、地域等诸因素矛盾交错中的思考和实践。在建筑空间和总体平面布局上，吸取了当地民居特色，运用院落式和中亚一带生土建筑"细胞繁殖式"的高密度布置方式，使建筑处于大小庭院之中，解决通风降温的特殊要求。在建筑

乌鲁木齐新疆维吾尔自治区迎宾馆，1985，高庆林、吴建业、申国宾、阳祖跃等。

迎宾馆，凉水塔和庭院。

库车龟兹宾馆，1992—1993，王小东等。

的外形、细部和色彩等方面，力图把石窟特色和当地的维吾尔建筑特色，融合在情理之中，把洞窟和拱券结合在一起。该宾馆地处边远，距乌鲁木齐约800千米，施工水平、设备、材料供应等方面的困难很多，所以它是一个符合国情的、低标准的建筑，每平方米造价仅800元左右（1992年价），是精打细算的建筑创作。

北京菊儿胡同新四合院，1988—1990，
吴良镛等。

北京清华大学图书馆新馆，1985—1991，
关肇业、叶茂煦、郑金床等。

北方：延续旧城文脉的有机更新

北方的地域性建筑主要反映在两个方面：一是延续以北京四合院民居为代表的民居做城市有机更新，注入现代意趣；二是在建筑文脉比较清晰的建设地段，明显吸取地方特定建筑文脉，融入新建筑之中，使建筑更有新意。

■北京，菊儿胡同新四合院。建筑师在这项改造中，提出了"类四合院"概念的新街坊体系，以对北京四合院住宅做有机更新。把建筑的层数提高到2—3层，增加了容积，并改善了居住条件，而且还为住户提供了良好的居住人文环境；菊儿胡同的建筑具有良好的尺度，富有人情味和北京地方特色。

■北京，清华大学图书馆新馆，位于清华大学校园教学区中心部位，临近建筑师杨廷宝改建的旧馆，新馆尊重并延续旧建筑环境的文脉，力求在朴实无华之中表现深刻的文化内涵。新老两者在建筑形象上既有变化又能和谐统一。建筑完全采用红砖，发挥了砖工技巧，取得了良好的效果。

■北京，中国儿童剧场，位于北京东城区东华门大街，是我国第一代建筑师沈理源1920年的作品，作为一个文化建筑，本身也反映了当时的建筑文化倾向，例如具有巴洛克和新艺术运动的装饰风格。在改建中，结合演出要求合理扩建，尽量地保持了原建筑的精神，使得原有的建筑文化得以延续，非是盲目追求"欧陆风情"

北京中国儿童剧场，1986，李道增、张华、袁镔、陈衍庆等。　北京丰泽园饭庄，1994，崔恺、韩玉斌、周玲等。

北戴河全国政协北戴河休养所，1978，王天锡、张光华、楼竟波。

者可以领略的。

■北京，丰泽园饭庄，位于前门外商业区原丰泽园饭庄旧址，建筑师首先考虑到，珠市口商业区传统商业文化特色较浓，有密度很高的小商店，狭窄的街道，拥挤的交通，繁杂的人流以及很少绿化等。建筑采用了阶梯式的体量，沿街保持两层裙房的高度，与周围建筑的高度大体保持一致。建筑采用民居的"小式"作法，门窗的分格以及重复出现的菱形图案等，都取材自北方的传统民居而加以提炼，以表现丰泽园老字号的建筑传承。建筑的外部选用了棕红色面砖为基调，灰白色仿石砖勾边，更容易和周围杂色的建筑环境相协调。

荣成北斗山庄,1990—1991,戴复东等。　　　　　　　　　　　　　　　　　　　　室内。

■北戴河,全国政协北戴河休养所,建筑用地由西向东,坡向海滨,总体布置结合自然地形逐层下降。客房部分以敞向海面的三合院为基本单元,重复布置并加以变化,在平面上产生韵律,同时可聚拢海风,利于自然通风。用单面走廊,以便使更多的客房看到海景。建筑形式上突出三角形楼梯间及尖顶,与北戴河原有建筑常出现的尖塔式坡屋顶呼应。色彩上用红顶白墙与海滨自然色调形成对比。

■荣成,北斗山庄。海草石屋是胶东半岛的乡土建筑,自海滩取草,山地取石,海草做顶乱石垒墙。建筑冬暖夏凉,难燃防火。北斗山庄以海草石屋方式建成,共有小招待所7幢,并以七星命名,如北斗七星布置在桑沟湾北部沿海高地边缘。每幢建筑约200-250平方米,全部面南,不挡视线。新海草石屋象形,更重其神,又符合现代使用要求。

景园:由传统园林创新的新形式

园林建筑的理论研究和实践,是文化大革命以后发展最快的建筑类型之一,当国外景观（landscape,又译地景）建筑学的概念传入中国之后,中国建筑师迅速地将园林、景观乃至环境结合在一起,加以拓展研究,并有所发挥。

发展着的景园建筑，都是从传统园林建筑出发，有的继承中国古典园林传统，在传统的格调内，营建景园或建筑群；有的锐意创造新园林；有的结合城市景园体系建设改善城市的大环境。对于古代名园、名楼的复原，也是这个时期景园建筑的成就之一，尽管对于这种复原有些不同的认识，但从旅游的角度出发，人们还是可以领略古代名楼风韵。

■上海，方塔园位于上海松江县，该园先后曾经是县府、城隍庙、兴盛教寺及城中心地段的旧址，几经战乱已遍地瓦砾，宋代方塔仅存塔体砖心。方塔园定性为以方塔为主体的历史文物园林，其他文物有明砖雕照壁、明楠木厅、清天后宫等。

园地势平坦，略作堆山体、理水系，顺应自然布局，把全园划分为几个区，各区设置不同用途的建筑，形成不同的空间与景色。全园布置，格局自由，突出方塔。园内建筑一般采用青瓦、钢架，尝试运用新型结构与传统形式相结合。"何陋轩"茶厅为草顶竹构建筑，延续当地农舍文脉。而钢结构的巧妙运用，使得建筑通透、轻巧，并与竹子装饰有所交接，同时透出现代气息。

■平度，现河公园，基地略呈三角形，东临70余米宽的现河，西南之长边则临景观杂乱的闹市。造园吸取了传统皇家园林的经验，取集锦式景点布局原则，景点或疏或密、或大或小，并在园的中央部位以人工筑岛堆山，且把最大的一组建筑"郁秩山庄"和最高的一幢阁楼"凭柱阁"置于其上，两者结合形成全园的制高点和重心，以统摄全园。建筑造型、细部乃至色彩，在大量地吸取传统造园经验同时强调出新。屋顶采用青灰色的板瓦，可摈除老气而变化自如，出现了多种多样的屋顶变体。整个的园林建筑规划设计可以说"瞻形窥意两相顾，南北风格融一炉"。彭一刚在"文革"结束后，出版了他积累的园林研究成果《古典园林》，并在各地大量实践，有广泛影响。

■北京植物园盆景园，位于著名的香山风景区，景园入口设在地段与路面高差比较小的西南部，在园和路之间形成"园外园"，可使园内外融为一体，且使游人在栏杆外即可俯瞰精彩的园景。根据功能需要，确定了一系列大小展厅，借助游廊花架，围合成大小不同的庭院与天井，体现了利用场地具体条件的必然性与合理性。建筑的外形重点处理了屋檐、山墙和女儿墙，既借鉴传统的坡屋顶、封火墙、

第十一讲 新地域性

上海方塔园，1980—1981，何陋轩，冯纪忠等。	平度现河公园，1989—1994，南入口，彭一刚、聂兰生等。
北京植物园盆景园，1988，外部庭院，金柏苓、柳潞、孙洁、贾海丽等。	南京江苏省画院，1982，创作区，姚宇澄等。

垂花门等形式，也借鉴独特的装饰。

■南京，江苏省画院（四明山庄），位于西城四明山上，是一组江南古典园林建筑群，以画家创作室为主，附以培训的教学用房。基地上丘壑起伏、杂树丛生，建筑师结合地形将建筑按不同的使用要求设计成行政教学区、展览区和创作区三个院落。考虑到中国画讲求意境深远，布局精妙，正合古典园林建筑古朴典雅、图佳景妙的特点，山庄景区的划分既出自功能的要求，又是园林艺术的需要，同时满足了国画创作活动与环境的和谐。院内理水、植树、堆山极为考究，建筑细部耐人寻味。

■杭州，西湖阮公墩云水居，位于杭州西湖，阮公墩是西湖的三岛之一，1800

杭州西湖阮公墩云水居，1982，卜昭辉等。

杭州西湖郭庄，香雪分春庭院，1989—1991，陈樟德等。

柳州龙潭公园，风雨桥，1986—1987，柳州市园林局。

年浙江巡抚阮元调集民工疏浚西湖堆积而成，百余年来，一直保持自然本色。园林建筑突出"茅茨深处隔烟雾，小洲林中有人家"的意境，使得云水居建筑隐现于云水之中。建筑为轻钢屋架，竹饰面。竹屋茅舍既简朴淡雅又体现逸静的意趣。

■杭州，西湖郭庄，位于杭州西湖西岸，卧龙桥畔，始建于清代，1980年，"曲院风荷"规划把郭庄列为古园保护区。郭庄平面呈南北长条形，采取"东借、西隔、南融、北承"八字手法，划为南北两个景区，南为"静必居"是宅园部分，组成江南四合院；北为后花园称"一镜天开"，用两宜轩把内水面划为两部分。设计充分利用原有古树，配以建筑、山石、水池造景，千方百计借景西湖，同时十分注意为西湖增色。在建筑设计的过程中，对幸存的建筑进行测绘，无存的进行挖地考证，依据浙江民居的规律进行复原。利用普通自然材料，按当地的古风进行陈设，恰到好处地运用砖雕、木雕和石雕工艺，产生了简而不陋、古朴、自然的气氛。

■柳州，龙潭公园，位于市区南部，是一个以喀斯特自然山水为主、突出少数民族风情的大型民族公园。园内群山环抱，林木苍翠，二十四峰形态各异，耸立于一湖（镜湖）二潭（龙潭、雷潭）四谷地之间。公园除名胜古迹外，别具匠心地把广西和南方少数民族多彩多姿的特色建筑、风物民俗和造园结合起来，成为主要的造园内容。壮乡、瑶山、苗岭、侗寨、傣村等，均以少数民族生活习俗而建。其

合肥环城公园，卢阳亭，1983—1985，劳诚等。　　　　　　　　　　　　　　　　　　　银河景区叠亭。

中，尤以鼓楼、风雨桥、民居木楼以及典雅清新的侗寨最具特色，侗寨为厕所命名"轻松山房"，其楹联也十分有趣。

■合肥，环城公园，合肥环城公园是在古城墙、护城河的遗址上兴建的，环形带状，共规划六个景区：西山景区以山水见长，以秋景、动物雕塑群为特色；银河景区以"印合"水景为中心，突出春夏景色；包河景区有浓郁的人文特色；环东景区以规则式广场、喷泉、大型城市雕塑为特色，并恢复"淮浦春融"一景；环北景区以山林野趣和冬景为主要特色；环西景区主要是大型游乐活动。在城市中大面积、成体系地布置景园，是传统古典园林向"地景"概念的发展，有一定开创意义。

还有一类值得重视的景园建筑新动向，这就是在1980年代开始兴建的主题公园，成为与外来游乐园相结合的一类景园建筑。主题公园起先是以景园建筑的思路和手法进行布局的，日后又逐渐转向游乐园，特别是引进国外的各种游乐设施，营造出具有特色娱乐休闲项目的场所。

新类型游乐园的出现，许多商家趋之若鹜，由于许多项目缺乏必要的可行性研究和市场调查，建造过多、过滥，且设施、管理水准低下，致使此类项目逐渐退潮。

■深圳，中国民俗文化村，坐落在深圳市深圳湾之畔华侨城，东临"锦绣中华"，是中国第一个荟萃21个民族的民间艺术、民俗风情和民居的大型文化园林。其用地东西

深圳中国民俗文化村，1990—1991，瑶寨，杨永祥、张敉、盛海涛、曹磊等。

徽州街。

长，南北窄，地势平坦。为表达众多民族的民俗活动和反差很大的民居建筑，在总图环境设计上采用人造景观的手法，大手笔堆山理水，使得园内道路起伏蜿蜒富于变化。堆山最高达9米，将西南几个聚居在山上的少数民族（佤族、哈尼族、景颇族）村寨筑于山上，便于创造"盘山入寨"的意境。

民居布置呈点、线、面状，根据民俗、民风的不同和园中空间构图的需要，选择了傣寨、侗寨、苗寨、布依寨，建成成片的村寨，将徽州民居和土家族民居布置成条状，形成街衢，其余成点状布置。"中国民俗文化村"入口平台设计成两层，上层走人，底层停车，合理利用了地形高差，解决了人车混流问题。西大门以巨大的石壁山洞为入口，其售票室和贵宾房都设计在山体之中。

■深圳，世界之窗的世界广场坐落在"中国民俗文化村"以南，共分九个大区，世界广场为其入口区。广场为全园的中心部位，内广场呈椭圆形。

世界广场有着丰富的文化内涵，用公元前7—前6世纪新巴比伦城的伊什达门代表西亚两河流域的古文化，用爱德府霍鲁神庙的牌楼门代表古埃及文化，用土耳其科尼亚经学院大门代表阿拉伯文化，用中国雍和宫的牌楼代表中国建筑文化，用桑吉窣堵坡门代表古印度文化，用拉亚华纳科太阳门来表示南美印加文化。在弧形建筑内侧设计了世界各地的古老柱式108棵，柱高均为8米上下，增加了广场的空间层次和文化气氛。广场剧场的造型，采用了双心拱的形状，结构为球形网架，既满足

深圳世界之窗的世界广场，1991—1994，杨永祥、曹磊、盛海涛、赵素芳等。

了大型歌舞演出的需要，又赋予广场强烈的时代感。"世界广场"企图使世界古今建筑文化集萃于一处，再现世界建筑文明。

  一个国家或地区建筑的基本特征，是由许多因素形成的，例如自然、民族、民俗……等条件，但其中最重要的因素是自然条件，即当地的地形、气候、物产、能源等，是地域的自然条件造就了地域建筑的基本形态，当然其中也会有若干人文因素如民族、民俗的影响。新时期中国建筑师在地域建筑方面的成就，充分展示了一个时期建筑的"中国特色"，事实上，它已取代了"民族形式"，成为中国现代建筑发展的重要方向。

第十二讲

象征和隐喻

象征和隐喻的手法

象征和隐喻是古今中外文学、艺术作品中有效的艺术处理手法，在建筑设计中也经常运用。在我国的古建筑中，会运用一些具有象征意义的数字，如九、五、三等，来处理建筑构件的尺寸，使之具有象征意义，"九五之尊"就是其一。前面说过，共和国成立之后的一些建筑，经常借助一些带有符号性质的美术图案，如向日葵、五角星、火把等，来表达一些简单的思想内容，如光明、革命或热烈等。在十年"文革"中，这种隐喻和象征手法得到了进一步发展，甚至试图表现当时的政治口号，但是，其中多数较为牵强附会或难以认知。总之，在改革开放之前的建筑创作中，从建筑本质——本体出发应用象征和隐喻手法，应用并不多见。

"象征"和"隐喻"分别出自文学和语言学。在建筑领域，是指由可见的建筑实体作为喻体，去象征和隐喻（包括明喻或暗喻）建筑实体所代表的精神内涵——本体（本质），从而使建筑体现其美学价值。从"象征"和"隐喻"的词义及其在建筑之中的演绎我们可以发现，尽管建筑创作中的象征着重于外在形象，隐喻强调内在含义，但二者都在通过一个出场物体，来说明没有出场的内涵。事实上，在建筑创作中很难分出哪个部位是"象征"了某种内涵，那个部位"隐喻"、"明喻"或"暗示"了某种含义，因而我们不必像文学和语言学那样，严格界定象征和隐喻的区别。

在建筑创作中使用隐喻与象征的手法，必须考虑到：

第一，喻体与本体应当相切合，喻体不能是强加给本体的，如果喻体的含义或形象与建筑功能等本质因素无关，就会造成受众在欣赏过程的严重错乱。

第二，象征或隐喻所表达的喻义，不仅是建筑师个人意志，应该得到受众的认同，也就是说，受众在生活中也有过类似的经验，否则会不知所云，造成严重的挫折感。

第三，注意象形和引起的愉悦感之间，会有一定的"函数"关系：过分相像，那象形会失去"象征"和"隐喻"的美学趣味，成了具象的大雕塑，而过分不相像（即特别抽象），受众则会完全迷失联想的方向。这两种情况，都达不到令人愉悦的目的。

进入1980年代以后，建筑创作思想大为解放，已经有一批基于建筑本体的象征与隐喻建筑，超越了单纯处理物质性问题的局限，表现出较高的审美价值。这是1980年代之前所少见的，应当是中国建筑创作中的一项可喜的进步。

许多优秀作品，出色地诠释了象征或隐喻建筑的三位一体的尺度，回应了以上基本原理。比如，在本体与喻体、被象征物与象征物之间有紧密的联系；对建筑功能、结构、环境等方面有深入思考，较为出色地驾驭建筑基本要素和解决了建筑基本要求；作品完全根植于独特的人文历史和物质环境，是对特定的生活世界的反映；有适当表达喻义的象形度，在似与不似之间或具体或抽象，使人可以得到适当的解读并能够体验到设计者的意念。

我们也许可以找出其中的某些作品不尽如人意，但它们毕竟在创造优秀的象征与隐喻的建筑过程中，迈出了坚实可喜的步伐，从一个侧面昭示出建筑的个性和现实性。

象征和隐喻手法的实例

■威海，甲午海战馆，位于威海市刘公岛南缘，当年北洋水师指挥机关海军公所所在地，附近海域正是甲午海战的战场。甲午海战虽然由于清廷的腐败而蒙受屈辱，

威海甲午海战馆，入口，1994—1996，彭一刚、张华等。　　前景。　　沈阳，"九·一八"事变陈列馆，1991，赵永丰、贺中令。

但参战官兵浴血奋战、不畏牺牲，表现出高度爱国主义精神。设计中，在满足使用功能的前提下，恰当运用了象征手法，建筑形象犹如相互穿插、撞击的船体，并使之悬浮于海滩上，在风起云涌、惊涛骇浪的环境中形成悲壮气氛。为纪念以丁汝昌、邓世昌等人为代表的英雄人物，还在海战馆的入口即建筑物最突出的部位，设置一尊高33米的巨大雕像，昂然屹立于"船首"，手持望远镜怒目凝视海上敌情，随风扬起的斗篷，预示一场恶战风暴即将来临。雕塑身下为敦实的基座，镌刻着"甲午海战纪念馆"字样。

■沈阳，"九·一八"事变陈列馆，又叫"残迹碑"，取自一部台历的形象，展示1931年9月18日黑色星期五这个国耻日，当日深夜侵华日军挑起事端，悍然出兵攻占中国东北。建筑为台历的130倍，正面后倾，底面三分之一埋于地下，犹如一座城门的废墟。墙上弹痕累累，刻画了侵略者的凶残以及给中华民族造成的历史悲剧。这座碑馆采用了雕塑手法，高度抽象出一个"残"字，似警钟长鸣，永世不忘"九·一八"国耻日。

■自贡，彩灯博物馆，位于自贡市彩灯公园西南隅斜坡地段，临近公园入口。建筑完全顺应地形，保留全部树木并加以调整。主体建筑之外，设外廊、亭阁等小建筑，使外部环境有所过渡，以达到园中建馆，馆中有园，园馆融合的效果。灯馆

第十二讲 象征和隐喻

自贡彩灯博物馆，1988—1993，吴明伟、万邦伟、朱人豪。

东莞游泳馆，1993，余兆宋、李小莉等。

采用含义清楚的灯群主题，立面灯形角窗的使用，既反映灯馆特色，也符合经济合理的原则。灯馆形象繁简适宜，使民俗文化和时代精神有机结合。

■东莞游泳馆，位于东莞体育中心内，游泳馆平面呈正方形，是具有国际标准的多功能室内游泳馆。由三个区组成：前区是观众席和贵宾区，中区为跨度为带有单侧看台的比赛大厅和赛池，后区为运动员及比赛用的各种辅助用房。

游泳馆的立面造型结合这三区自然体形。前区首层裙房高高地托起整个比赛大厅，并用单坡斜向网架收其后区，与比赛大厅一气呵成整体形象，从远处看犹如一头翻江倒海的巨鲸，贴切游泳馆建筑"水"的主题。建筑入口的处理，利用建筑结构构件自然形成装饰效果。顶部的厚重檐口作竖向肌理，使人联想起昂首巨鲸的上下两唇。

■绍兴震元堂及震元大楼。震元堂是创于1752年（清乾隆十七年）的中药店，有久远的历史。原店建筑主体已毁，基地仅620平方米，位于绍兴市中心繁华地带胜利路及解放路口的西北角上。设计构思从"震元"二字入手。平面为圆形，"圆""元"同音，以"圆"代"元"；地上3层，逐层外挑，内有一小中庭，剖面空间借"☳"爻（震卦），寓意为"震"。中庭顶部为玻璃穹窿——震元明珠，整体形似药罐。主入口两侧各有汉画像石风的石刻"中药发展历史"和"老震元堂历史"。

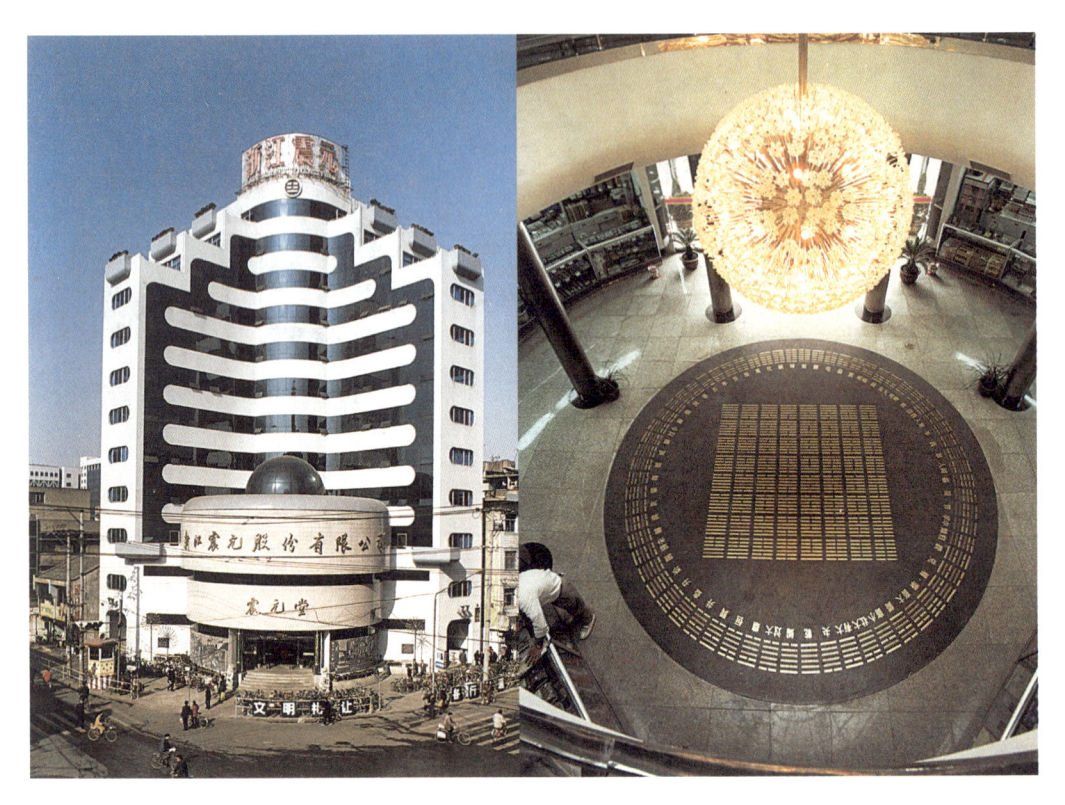

绍兴震元堂及震元大楼，1993—1995，
戴复东。

室内。

店堂中央地面运用了"圆方六十四卦"卦相图案，体现传统医学中的"医、药、易"一体的精神。震元大楼将震元堂拥入怀抱，地上12层，自顶部逐层叠落，整体轮廓有"马头墙"韵味。叠落的屋顶外沿端部设花池置绿化，使生命昂然于空中。

■北京，中国人民银行总行、金融中心，位于西长安街西端，为中国中央银行的办公大楼。主楼呈半圆弧形，与圆柱体的中央楼组合成"元宝"、"聚宝盆"的造型，使之成为寄意于中国传统文化意识的符号，借以隐喻中国金融实业的兴旺发达，表现国家银行的性格特点和时代精神。建筑造型稳重、安全。

■天津，南开大学东方艺术系馆，由两个相对旋转上升的体形组成，一方面

第十二讲 象征和隐喻

北京中国人民银行总行、金融中心，1986—1990，周儒、王永臣、陈孝堃、朱锦珠。

天津南开大学东方艺术系馆，1991，北京市建筑设计研究院。

给人以画卷的隐喻，也暗示其中绘画艺术的使用功能。在平面上，有类似于"阴阳鱼"的图案，有中国或东方文化的含义。建筑在这里被当作雕塑处理，取得了奇特的建筑效果。由于平面均为曲线构成，加之建筑规模不大，形成许多不规则室内空间。

■桂林观光酒店，是一个普通的现代建筑，在立面窗户划分处理上，组成了三角形排列和水平排列两种图案，三角形可联想到"山"，而水平图案则联系到水，以此象征桂林这个优美的山水城市。这是一种极为经济的手法，但不是到处都适用的手法。

■东营，市政广场及建筑群。东营是1960年代开始建设的新型石油城，作者要在一片空旷而周围无建筑界定的大片场地上，在建筑规模十分有限的前提下，营建一个市政建筑群和市民休闲环境。作者根据实际情况，将已经建成的市府办公楼设

桂林观光酒店，桂林市建筑设计院与香港周伟淦建筑师事务所合作设计。

东营市政广场及建筑群，1999，布正伟。

宁波镇海口海防历史纪念馆，1994—1997，齐康、段华璞、张彤。

江苏海安苏中七战七捷纪念碑，1987—1988，齐康等。

置在对称主轴上，两边分别布置市检察院和市法院。由于在四角敦实的建筑中部，各自突起标志塔楼，建筑自然形成一个"山"字，可能有"执法如山"的联想。这种象征是基于建筑本体，建筑师顺势利导，自然形成。

建筑师齐康设计了一系列的纪念建筑，这些建筑除了有强烈的地域特色之外，常常是以象征、隐喻的手法表达建筑的纪念意义。不同课题各有构思的巧妙，使建筑拥有无尽的遐想余地。

■宁波，镇海口海防历史纪念馆，位于招宝山南麓，东依甬江，是历史上抗击外来侵略的海防要塞。建筑紧密结合地形，并作为山的延续，形成一种"海防"含

南京邮电大楼,及其屋顶细部,齐康等。　　郑州河南博物院,入口,1992—1997,齐康等。

义。建筑体量上似圆形舵轮,点出了与海相关的主题,黑铁与混凝土构成的"刀"状雕塑,直指天空,给人以丰富的想象空间。

■江苏海安,苏中七战七捷纪念碑,碑的体形自下而上做有力收分,犹如步枪的刺刀,象征了战斗精神。

■南京,邮电大楼。作为一个高层建筑,把顶部处理成有象征意义的形象,也是一种有趣的范例。作者把顶部处理成城楼的意匠,使人联想到古代中国城市的格局,以鼓楼建筑四个方向的题匾内容,象征城市四通八达的开敞姿态。这种联想,恰恰暗含在邮电的作用之中,既贴切也少见。醒目的红色城门,金色的饰物使人联想到门钉,尽管位置不在门上,细部处理合乎民族审美意趣。该建筑把象征、传统和现代结合为一体。

■郑州,河南博物院。建筑的总体布局,取"九鼎中原"之势,主馆设在九宫的中心,并作对称布置,具有中国建筑文化中的象征意义。在建筑形象的构思中,建筑师深入研究中原地区潜在的文化特质,汲取其古朴、淳厚的意匠,按照现代审美特征给予适当的表现,创造出与天地浑然一体的现代建筑。

从建筑本体（本质）出发,处理建筑艺术中象征和隐喻,是此类手法的第一要义,否则失去其象征的内涵,如把体育场做成与体育毫无关联的"鸟巢",仅仅借题造型而已，不属于象征手法；同样，把一个火车站做成飞机的形象，也有失偏颇，尽管皆属交通建筑。当然，象形度的把握也很重要，否则难以出现适当的美学效果。

第十三讲

走出去

中国建筑师从1956年就开始"走出去",在所谓"援外"工程中起步。中国政府一直把对外援助作为履行国际主义义务的重要内容,以无偿赠送或低息贷款的方式,向"兄弟国家"或友好国家提供经济援助。即便在"文革"十年动乱时期,援外工作也不曾中断,而且还达到一个高潮。这个高潮不但在数量上,而且在体制上已经形成了适应援外所需要的配套组织,建立了从工程勘察、设计、施工到交工全过程的管理体制,培养储备了一大批有援外工作经验的各种专业人士。

前面已经提过,改革开放之前中国建筑创作受到意识形态的深切影响,发源自欧美的现代建筑时常受到批判。但是在援外工程中,由于面对国际建筑创作环境,这种批判会放松得多,有时会出来很好的现代建筑作品。

中国现代建筑的海外版

早在1956年,中国政府决定对蒙古人民共和国提供1.6亿卢布的无偿援助,帮助兴建14个成套项目。到1960年,援助蒙方完成住宅22万平方米、百货大楼2.2万平方米,另有总工会疗养院、乔巴山国际宾馆、高级小住宅及政府大厦扩建工程等。与此同时还开始了对越南、柬埔寨、朝鲜、尼泊尔、也门、阿尔巴尼亚等国的经济援助项目。

援外建筑已算是世界舞台,与国内的创作环境相比,在设计思想和经济条件等

蒙古国乔巴山国际宾馆，1960，龚德顺。

蒙古国乔巴山高级住宅之一，1960，龚德顺。

蒙古国乔巴山高级住宅之二，1960，龚德顺。

蒙古国乌兰巴托百货大楼，1961，龚德顺。

方面受到的限制少得多，在国内没有走通的现代建筑之路，在外援建筑中得到了发挥。建筑工程部北京工业建筑设计院建筑师龚德顺等在蒙古乌兰巴托完成的百货大楼、乔巴山国际宾馆、高级小住宅等，均具有现代建筑的典型艺术特征。

■蒙古国，乔巴山，国际宾馆和乔巴山官邸等三幢高级住宅等，其建筑设计和施工都非常精心，内部功能完善，内外空间与体量组合丰富而统一，都是些国内当时已经少见的现代"方盒子"建筑构图。

国际宾馆呈灵活而均衡的非对称构图，有简洁的通长大平台，饰以铜管栏杆和混凝土栏板；乔巴山官邸等三幢高级住宅，其形体组合更加大胆，其宽厚的檐口、上部收进的金属柱头，是国内1980年代才开始使用的手法。体量的线条划分、屋顶的结点处理、贴面砖的铺饰，均显示出建筑师龚德顺娴熟运用现代几何构成手法的能力。

■蒙古国，乌兰巴托，百货大楼。应蒙方要求为国庆而兴建的百货大楼，建筑面积2.2万平方米，主要功能有商场、仓库，顶部为一小剧场。由于蒙方要求按照北京百货大楼设计，所以建筑的基本立面构图、比例及平面都很像北京市百货大楼，但建筑师作了简洁的处理，没有附加装饰，线条简洁挺拔，底层开大面积玻璃窗。

从援外到开拓国外市场

改革开放之前的援外工程，在所谓尽"国际主义义务"的观念下，有只算"政治账"不算经济账的倾向。1980年以来，随着改革开放的深入和国际形势的变化，对外经济贸易部对经援工作体制作了改革，1982年首次提出援外工作"守约、保质、薄利、重义"的指导思想。1983年，开始全面推行承包责任制，加大了援外项目实施单位的经济责任，从根本上克服了过去经援工作的预算、决算制，避免了只算政治账，不算经济账的弊端。对外经援也在从计划经济向市场经济转型，显露出一些新面貌。

1980年代后期，建设部所属的中建总公司、中房总公司和建设系统其他公司和事业单位，依据国际市场形势，在巩固和进一步发展两伊战争后的中东、北非市场的同时，积极开拓经济活跃、投资兴旺的东南亚和港澳地区市场；发展市场广阔、经济稳定增长的北美市场，以中苏关系正常化为契机，大力开展工程承包和劳务合作。形成了"发展亚太，巩固中东，开拓独联体市场"的发展战略。全方位的开放格局，为建筑设计走向国际市场奠定了基础。

从1980年代起，先后设立多家对外设计机构。1980年建设部在香港创建首家设计机构"华森建筑与工程顾问有限公司"，其后在阿拉伯也门共和国与外商公司合资经营了"也中建筑工程有限公司"，1986年在香港及东京注册成立了"华艺设计顾问有限公司"。这些机构的成立结束了在国际建筑设计市场竞争中长期缺席的局面。依靠高质量的设计、良好的信誉和科学管理，真正由单纯劳务合作、分包工程走上了以设计为龙头,以技术出口带动国产材料设备出口,实行国际工程总承包的道路,在激烈的行业竞争中逐渐站稳了脚跟。

为推进开展国际工程设计咨询业务,1992年,由建设部建筑设计院、航空规划设计院等36个设计院和十多家国际合作公司联合成立了"国际工程咨询协会"。协会积极开展活动,同世界五十多个国家和地区的同行建立了合作关系,并加入了国际咨询工程师联合会(FIDIC)。

"援外"观念被"市场"观念替代之后,唤醒了建筑师的市场竞争意识,不但在东南亚和非洲地区建立了良好的信誉,而且能在国际市场的招标中,同发达国家一争高下。1986年由航空技术公司设计的阿联酋保龄球和游泳馆,在有英、法、西德等八个国家的公司参与竞争的情况下夺标,它是中国第一个通过国际投标而进入国际市场的网架工程。在印尼雅加达电视塔的设计竞赛中,华东建筑设计院在12个参赛方案里中标,能够在这种大型国际工程设计竞赛中获胜,对于建筑开辟国际市场具有特殊的意义。有意思的是,中国建筑也向当年对中国建筑具有广泛影响的苏联市场进军。例如天津市建筑设计院承包的俄国克拉斯诺亚尔斯克国际贸易大厦,中国建筑东北设计院为俄联邦设计了哈萨克斯坦卡拉干达理疗城大型医疗设施。

不过,中国建筑进入国际市场还只是一种觉醒,不论在设计观念上、建筑技术上,乃至管理体制上,与国际水准相比还有相当大的差距,国外设计占领中国市场的份额,远远大于中国在国外的份额。

竞争机制促进了优秀作品的诞生,涉外建筑成为中青年建筑师展现才华的用武之地,孕育出一批优秀的建筑设计方案,成为建筑创作舞台上的亮点。如突尼斯青年之家,北京市建筑设计院刘力在1985年全国公开招标中中标;加纳国家剧院,杭州市建筑设计院程泰宁在1986年经贸部组织的全国性招标中中标。这个时期完成的多项高级公共建筑,在建筑艺术和技术上呈现出整体高水平的状态,加纳国家剧院、埃及开罗国际会议中心、喀麦隆文化宫、突尼斯青年之家、塞拉利昂政府办公楼、斯里兰卡高级法院大楼、塞拉利昂军队司令部办公楼等,开创了涉外建筑设计的新局面。

突尼斯青年之家，1990，刘力、王永建、邵韦平。

引人注目的创作个性释放

改革开放之后，涉外建筑和国内建筑的创作环境已经没有什么不同，所不同的只是具体课题的具体条件。不论在国内还是国外，建筑师都在释放被长期压抑的个性，援外建筑已经焕发出内在的力量，但同时期国内，相当多的设计还处在对建筑表层的描写上。

■突尼斯青年之家，建筑师利用场地形态特点组织建筑空间，整组建筑以圆形为母题，圆券、圆拱、球顶反复出现、不断变化。白色调主体建筑主入口饰以富有韵味的琉璃瓦、灰红色圆柱。用类型学原理，把阿拉伯建筑最典型的部件归纳、提炼、升华、抽象、淡化处理后用于新建筑上，并赋予新的功能与意义，从而产生新的形象。作者还将环境设计、建筑设计、室内设计三者统筹设计。

■加纳国家剧院，位于加纳首都阿克拉市中心主干线的交叉口上，位置十分显要。建筑包括：1500座位的剧院、展览厅、排演厅和一个可容纳300人的露天剧

加纳国家剧院，1985—1992，
程泰宁、叶湘菡。

加纳国家剧院入口。

马里会议大厦，1989—1995，
程泰宁、叶湘菡、徐东平等。

马里会议大厦楼梯间。

院。黑非洲舞蹈、雕塑和壁画等艺术的粗犷神采和原始而炽热的情感强烈地震撼着作者，由此把创作程序归纳为："理性和意象的符合过程＝创造。"结合三角形地形和功能要求，将三个方形单元做旋转、弯曲、切割、升腾，塑造了一个奔放、有力而不失精致和浪漫的作品。内部空间统一，外部体量奔放，剧院休息厅四壁处理简单，墙上的艺术品和中庭的金属构成，一并形成具有现代感的意趣。观众厅内部空间为无阻挡视线设计，三层楼座最远视距仅为24米，应邀测试的菲利浦公司专家对音质十分满意。

■马里会议大厦，位于马里的巴马科，马里最主要的河流尼日尔河的一侧。马里会议大厦为了借景优美的尼日尔河景色，在会议厅、接待厅之间以连廊形成半围合的空间，使建筑与环境更能互相渗透。在屋顶、拱廊，以及广场装饰性构架的设计中，尝试传达某种当地伊斯兰建筑的韵味。如花的挺拔拱饰组成富于装饰的雕塑，喷泉的竖向水柱加强了向上的动势。

■埃及，开罗国际会议中心，是个符合国际标准的现代化会议中心。建筑总体上注重环境效果，其主要轴线与原有的埃及无名英雄纪念碑有和谐的关系，布局充分利用地面的高差。两座圆形主体建筑（国际会议厅和宴会厅）的外侧，配以线条粗犷的埃及双曲尖拱柱廊，庄重而富于纪念性；室内设计融入埃及伊斯兰建筑装饰艺术。作者注重作品中两种力量的交汇：一是内部的力量，来源于建筑本身的功能性要求；一是外部力量，来源于城市环境和文脉。埃及总统授予工程主持人魏敦山"国家一级军事勋章"。

■喀麦隆文化宫，位于首都雅温得北部恩孔卡纳小丘上，比市中心高出百余米，是西北风景区的制高点。建筑包括1500座位的多功能会堂、400座位的会议厅，山头上要求设500辆汽车的停车场。结合当地热带建筑和山地建筑的特点，依山顺坡借台错层，高架孔廊等组合建筑体量，运用自由手法，在复杂地形上布置复杂的功能。各式遮阳板、花格墙、漏窗和明亮的色彩处理建筑细部，大大丰富的建筑整体。

■缅甸国家剧院，位于仰光，1500座位。体量处理十分简洁，台阶和外廊形成建筑的"托盘"，门厅的连续大片玻璃又将主要体量浮起，主体量是一个十分简单的实体，在空灵的下部承托下，显得稳重自若而不沉重。

■塞拉利昂政府办公楼，位于弗里顿市的显要部位，由主楼和东、西配楼组成。主楼十层，有明显的中轴线。主要入口前设广场，中央有喷水池，并有构成塞拉利昂国旗的绿、白、蓝三色灯光分别照射三组水柱，与建筑相配合创造了政府办公中心的气魄。建筑采用瓦楞铝板通风屋面，同时解决了屋面的排水和隔热问题。由钢筋混凝土遮阳板形成的立面基调，通透而轻巧，具有湿热带地区建筑风格。政府国际会议厅位于大楼南侧，有空廊与大楼相连，并形成一个安静的内院。建筑的外墙采用了大片的水泥花格，材质和风格与政府大楼相协调。警察总局办公楼的建

埃及开罗国际会议中心，1983—1986，魏敦山、滕典、严庆征等。

喀麦隆文化宫，1981，杨家闻等。

缅甸国家剧院，1990，陈璜、蒋炎、蒋伯宁等。

塞拉利昂政府办公楼,部级办公楼和国际会议厅,1983,罗仁熊、王天锡、王传霖、周庆琳。

塞拉利昂政府办公楼,会议厅,1983,罗仁熊、王天锡、王传霖、周庆琳。

筑处理亦采用遮阳板,形成一组十分完整的建筑群。

■斯里兰卡高级法院大楼,建筑由上诉和最高法院楼(主楼)、司法部办公楼(配楼)及辅助用房三部分组成,功能上满足现代法律程序的要求。斯方要求以其独特的建筑形象来弘扬民族精神,体现法制的主宰作用。上诉和最高法院楼是整组建筑群的主体,最高法院的屋顶,借鉴了斯国13世纪"康堤王朝"的"康堤式"屋顶形式:平面八角形,曲线椎形,犹如佛徒双手合十。屋顶覆盖下的八角形法院大堂高18米,双层弧形天棚,内部装修以斯里兰卡民族图饰为主。阳光从顶部环形天窗射入,渲染出庄严气氛。配楼屋面设计成四边形曲面尖锥顶,与主楼屋顶相呼应。公众入口两侧安设作为民族象征的铜质雄狮。整组建筑具有强烈的标识性、鲜明僧迦罗文化色彩。

■瓦努阿图会议大厦。瓦努阿图为南太平洋中一岛国,风景优美,气候宜人。作者从历史遗迹、民间艺术、地方民居中获得设计灵感,寻求创作源泉。为满足自然通风条件,大部分设为一层,分别围成大小不同的三个庭院,其间有走廊相连。为使更多的建筑朝向海湾,满足观海要求,整组建筑一字排开。位于主体建筑中轴线上的多功能厅,平面由一螺旋线决定,目的是使人联想到作为瓦努阿图

斯里兰卡高级法院大楼，1985—1989，俞祖珍、程培林、蒋士龙。

瓦努阿图会议大厦，1991，王天锡。

巴基斯坦综合体育设施之体育馆，1985，梁应添、熊承新、吴持敏等。

巴巴多斯体育馆，1987—1992，高民权。

国家象征的野猪牙图案，厅中还陈列传统工艺木雕。在外观处理上采用当地传统民居形式，仿木构架双坡屋顶，覆红色瓦状轻钢屋面，轮廓线和色彩都很别致。重点部位——入口门廊和多功能厅的屋顶采用瓦国民间常用的一种树叶屋顶，颇具热带风情。

■巴基斯坦综合体育设施之体育馆，巴基斯坦综合体育设施中，有1万座位体育馆、5万座位体育场、500座位练习馆。体育馆由四支点的网架覆盖，采用4根柱子支撑起94.4×94.4米的空间网架新结构，柱子跨距只有62.44米，形成巨大而灵活的空间。厅内坐席布置避开了4个柱子所占区域，保证了各区的最佳视觉质量。屋盖施工采用整体顶升新工艺。

■巴巴多斯体育馆，位于巴巴多斯首都布里奇敦，是加勒比地区一流的现代化体育馆，平面为66×66米的正方形，3988个座位，大型平台有6个入口与比赛大厅

贝宁科托努体育中心之体育馆，1980年代，项祖荃、贺松茂、秦志欣等。

相连，成为适宜当地气候条件的休息场所。平面分区明确，各种流线清晰而互不干扰，有良好的视线效果。建筑体现了当地文化特点和体育建筑的性格。

■贝宁科托努体育中心之体育馆。体育中心包括体育场、体育馆、游泳馆等项目。体育馆5000个座位。设计结合了当地的气候特点，采用自然通风的开敞式看台，既节约了造价，又具有当地的建筑风格。

■肯尼亚综合体育设施体育中心，位于肯尼亚首都内罗毕市东郊7公里处的卡萨尼亚地区，坐落在一片开阔的坡地上，主要竞赛区由6万座位的灯光体育场、5000座位的体育馆、2000座位的游泳场和200张床位的运动员宿舍等，组成统一协调的建筑群。周围分散布置了各种训练场地及相应的停车场，并同毗邻的体育村、能源交通中心、通讯医疗和后勤服务机构紧密相连，形成规模庞大、设施齐全、环境优美的大型体育活动中心。

■肯尼亚国家体育综合设施之体育馆。体育馆4870座位，八角形，周边有宽敞的圆形平台，观众厅由赛场和周围的8个花瓣形观众席空间组成。采用花瓣形体量使屋盖的跨度自76米减少到66米。

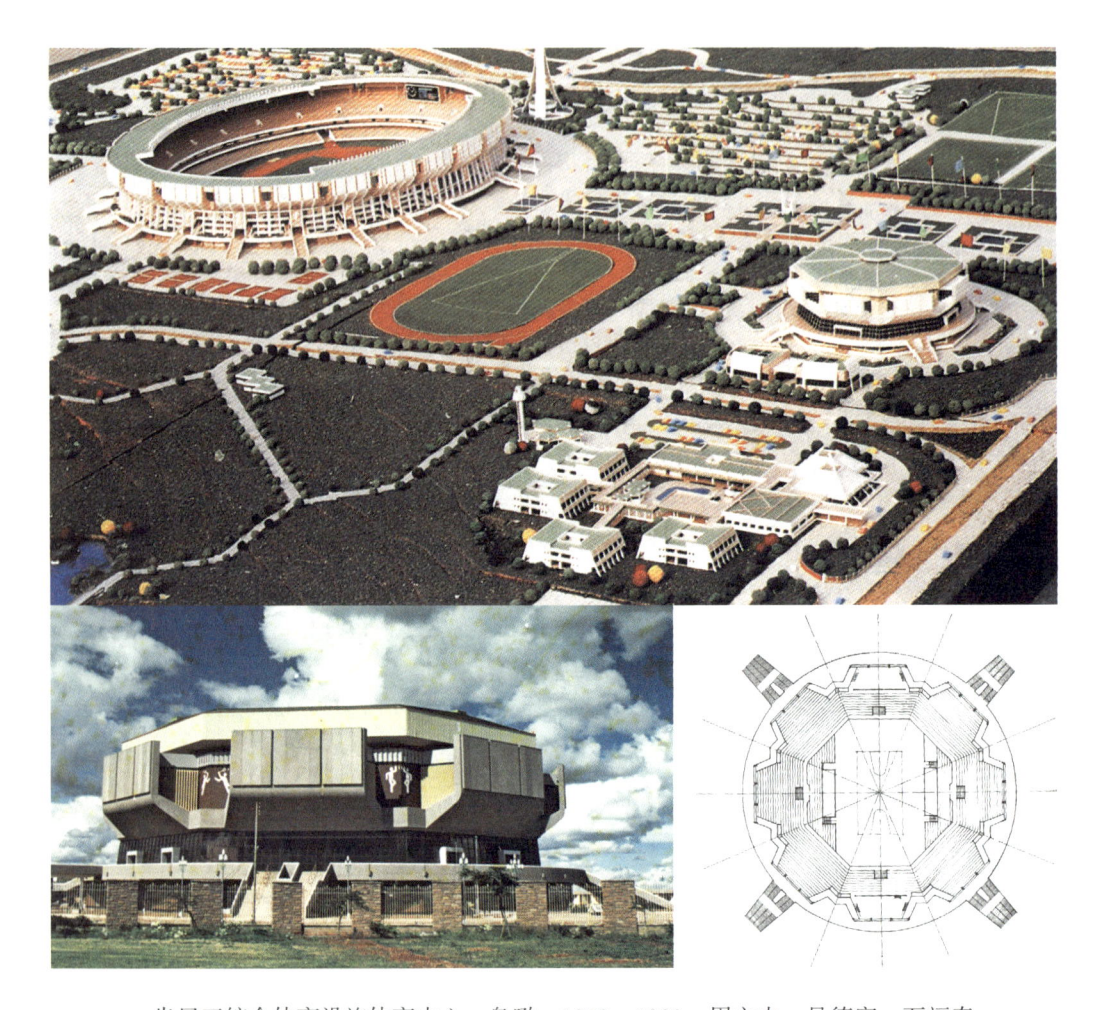

肯尼亚综合体育设施体育中心，鸟瞰，1979—1989，周方中、吴德富、万福春。

肯尼亚国家体育综合设施之体育馆，1989，周方中、吴德富、万福春、李子义。

肯尼亚国家体育综合设施之体育馆，平面图。

■毛里求斯普列桑斯机场。航站楼结合地形，采用大部分旅客在同层处理流线的空间布局，各种流线互不干扰。造型力求体现当地建筑风格，且体现航站楼的性格。

如果说，改革开放之前的援外建筑作品主要体现国内难以表现的现代性，新时期"走出去"的建筑更着重表现所在国的地方或民族风情。参加涉外建筑设计的建

第十三讲　走出去

毛里求斯普列桑斯机场，1981年，饶维纯、包养正。

筑师，是国内有经验的建筑师的一部分，建筑所用的材料、技术和设备也是国内较先进的一部分，因而建筑作品整体水准基本反映国内建筑师的较高水平。

第十四讲

引进来

外来作品经验超越形式

自共和国成立到"文革"结束的30年间，中国大陆很少有外国建筑师设计和兴建的作品，他们的作品，只有在"影印"的书本和杂志里才能找到，而此类的资料几乎是凤毛麟角。改革开放之后，华裔美国建筑师贝聿铭的香山饭店，是第一批外国建筑师的作品，引起中国建筑师和公众的广泛关注。随着改革的深入，外国建筑师的作品渐多，特别是高水准建筑师的作品，对于我国建筑的发展有强烈的影响和示范作用。从某种程度说，比外国建筑理论的引进的作用意义更为重大。

按照建设部的规定，海外建筑师在中国从事设计业务，需要与中国设计单位合作设计，这样就大大加深了中外建筑师的相互了解，中国建筑师不但可以体会海外同行的建筑理念、手法与技术等，更重要的是这些作品将摆在人们面前，随时可以看到。最早进入的几位建筑师的作品，除贝聿铭设计的北京香山饭店外，还有建国饭店、长城饭店等，都曾引起过广泛的讨论。

与中国建筑创作的大环境一样，1980年代的作品主要以满足旅游要求的旅馆建筑为龙头，合作设计了许多高级的旅馆项目。以北京为例，除了已经提到的香山饭庄，还有香格里拉饭店（1986）、长富宫中心（1989）、王府饭店（1989）等。1990年代，项目的类型逐步扩大到办公楼、商业建筑、医院和公寓等，如北京国贸中心（1989）、京广中心（1990）、京城大厦（1990）等，这些建筑长期保持着北京建筑的最高纪录。

邓小平南巡讲话之后，房地产业迅速崛起，国内外的开发商积极寻求投资合作的机会。海外的投资商，为了取得更多的回报率，寻求海外有开发经验的设计事务所，一同进入中国开展业务。国内的一些投资项目，出于各种原因，例如增强售楼的号召力、较高的技术含量、企业的商业宣传乃至少数不可告人的目的，指名或邀请海外的知名事务所参加竞赛，甚至直接委托设计。许多知名的事务所，通过大量的业务已在中国站稳脚跟。例如日本最大的事务所日建设计，自1970年以来已经设计了50多个项目，加拿大的B+H事务所，在1992年专门成立了国际建筑师事务所，并在中国参与了20余项设计。

海外建筑师有广泛影响的设计领域，首先表现在超高层建筑的突破。如上海460米高的环球金融中心（美国KPF事务所）、420.5米的金茂大厦（美国SOM事务所），不但有比较先进的建筑理念，同时需要掌握难度较大的建筑设计技术；其次是大型机场和航站楼等，不但需要高超的技术，同时需要有丰富的设计经验，而这些是国内建筑师所不能全面掌握的；第三是超大型、综合性多功能的复杂公共建筑，例如上海大剧院和北京国家大剧院、东安市场、恒基中心等。

这些建筑样板，包含了许多值得中国建筑师认真学习和思考的经验。

首先是海外事务所的严格设计管理和高效率，特别是设计的市场意识。中方的合作单位，大多数是规模较大、技术水准较高的国营设计单位，在国内属于高水平。外方决策的科学性和组织的灵活性，能随时适应变化了的市场形势，与国内以不变应万变的设计管理体制形成对照。

第二是先进的设计观念和方法，一般而言，并不是指受到一些媒体追捧的所谓先锋风格或流派。适用、高效和经济效益，始终是建筑师考虑问题的重点，而很少传统本位和形式本位的观念。他们的设计观念，与追求建筑师个人的独特精神有关，也很少有人标榜风格流派的追逐。

第三是比较雄厚的技术实力和丰富的设计经验，突出地表现在各类超大型复杂公共建筑之中，例如超大型机场、功能复杂的大剧院等。这些正是国内建筑师所缺乏的。

第四是努力对当地的建筑文化内涵作悉心探求，尽管在许多情况下出自商业目

北京香山饭店，1979—1982，〖美〗贝聿铭。　　　　　　　　　　　　　　　　四季厅。

的。它们尽量使设计与当地的历史文脉结合，力图使建筑融合到当地的环境中去。

总之，值得认真学习的海外建筑设计经验，并不在于时尚，多数在建筑形式之外，例如管理、技术、设备和全新的设计理念等，而不是表面建筑形式的雕琢。

广有影响的早期实例

旅馆建筑是中国建筑开放之后最先起步的建筑类型，也是最早引进外国建筑大师作品的领域。中国大地上最新建成的外国建筑师作品，如香山饭店、建国饭店、金陵饭店和长城饭店，更能使中国建筑师亲身领受中外建筑师处理建筑任务的文化态度，这就展开了一系列建筑设计观念问题的矛盾或差异。四个典型旅馆建筑，体现了许多值得注意的观念。

■香山饭店，是华裔美国建筑师贝聿铭在中国大陆的第一件作品，也是中国改革开放之后引进最早的外国建筑师作品。作者青年时代成长于美丽的园林之乡苏州，尽管在国外侨居43年，依然怀有中国江南园林的情思。作者说，他"想借'香山'这个题目看看丰富的中国建筑传统是否有值得保留的地方"[1]。在香山饭店中，我

1　参见："贝聿铭谈建筑创作侧记"，《建筑学报》，1998年第4期。

北京建国饭店，1980—1982，陈宣远建筑师事务所。

们可以看到贝聿铭采取了园林式院落组合，加顶庭院"四季庭园"，江南民居淡雅的色彩和考究的用料，采用园林建筑的细部，如漏窗和"曲水流觞"等。除此以外，建筑设计的确体现了一位建筑大师清新、高雅的设计风范。

香山饭店的设计和建成，引起了中国广大建筑师的关注，中国建筑师一致肯定这是一座设计精致的高雅建筑，但批评的意见也十分尖锐，认为是在不合适的地点建了一座很好的建筑，其造价的昂贵也为学者所诟病。

■建国饭店，位于北京重要干道东长安街的延长线建国门外大街上，是标准并不高的典型美国假日旅馆，但其平面布局、空间利用切合整个的使用目的，有较高的经济效益。建筑由不同体量组合成群，入口有玻璃顶门廊、喷泉，两侧天井小花园别致活跃，具有朴实的居住气氛。这个旅馆严格的经营管理和优良的服务，给国内的旅馆业带来不同的信息：旅馆不一定要高大、气派，务实的设计思路，优良的管理，同样会赢得人们的赞誉。

■金陵饭店，位于南京市最繁华的新街口广场西北角，地段繁华，人流拥挤，在市中心的十字路口上建造如此规模的旅馆，势必对交通和市政工程造成极大的压力。主楼的平面为调转45°角的正方形，方形的四角加4个小方筒，形成比较挺拔的塔楼。36层设旋转餐厅。业主执意将建筑拔高至37层，造成标准层客房间减少。对

南京金陵饭店，1980—1983，
香港巴玛丹拿公司。

北京长城饭店，1979—1983，〖美〗培盖特
国际建筑师事务所。

此，建筑主管部门一再重申减少高度的审批意见，但始终未被接受。说明在改革开放的新形势下，城市规划和管理部门，在对此类建筑的规划管理方面缺乏准备。

■长城饭店。人们关注长城饭店是因为它是中国第一个玻璃幕墙建筑，而且在北京能得以批准并实施，确实让人们领受到创作环境的宽松。但是幕墙的造价昂贵，每平米高达200美元，且大量消耗能源，国外建筑也不轻易采用。中国没有玻璃幕墙建筑似乎是个缺陷，过多地引进未必值得称赞，后来的发展表明，玻璃幕墙有些泛滥了。

眼见为实，中国建筑师在改革开放之初开始见到许多外国建筑作品，也就是那些曾经被冠以"资本主义的"、"资产阶级的"建筑作品，人们开始认识它们的先进性，也在认识与它们之间的差距，同时也在思考长期驻守在建筑创作领域的意识形态问题。

第十四讲　引进来

深圳发展中心，1992，香港迪奥设计顾问公司与华森建筑与工程设计顾问公司。

天津水晶宫饭店，1988，吴湘、祝狄英、张佩生。

水晶宫饭店临水的背面。

外来建筑师在中国市场

当然，海外的建筑师事务所进入中国建筑设计市场，主要是商业目的，并不是来支援中国建筑创作的。所以，设计单位和个人也是鱼龙混杂，既有滥竽充数的，也有买空卖空的，还有打着海外事务所的招牌，廉价招募国内设计人员的皮包事务所。他们片面迎合迁就某些业主，使用各种手段，做了许多提高容积率、突破城市规划、不顾文物保护以及反映不良文化的设计，产生了不应有的负面影响。中国建筑师应当以清醒的头脑，看待外来建筑的种种现象。

■深圳，发展中心，位于市中心区，由五星级酒店、高级写字楼和各种商场组成具有国际水准的现代化综合性大厦。标准平面为圆形，将高层的核心部分移至与

北京中日青年交流中心，1990，〖日〗黑川纪章建筑事务所与北京市建筑设计研究院。

北京发展大厦，1989，〖日〗日本株式会社大井组东京本社、野村不动产株式会社和北京市建筑设计研究院建筑师翁如璧等。

圆形相切的位置，以便形成更大的空间；立面的台阶形处理，增强了建筑的动势。

■天津，水晶宫饭店，坐落在友谊路与宾水道相汇的十字路口，7层板柱剪力墙结构。饭店是天津市旅游总公司与美国美吴有限公司合资兴建，并聘请瑞士航空公司所属瑞士饭店集团管理的豪华饭店，具有国际标准的一流管理和服务水平。

结合基地多水的环境，水晶宫饭店光亮简洁，两翼舒展，线条流畅，立面洗练纯净。虽为"水晶宫"，但不用整片玻璃幕墙，这在玻璃幕墙盛行的时刻，是难能的。立面虚实相间、用料纯朴，室内外都大量使用涂料。以其玻璃的材质肌理、简洁的装饰手法、表里如一的建筑空间，特别是借景饭店后部一大片水域，纯净建筑与如镜的湖面相互辉映，总体赋予建筑强烈的"水晶"意象。

■北京，中日青年交流中心，位于北京三环亮马河畔，由21世纪饭店、世纪大剧院、游泳馆及友好之桥四部分组成。各部丰富而富于象征性的体量，加以园林的手法和绿化，不但构成了美好的环境，同时形成了比较容易体会的文化内涵。

■北京，发展大厦，位于东三环北路5号，为现代化出租办公楼。办公楼为将来发展成"智能化"创造了条件，在通信、办公自动化以及消防等方面体现了较高

北京燕莎中心，1992，〖德〗诺瓦尼曼纳公司与建筑科学研究院综合设计研究院。

的科技水准。大空间办公自由分隔，整体建筑交通合理，室内色调明快高雅，为租户提供了高效的工作环境。

■北京，燕莎中心。位于东三环北路亮马桥路，由友谊商店、凯宾斯基饭店、办公公寓楼三部分组成。建筑群的构图中心是凯宾斯基饭店，虚实处理得当，顶部的康乐部分覆盖以圆形玻璃体量，有旭日东升的隐喻。地下室采用自防水混凝土，外墙以混凝土挂板，方便施工并达到天然石材的效果。

■上海，新世纪商厦（第一八佰伴）。位于浦东南路张扬路口，由一栋11层的百货商店和一栋22层的办公楼组成，高99米。建筑外形有竖直和水平的对比，有平缓与凹凸的对比，有材质虚实的对比，形成丰富多彩的立面；大片的实墙开有拱廊，以使人联想到上海建筑的文脉。门廊围合了一个多变的空间，是城市和建筑的过渡部分。连续的拱廊和顶部的结构形成竖直和水平两个渐进的韵律，建筑细部处理和结构相结合。

■上海大剧院，位于上海人民广场，大剧院设2000座位，能满足国际一流歌剧、舞剧和交响乐的演出。弧形屋面上是露天音乐厅，有雨可加玻璃顶。建筑采用晶莹、透明的材料，并考虑到灯光效果。

■上海，上海商城，位于南京西路，是一组集展览、办公、旅馆、商场、剧场及餐厅为一体的综合性高层建筑，34层，高113.7米。在这个设计中，建筑师波特曼并不用在其他项目中惯用的中庭手法，入口处有一个庞大的开敞空间，这也是作者

上海新世纪商厦，1995，〖日〗清水建设株式会社与上海市建筑设计研究院。

上海新世纪商厦，入口。

上海大剧院，1997，〖法〗夏氏建筑设计事务所与华东建筑设计研究院。

上海大剧院立面细部。

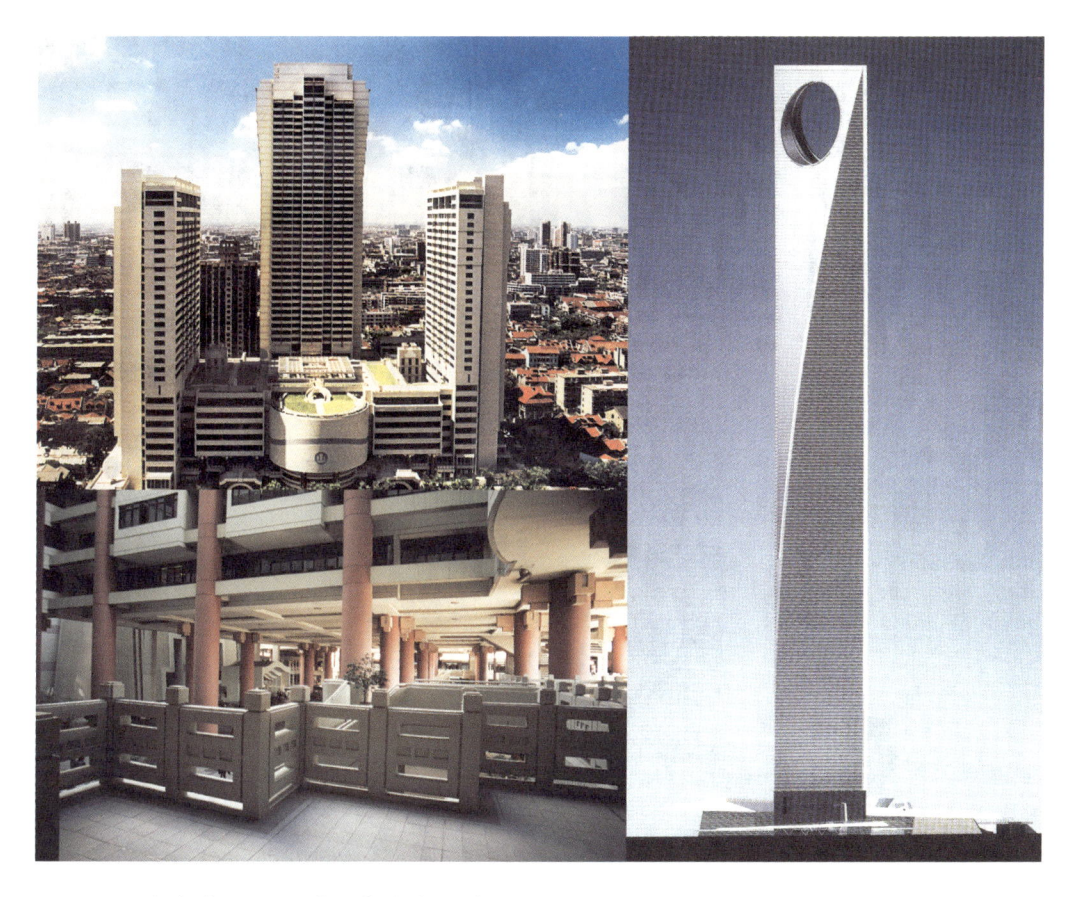

上海商城，1990，〖美〗波特曼建筑设计事务所与华东建筑设计研究院。

上海商城，室内。

上海环球金融中心，1999，〖美〗KPF建筑设计事务所、〖日〗清水建设株式会社、〖日〗森大厦株式会社一级建筑师事务所与华东建筑设计研究院。

不常用的。作者研究了大量的中国建筑，在设计中渗透了建筑的语言和特征。建筑严格控制造价，并不用十分豪华珍贵的材料，取得了效果。

■上海，环球金融中心，位于浦东陆家嘴金融区，从1994年开始设计，1998年开始建设，2003年重新开工，它的高度从460米提到后来的492米，由95层提到101层，地下3层。主体建筑平面是方形，其中的一组对角线自下而上逐渐收分，至最高处收成一线。上部开设圆洞（后改为倒梯形），建筑线条简洁精细。第一百层的

用来支持塔造型的细部。

上海金茂大厦，1998，〖美〗SOM建筑设计公司与上海建筑设计研究院。

"观光天阁"离地484米。

■上海，金茂大厦，建筑高421米，88层，建筑面积28.9万平方米，是集办公、旅馆、展览、餐饮及商场为一体的综合性大厦。设计者企图在高层建筑造型中，实现一个既有中国传统又体现高科技成就的塔楼，以其提炼中国"塔"的造型而被称道。塔形以柔和的阶梯状韵律向上伸展。为了取得中国"塔"的相应轮廓，细部采用了过多的装饰构件，用来支持造型。

■敦煌石窟文物保护研究陈列中心。为保护敦煌莫高窟千佛洞及其文物，日本提供资金建设项目，旨在为研究人员提供部分研究设施。为了不破坏场地的历史及空间环境条件，选择了高5—6米的平缓沙丘作建设用地，并把两层高的陈列中心的一部分埋入沙漠之中，既可使建筑物与地形融为一体，又可使之与严酷的气候隔绝；把屋面做成石棉板和混凝土的双层屋面，可以利用早晚的固定风向促

敦煌石窟文物保护研究陈列中心，1994，〖日〗
日建设计与西北市政工程设计院。

敦煌石窟文物保护研究陈列中心。

使顶棚内换气；陈列厅内布置流水式补助性冷气设备，冬天采用炕式地板采暖；外墙的大型砖块采用沙漠上的沙子作坯料，在当地烧砖，并作花锤处理，使建筑有如沙漠中生长。

外来明星建筑师的商业表演

许多国际著名的"明星建筑师"，越来越多地参与我国重要建设项目的投标，而且有每战必胜的趋势。他们制胜的重要"武器"之一，就是所谓新颖的"建筑理念"。这些理念，常常一扫建筑的基本常理而出奇制胜，或者以似是而非的"赞誉"词句，赢得业主的欢心或评审团的选票。这类新颖的建筑造型，为后续的设计、施工和资金的投入，留下了大量不可预料因素，许多建筑师把此类建设称作明星建筑师在中国的"实验场"。

北京的四项"国家级"的重点工程，具有一定代表性。

国家大剧院建筑的竞赛和定案，注定要成为具有建筑历史意义的重要事件。

首先是因为这个历经40余年反反复复的国家大剧院之梦，在追求转变的世纪之交重新升起希望，新一轮的国家大剧院选定过程和结果，对于未来中国建筑师的创作环境和走向，具有一定的先兆意义；二是国家大剧院的评选，引发了建筑界乃至社会上空前的民主大讨论和建筑艺术的大普及；三是正式开启了国际明星建筑师在中国建筑大舞台中心作商业表演的大幕，接踵而来的CCTV新厦、北京奥运工程"鸟巢"方案以及"水立方"，形成了这场商业表演的新高潮。这商业潮水，一次次冲击着中国的建筑界，冲击着建筑的基本原理。

四项国际性建筑设计竞赛所引发的种种震荡，如评选过程的，方案表述的，媒体炒作的等等，几乎概括了近些年来外国明星建筑师表演的全部状况，值得我们这个正在追求"与国际接轨"的建设领导者及建筑师特别注意。

第一种情况以国家大剧院为代表，表现出获胜的外来建筑师，居高临下，以进为守，志在必夺的营销策略。

国家大剧院的评选，前后历时一年零四个月，参赛方案69个，国内（包括香港）32个，国外37个，经过两轮竞赛和三轮修改，在激烈的观念交锋中，确定了法国巴黎机场公司建筑师P.安德鲁的方案。《中国国家大剧院建筑设计方案竞赛文件附件》的"城市设计要求"中提出："1. 应在建筑的体量、形式、色彩等方面与天安门广场的建筑群及东侧的人民大会堂相协调。2. 在建筑处理方面需突出自身的特色和文化氛围，使其成为首都北京跨世纪的标志建筑。3. 建筑风格应体现时代精神和民族传统。"而P.安德鲁的方案是一个的确"令人惊愕"的方案，更加令人惊愕的是他对此所做的解释："这是一种尊重相邻建筑而非模仿它们的路子"，也就是"要与传统决裂"。他说，"我认为保护一种文化的唯一办法，就是要把它置于危险境地。"[1]事实上，他自己的前一轮方案正身处危险境地，P.安德鲁在新一轮方案"要与传统决裂"是他化解险境的托词，他与一种自己闹不清的中国"传统"决裂，既容易，又彻底。最重要的是，在这种激烈的言辞中保护了自己的"软肋"，据他本人的介绍，他是在无法完成原先修改方案的情况下，有了这个构思的。这个在水中发光的扁球体方案，是一个形象独特的方案，应当说，方案在"时代精神"方面站住了脚，确实获得了多数人的

---

[1] 参见：魏大中，"要与传统决裂——保罗·安德鲁和他的国家大剧院方案，"《光明日报》，2000年3月2日。

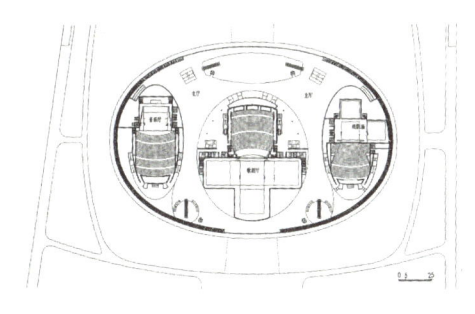

北京建国十周年时设计的国家大剧院方案，1958年，李道增。

中国大剧院实施方案，法国巴黎机场公司方案。

北京国家大剧院设计竞赛第一轮法国巴黎机场公司101方案。

中国大剧院实施方案，首层平面。

肯定，虽然反对的意见至今不断。P.安德鲁以攻为守的策略胜利了，全部征集方案中大约43%体现民族传统的方案失败了，另一多半体现"时代精神"的方案也失败了。

我们应当深思的是，如果有位中国建筑师，他触犯设计文件，把竞赛的城市设计要求完全抛开，公然喊出"要与传统决裂"、"要把它置于危险境地"这样的话，设计竞赛的评选团会不会给予这位中国建筑师同等待遇。

第二种情况以大都会建筑事务所OMA为CCTV设计的新总部大楼的相关说明为代表，在推介方案的过程中，说些中方业主或评选团爱听的话，把强词夺理的言辞包装上媚态。

大都会建筑事务所OMA为CCTV设计的新总部大楼，效果图。

用"令人惊愕"来形容中央电视台新厦的建筑形式就远远不够了，那个把已经是三维体量的高层建筑，再做"三维扭转"的建筑体量，强烈冲击着高层建筑的概念，冲击着科学原理，冲击着中国人的心灵。库哈斯的大都会建筑事务所说："两个塔楼有着各自的特征：一个是播放空间，另一个是服务、研究和教育空间。它们在上部汇合，构成了顶楼的管理层。一个新的标志形成了……并非常见的翱翔于天际间的二维塔楼[1]，而是真正的三维体验，一个面向所有人的具有象征意义的华盖，一个显示了中国在新的阶段的信心和标志。"[2]该事务所的一名日籍建筑师写道："超高层大厦是最忠实遵循经济原理的类型之一。……我深切地感到，包括库哈斯在内，只能依靠某种具有直感的想象力来对抗其原理，孕育新的东西。只有在中国，才能公正地评价其真正的创造性，并加以积极捕捉。库哈斯曾说过：'这一建筑也许是中国人无法想象的，但是，确实只有中国人才能建造。'"[3]尽管这些话暗含了中国人不识货的意思，令业主或评选团听了还是有些舒服。最

---

1 这里的二维，实际上应当是三维。这种随意性质的说法，是商业宣传的需要。
2 大都会建筑事务所OMA，"OMA为中国电视巨擎CCTV设计新总部大楼，"《时代建筑》，2003年第2期。
3 重松象平，"想象的国度——想象与热望的结合"，《时代建筑》，2003年第2期。

重要的是，他们向中国人推销了一个，用所谓"直感想象力"、"创造"出来的"对抗"科学"原理"的"华盖"。"华盖"也是中国人愿意听到的词儿，天下竟然有这种形式的华盖！当今世界，已经达到这样一个时代，只要人们能够想到的建筑就能建得起来，只需付出相应的代价。问题是，中国人是否确有必要去付出这种要对抗科学原理的代价。"确实只有中国人才能建造"这句商人称赞客户的话，实在太令"中国人"深思了！

第三种情况是借助合作的中方作者之口，把一些有关理念的说辞，修饰得更中国化，落脚于更深层的中国"哲理"，在北京2008奥运会主体育场及主游泳馆的方案推介中，表现得非常典型。

主体育场及主游泳馆是两项功能性很强的建筑，但建筑形式显而易见依然是核心话题，外国明星建筑师在推出建筑形式主题或"理念"、"概念"方面，把话筒交给了合作者的中方，期望他们的代言更能从文化心理上打动中国评选团和受众，避免了外来话语的霸气。

瑞士Herzog & de Meuron设计公司和中国建筑设计研究院联营体提出的国家体育场建筑概念设计的获选方案，即所谓"鸟巢"方案，在方案介绍中称："与过分强调技术而忽视本身存在意义的1990年代的建筑不同，国家体育场设计中对建筑本源的探索将成为面向21世纪的宣言。"介绍方案的着力点还在于"蕴藏的中国文化"：——秩序内敛的东方美学思想。设计将看似无秩序的框架纳入严谨的受力体系中，秩序中存在着无限的变化——单一器物的完美性。体育场如巨大的容器，外观高低起伏的变化和内部中国红的碗形看台，体现了简洁体形中含蓄而丰富的美感——网格与镂空。十二生肖图案清晰地划分出体育场的不同区域[1]。不幸的是，为提升所谓合作方案，在表述中自贬"1990年代"中国体育建筑的艺术追求，也应算作一种媚态：在体育建筑中强调技术，应当是天经地义的正道，怎见得1990年代的中国体育建筑就"过分强调技术而忽视本身存在意义"呢？而"鸟巢"方案又如何就有了"本身存在意义"成了"面向21世纪的宣言"呢？所说"蕴藏的中国文化"的四点，也是难以理解，只有十二生

---

1 李兴钢，"优秀作品——瑞士Herzog & de Meuron设计公司+中国建筑设计研究院联营体方案"，《建筑学报》，2003年第5期。

北京2008奥运会主体育场方案（鸟巢），效果图。

主游泳馆方案效果图，鸟瞰，远处是主体育场。

肖图案清晰地划分出体育场的不同区域说得明白。

第四个实例是"水立方"，乃是中国建筑工程公司、澳大利亚PTW建筑师事务所、奥雅纳澳大利亚有限公司的联合设计方案。由于主体育场的地位已经确定，作者"……要做的就是在主场已经确定的条件下，找到一种共生的关系。所谓剑走偏锋，我们在与主场完全不同的审美取向上做了一种极端的努力，产生一个纯净得无以复加的正方形，用一种近乎毫无表情的平静表达对主场的礼让与尊重。同时，尊重并不意味着臣服，一个高级的共生关系应该可以彰显各自不同的特征。"方案对于建筑形式："水"与"方"的解释，上升到中国社会伦理的高度："方形是中国古代城市建筑最基本的形态，在方形的形制之中体现了中国文化中以纲常伦理为代表的社会生活准则。生存空间和生活资源相对匮乏的中国社会，需要严格的社会规则下的生存。对规则的尊重是提升人的社会层次的唯一途径。"[1]把建筑做成立方形，无需在中国社会文化纲常伦理中找依据，相信作者也做过圆形或自由曲线的建筑，

---

1 赵小钧，"优秀方案——中国建筑工程公司、澳大利亚PTW建筑师事务所、奥雅纳澳大利亚有限公司联合设计方案，"《建筑学报》，2003年第8期。

R.库哈斯，艺术大厅，鹿特丹，1987—1992。

那时，中国的文化纲常伦理该怎么说？建筑就是建筑，一个游泳馆的形式的决定，不必动用怎么够也够不着的遥远纲常伦理。

外国建筑师在中国的工作当然是商业性的，他们的创造性活动，归根到底是为了商业目标。不像从计划经济一直走来的中国建筑师，在集体意识的集体活动中，脑中始终还在盘算着如何表现"中国的"、"民族的"、"地域的"等观念，即使在当前还不健全的中国建筑设计市场上，这种观念也不曾完全泯灭。可是，外国建筑师虽然有丰富的经验和不凡的创造力，但他们的首要目标不在为中国创造什么，而是为自己创造财富，创造名誉。因此，他们的一切活动，均融入商业营销手段，以取得竞争的胜算为终极目标，也不在乎设计本身所隐蔽的经济的、文化的甚至使用上的不良因素，只要能讨得业主青睐，而这一切掩盖在"创新"、"独特"、"先进"、"传统"甚或"抛弃传统"以及种种"理念"的说辞之下，这是国人要首先看清的一种本质。

既然是明星建筑师，他们的建筑方案就会具有一定的个性乃至震撼力，否则就没有能力进行商业表演。就前面的四个实例来看，国家大剧院、鸟巢、水立方的作

R.库哈斯，会议大楼，里尔，1991—1994。

者们毕竟给顾客提供了较为优良的作品，它们存在的问题属于在初步方案阶段通常都会存在的结构、材料甚至经济问题。而CCTV新厦的作者，消耗雇主的巨资，玩弄和试验践踏科学原理、践踏建筑基本原理的建筑，在别的国家是难以实现的，尤其是在他的祖国。即使在1988年他被列入"解构主义"建筑师以后的作品，也还是相当克制，甚至刻板。

　　人们期望明星建筑师在解决当前社会发展问题上，在实践可持续发展的议题上做出榜样，在这一过程中实现自己的商业价值，而不是冠冕堂皇地造成人家的负担。不过，一个国家建筑的真正发展和振兴，到底还是依靠生长在自己土地上的本国建筑师。

第十五讲

"欧陆风情"

"欧陆风"或"欧陆风情"是指我国建筑设计中模仿欧洲古典建筑或其他建筑"风格"的建筑现象,如果从1990年代初的房地产大开发算起,大约已经出现了二十余年,至今仍有长盛不衰是之势。起初,仅在住宅、装修、店面或小型建筑里出现,现在已经延及各类公共建筑,包括政府办公机构和许多城市规划项目之中。在今日建筑及艺术多样化的环境里,出现一些新的建筑风格,不应该成为一个话题,但此风能长期回旋于我国建筑设计市场,应当说反映出这个市场上些深层问题,这就有必要对此类建筑现象加以讨论。

一些开发商,以这类外来建筑形式,加上一些无限夸大的广告词推销它的商品;一些业主或长官,指名要求这种风格以壮他们的声威;本来以创造为己任的建筑师,屏蔽了自己的创造力,去简易模仿此类"风格",产生了一些既不是外国的更不是中国的种种简陋建筑式样。"欧陆风"反映出建筑设计市场上不健康的社会文化心态,建筑师创造力的消沉,以及中外文化尊重和交流问题,不是一个单纯维持一种建筑风格的问题。

哪里来的"欧陆风"

"欧陆风"大体上以四种类型上演:

一是模仿古典型:以西洋古典建筑构图为蓝本,如用三角形山花、穹顶、各种柱式以及檐口等代表性的建筑部件，仿造西洋古典建筑样式。

二是拼贴装饰型：在普通建筑上拼贴西洋建筑的装饰细部，如檐口、线角、门窗套、宝瓶栏杆等，试图表现与欧美建筑的渊源。

三是直接命名型：直称建筑为"德国式"、"意大利式"或"美国西部小镇"之类。

四是群体构图型：在群体设计中，例如住宅小区或行政办公区，追求宏伟的西洋古典构图和景观，并加以豪华命名，如罗马花园、恺撒之城等。

异域建筑风貌，的确存在无穷魅力，欣赏并在自己的作品中加以借鉴，本来可以算作一种佳话，甚至可以说是中外建筑文化交流的必要。问题在于，我们建筑设计市场上出现的此类建筑，虽然冠以"欧陆风"的浪漫名称，但却十分缺乏可以令人与建筑"风情"和西洋建筑认同的美学特征，重要的是，设计、施工、材料不得要领，或者说无力跟进，在多数情况下是一种简陋的模仿，是一种没有文化见地、盲目崇洋的廉价门面，也大大降低了建筑师应有的设计水准。

"欧陆风"的兴起，也可以说与当时所谓"后现代"思潮的鼓励有关。1970年代末进入我国的"后现代"思潮，认为源自西方的现代建筑，已经走到生命的尽头。那种以"方盒子"为代表的建筑，无视传统，不要装饰，枯燥无味，缺乏人性。这个"后现代"对此开出了新的"药方"，是让建筑师回到西洋古典建筑及其零部件里寻找灵感。与此同时，它们还加上一些西方现代艺术中所谓大众乐见的"波普"艺术[1]之类的东西。这时中国建筑设计市场出现的"欧陆风"，虽然不是受其直接影响，但老早对"方盒子"厌恶，却也契合了"后现代"建筑的这一风潮，于是，"欧陆风"打着新风格旗号而堂皇立足。

"欧陆风"之所以在改革开放之初就能顺利"落地"，还因为西洋古典建筑在我国没有遭到致命的批判。共和国成立之后的三十年间，现代建筑的"方盒子"建筑作为资本主义建筑的代表，一直受到主流建筑思想的批判，而传统建筑的"大屋顶"，也因为"浪费"和"复古"屡屡成为反面的形象。反观西洋古典建筑，从1950年代至今，既没有广泛的兴建过程，也没有受过有规模的批判，似乎是一个还

---

[1] 即"POP"艺术，又译"流行艺术"或"大众艺术"。

第十五讲 "欧陆风情"

北京某机关办公楼，简易拼凑不合法度。　　天津某机关办公楼，花巨资改造旧建筑。

不曾被选过的选项，西洋古典建筑的美学品格是人们所称道的，况且还有北京十大建筑之首的人民大会堂等建筑作美学榜样。

西洋古典建筑几乎成为"宏伟"、"壮观"、"权威"……的代名词，难怪一些业主和长官用西洋古典风格来建筑自己的办公楼，以此类建筑表现自己的权威或业绩。这很容易让人想起L.本奈沃罗在他的《西方现代建筑史》中所说建国不久的美国：

"在复杂的、鲨鱼成群的国际外交中，确实需要一个能体面地接待外国外交官的漂亮首都城市。在设计精美、陈设考究的房间里举行一次'美味的'宴会，即使不能掩盖、起码也模糊一下连一支海军舰队也没有的事实。一桌丰盛的美酒佳肴，能够否认破产的丑闻；而像里奇蒙州（Richmond）议会大楼那样杰出的公共建筑物，就可从某种程度上纠正对松树地带木头小屋的粗陋形象的不良影响。"

美国选择的古典主义，那是他们西方人的传统，中国人也选这个外国传统，真是一件耐人寻味的事儿。

毫无法度的"欧陆风"大楼。　　平面拼贴的"欧陆风"大楼。

小建筑故作大气派。　　号称"御花园"的酒店。

低劣的"欧陆风"店面。　　公共厕所。

第十五讲 "欧陆风情"

充满地域风情的德国灰色瓦顶白色木构墙面小镇建筑。

充满地域风情的捷克红色瓦顶小镇建筑。

伪"欧陆风"的时空错乱

常说的"欧陆风"建筑,是一个非常模糊的概念,严格地说,甚至根本不存在什么"欧陆风情"、"欧陆风"或者"欧陆式"建筑。

"欧陆"是一个地理概念,泛指欧洲大陆。欧洲大陆有那么多的国家,"欧陆"在空间上指的是哪个国家?欧洲大陆有那么悠久的历史,"欧陆风"在时间上是指哪个历史时期的建筑风格?既然是"欧洲大陆的建筑风情",英国算不算数?这样一问,"欧陆风"就不知道说的是谁了。其实,反过来我们若问,"中国风"建筑是什么?也会遇到同样的尴尬,也有时空方面的定位问题。比如,是中国北方还是南方,是古代还是现代?是华丽的牌坊、园林的亭台,还是皇宫寺院、小桥流水人家?

事实上,当今中国所流行的"欧陆风"是一种"伪欧陆风",那只是西洋古典建筑的简易模仿,并不是欧洲如诗如画、田园牧歌式建筑风情。

人们所向往的欧陆建筑风情,是指欧洲从南到北,从东到西,包括英伦三岛在内广大地域上丰富多彩的地域性居住建筑和民用建筑形式,那是些多么令人神往的建筑艺术形式!例如,位于温带少雨地区的西班牙小住宅,有平缓的红色筒瓦,略显厚重的黄墙以及铁花的装饰;而靠近寒带多雨雪地区的住宅,有陡峭的坡屋顶,

西班牙风格的居住建筑。

具有地域风情的捷克布拉格旧城广场蒂恩圣母堂。

木构的结构装饰等墙面。即便是公共建筑如教堂等,也有别处所没有的独特造型和建筑气氛。这些藏于各地的地域性建筑,是由于它所处的独特地理位置,是各地的能工巧匠精心造就的。建筑没有十分固定的法式,而且风格之间有较大的差异,这才是欧洲具有地方风情的建筑艺术,是特别引人入胜之魅力所在。应当指出的是,它们不应被笼统地戴上"欧陆"的帽子,而是各有各的称呼,与它们所处的地方或民族联系起来,才是对建筑风情的切实欣赏。

西洋古典建筑,包括它的变体巴洛克等系列在内,当然也是具有无限魅力的建筑艺术。它们源自希腊、罗马,有无数优美的建筑遗迹。文艺复兴时期的人本主义思想和科学精神,对它们的美学价值和方法加以发掘和总结,使得五种"柱式"获得"增一分则肥,减一分则瘦"的美学奥妙。尽管后来不同地域的做法也有明显的差别和变体,但维持了文艺复兴时期建筑巨匠在几千年建筑经验的基础上,所奠定的基本的法度,各地争相模仿,以致形成古代建筑的"国际式"。古典

第十五讲 "欧陆风情"

西班牙巴塞罗那带有伊斯兰风格的音乐厅,引自《高迪的城市巴塞罗那》。

布达佩斯英雄广场美术馆:具有地域风情的西洋古典建筑,但不宜归入所谓"欧陆风情"。

建筑,是欧美建筑的主流传统,它表现了宏伟、壮观和崇高,却很难说是"欧陆风情"。因为与古典建筑同时存在并被应用着的,还有比它更具有建筑"风情"的建筑风格,如哥特式(Gothic,又译高直式)、罗马内斯克式(Romanesque,又译伪罗马、罗马风)等。

当前的"欧陆风"建筑,没有找到如画如歌的欧洲地域性建筑,也不理会古典建筑的精妙法度和制作精妙,只是任意编造设计应付业主,造就了许多卡通式的建筑布景和简易的店面,更没有欧洲古典建筑的精工细作和浑厚隽永。这种现象的出现,固然有业主和长官意志等因素的主导,但是具体的建筑形象毕竟出自绘图者之手,建筑师也有责任检讨这种有损专业水准的现象。

伪中国风与文化尊重

现在我们做一个反向思维,看看外国人手下的"中国风"是什么样儿,中国人

好莱坞星光大道上的中国剧院。

中国剧院，入口。

第十五讲 "欧陆风情"

中国剧院，造型凶恶的柱头。　　　　　　　　　　　　中国剧院，奇怪的壁龛。

在海外展示的中国建筑又是如何。

　　在美国洛杉矶好莱坞的星光大道上，有个外国人设计的称"中国剧院"，美国"后现代建筑"大师C.莫尔曾经在他的著作里推崇这个剧院，它是"后现代建筑"的杰作。作为中国建筑师，我们看到这座"中国"剧院后，感到它完全和中国建筑无关，甚至怀疑是一个"恶作剧"，无法容忍这种东西冠以"中国"之名。这座建筑从整体到细部，充满了卡通式的任意堆砌，所采用的造型元素，一点儿中国影子也找不到。入口的那个陡窄屋顶，柱子上部青面獠牙的柱头，柱子上部与檐部交接处插了些像是鸡翎似的条饰，让人觉得十分奇怪。墙头上，有中国几乎看不到的"方尖碑"造型，墙面上与入口相似的小壁龛等，尽是些无理的堆砌。惟有类似龙形的浮雕和画像石似的图案，急于告诉观者这是中国的。在西班牙马德里的古老皇宫里，有一间"中国式"宫殿，除了墙面上装饰了几个好像是中国人物和几个意义不连贯的汉字外，一点也感觉不出它与中国有什么相干；巴黎的凡尔赛宫里，也有类似的状况。

中国人搞"欧陆风"离谱，外国人搞"中国风"也离谱，究其原因出在哪里？一是不理解对方文化而"难作"，二是不尊重对方文化而"戏作"。这就引出中外建筑文化交流中的文化尊重问题。

不与世界交流的民族是没有希望的民族，不与世界交流的建筑是没有希望的建筑，中外建筑文化交流是建筑发展的天然需要。这种交流对任何一方而言，都不是一件容易的事儿，即便是表面的模仿，也还有个真不真的问题。这种交流应遵循的基本原则应该是：尊重世界，尊重自己。

首先要怀着尊重对方建筑文化的态度，去研究、学习。我们觉得人家好，就要研究好在哪里？比如，欧洲古典建筑的柱式，是数千年精炼的形式，在使用柱式的时候，它的模度和比例是一定要遵守的；又如欧洲建筑的精工细作，不论是官方和民间的建筑，人家都是不遗余力的。当我们仿造的时候，应当把这种精神同样贯彻其中。假若要在模仿基础上有所创造，也应当保持和延伸外来的精彩建筑因素，避免"戏作"，以免有失尊重，尊重是这类工作的核心原则。

说到"尊重自己"，不能不引出中国人在海外制作的"中国风"建筑，主要表现在一些唐人街的商业建筑或大量的中餐馆。

改革开放三十余年间，中国建筑大规模、高速度的发展，从普遍的意义上讲，当前的建筑设计和施工水准，与外国相比已是差距甚小，虽然在创新方面还不尽人意，但大量性建筑的设计、施工质量和艺术质量，与国外同类建筑相比，毫不逊色，何况我们还有许多优秀的"援外"建设项目屹立着。但是，当代中国在异邦展示给外国人看的"中国式"建筑，却远远不如国内建筑一般水准。如在国内已经做得很不错的"商业城"和各种餐馆、酒家之类的建筑，在外国城市里却大失水准，尤其是到处可见的中国餐馆，它们的形象向外国传递了大量错误的建筑信息。时至21世纪，已经改革开放三十年的中国建筑，一家店铺，一个餐馆，何须动用古代皇家建筑文化的符号，用龙、凤图案来支撑。加上粗陋的木作，昏暗的用色，弄得气氛压抑非常。有些商业建筑也显得缺乏设计，依然停留在简陋的假坡屋顶上，维持着所谓"中国式"。

第十五讲 "欧陆风情"

小餐馆的大门头：随处可见的龙装饰。

龙装饰的柜台。

复杂的装饰，昏暗的室内环境。

这里可能有节约资金投入等具体条件的限制，但这恰恰给予了更多理由运用现代建筑手法，使建筑具有简洁、明朗而经济的性格，能够在异乡展示中国现代建筑文化，让外人看到改革开放之后中国建筑的新气象。也见到一些运用现代手法反映中国风情的类似餐馆，例子虽少，但大有说服力。如圣彼得堡的一个小小餐馆，它的门头简单到只有一个小门洞和"国粹"两个汉字，室内装修明亮简洁，却带中国风情。天花板上的灯具，用本色麻布自制，干干净净的墙面上，挂了几件中国乐

圣彼得堡某餐馆室内设计：小餐馆有小趣味。

餐馆室内，自制麻布灯具，以中国乐器做装饰。

餐馆室内，简洁明朗有现代气息。

器，打破"龙"、"凤"或"红双喜"的旧套，简约中突出表现了中国精神。应当相信，它也大大地节约了资金。

当年建筑学家罗小未对待"欧陆风"项目的态度，值得重视和学习。作为精通西方建筑历史的专家，她在上海雁荡路改造评审会议上毫不容忍那些不伦不类的店面；作为负责任的建筑师，她经过认真的调查研究，提出在这个具体的地点应该以1920年代国际上出现的"装饰艺术派"（art deco）建筑为蓝本，对街道建筑进行改

第十五讲 "欧陆风情"

上海雁荡路改造中的"装饰艺术派"方案，1987，罗小未。

细部。

造。她的工作，体现了建筑师执业的高水准和对待世界建筑文化的尊重态度。

　　罗小未先生的经验还告诉我们，"风情"是具体的，这里她把方案定位"装饰艺术派"，而不是什么"欧陆风"，反映了中国建筑师应有的文化素养。建筑文化交流，只有具体的才是感人的，也是难做的。

299

第十六讲

新形式主义

人们曾经用"千篇一律"这个词儿，形容改革开放之前的建筑。岂止是建筑，文学、美术、电影等等文化艺术领域也和建筑界一样，都受到这个词的困扰。就建筑而言，这是一件无可奈何的事儿，那是由当时的国情所决定的。

建筑形式受压抑之后的反弹

产生建筑"千篇一律"的原因很多，主要是建国后三十年间特别是1959年至1970年代大约二十年间，国民经济发展遇到重大挫折，建筑缺乏经济力量的支持，同时还有建筑创作中深刻的意识形态影响。

建国初，国家对建筑设计就提出一些方针政策，以至大约在1955年逐渐形成一条十四字建筑方针："适用、经济，在可能条件下注意美观。"这是针对我国"一穷二白"国情的产物，它要求在建筑设计中，尽量节约，在经济条件可能的情况下，再"注意"美观。

平心而论，这是一个符合中国国情的方针，与建筑界普遍认可的老维特鲁威[1]"适用、坚固、美观"三位一体的基本原则相比，也没有多大矛盾。它的问题只是在于，不但把"美观"这个要素排到了最末，而且只能是"在可能条件下""注

---

[1] 马库斯·维特鲁威·波利奥（Marcus Vitruvius Pollio）活动于古罗马奥古斯都时期的建筑师、工程师和建筑理论家，著有《建筑十书》。

意"而已。这就会令人想到一个潜台词：如果条件不可能，那"美观"就连"注意"也不需要了。

同时，由于受苏联所谓"社会主义建筑理论"的影响，"建筑美学"也被严重地意识形态化、政治化。连续不断的政治运动，建筑师往往因为处理"美观"问题"不当"，而被批判为"形式主义"，在"阶级斗争天天讲"的年代，"建筑美学"已经成为禁区。因此，作为美观载体的建筑形式创造，大大被压抑了。

改革开放之后，政府主管设计的部门发出"克服千篇一律"、"繁荣建筑创作"的口号，促成了中国建筑师设计思想的解放，同时，它们也面对一个变化无穷的建筑世界。"经典现代建筑"在第二次世界大战后恢复期间，史诗般地达到它的"英雄时期"之后，在自然环境的破坏、历史文化环境的丧失以及人性（human feelings）的失落等方面，遭到严厉的批判。因此，修正现代建筑的各种思想"揭竿而起"，一种风格接另一种风格，一个主义接另一个主义，使经典现代建筑看上去已经瓦解，建筑世界进入一个多元化的时代。中国建筑师在"观潮"的过程中，也在努力促成中国建筑多样化的局面。在这方面的成就，已经表现在前面陆续讲过的作品里。这里还要讲讲同时存在的"新形式主义"现象。

创造乏力的易操作模仿

世界建筑舞台上，修正现代建筑的行动，也发展成为追求新风尚的运动。1960年代以来，被称为"高技"（high-tech）的倾向和被叫做后现代建筑（post-modern architecture）的趣味，不但摇撼了现代建筑的地位，且有取而代之的雄心。1970年代以来，经济危机的出现，却恰好给建筑理论活动让出了空间，许多有影响的著作在这个十年里完成。1980年代则有"解构建筑"（deconstruction in architecture）[1]和唱对台戏的"反构成主义建筑"并肩出现。此外，先后还有各种名目的"流派"，如明显的历史主义（overt historicism）、鲜明的象征主义（garish symbolism）、生动的商业主义（vivid ornamenation）、粗放的乡土（humle vernacular），以及各种以"新"冠名的

---

1 我国引进介绍时，译作"解构主义建筑"。

主义，如新乡土主义（new vernacular）、新地域主义（new regionalism）、新古典主义（new classicism）、极少主义（ultra-minimalism），还有英雄时代的继承者白色现代（white modern）等，数也数不尽。当这些理论在书斋或论文里时，确实晦涩难懂，以致有人感叹，干了一辈子建筑，看不懂一些人讲建筑的文章。理论不明看建筑，理论支持下的建筑形象却一目了然，其中有的还十分容易操作。

这里，用不分流派、只看手法的方式，筛选一些1970年代以来，国际建筑舞台上的许多标新立异的建筑设计手法，也可以说是一些"新形式主义"的手法，与国内的活动情况加以比较。说它们是"新形式主义"，是因为手法主要从形式出发，说它"新"因为这些是经典现代建筑所不见或少见的。当然，这里的筛选是很主观的，而且并非包罗万象。

1. 平面法：用平面化（Fronty）的方法，用二维平面的方法处理三维立体。包括，在立面上任意分划不同形状的面；把某些特定部位作凸起或凹下；任意拼贴另外的建筑形象或情景；任意延伸平面成任意形状。而这些处理在大多数情况下与建筑内部无关。

2. 符号法：把特定的或约定成俗的符号，使用在建筑表面的特定装饰部位，如西洋古典建筑的拱心石等。有时借助外来语言学的所谓符号，启发画外的含义。

3. 结构装饰法：利用完全没有结构意义的结构要素，如游离于实际结构以外的结构框架、网架，作为装饰起着创造某种气氛的作用，与建筑的使用功能或结构作用无关。

4. 卡通法：一是把建筑构件或部位处理成卡通形象或做成常见的具体物象；二是把整个中小型建筑的体量，塑造成有内部空间的卡通形象或各种具体物象，以求得某种戏剧性效果。这种方法有时带有游戏态度。

5. 并置法（Simultaneous）：西方现代艺术常采用的艺术手法。将同类或不同类造型元素或物体（其中有的可能不是建筑要素），拼贴在一起或同时并置，使得物体本身出现一些戏剧性的效果，或它们之间产生新的形象或含义。

6. 飞梁法：梁式的建筑体量斜向架起，并伴随建筑体量的水平或斜向分裂，由于这种分裂，使得建筑出现极为复杂的体量和空间，具有震撼性的陌生感。勒柯布西耶在他的"新建筑五点"中，曾经运用把建筑架起的方法，以取得使底层通透

第十六讲 新形式主义

平面法，香港胡庆余堂，立面，R.文丘里。

符号法，俄勒冈，波特兰，公共服务大楼，1980—1983，M.格雷夫斯。运用古典建筑中的符号"拱心石"。

结构装饰法，埃森曼韦克斯纳视觉中心。

卡通法，俄亥俄，奥柏林学院爱伦艺术博物馆加建，R.文丘里。米老鼠式的爱奥尼克柱子。

303

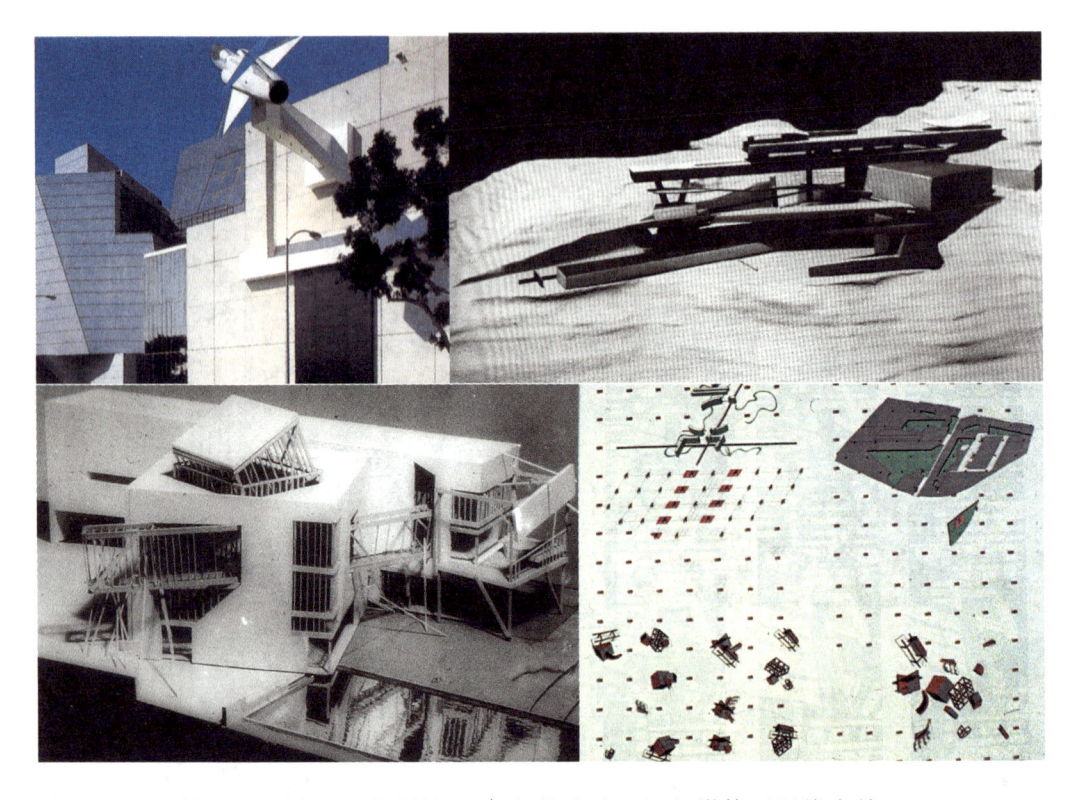

并置法，洛杉矶，加州航天博物馆，1984，F.盖里。	新构成法，汉堡媒体天际线大楼，立面和侧面，1985，C.希梅尔布劳。
飞梁法，香港，顶峰俱乐部设计竞赛获奖方案，1982，Z.哈迪德。	系统叠加法，巴黎，拉维莱特公园，屈米。由"点线面"三个系统的叠加生成总图。

的效果。这里的飞梁法不但把建筑一头高一头低斜向架起，还要让各层平面像折扇一样水平分裂，向不同方向旋转。

7. 无理安排法：规则几何形体，如矩形、正方、圆等，并且用无理的方式加以组合，让它们之间呈任意的、随机的、无序的安排。

8. 系统叠加法：把数个理性的形式系统进行叠加，生成一个非理性的形式系统。原系统消解，重构并畸变为某种全新的、难以判断的新体系，因而表现出复杂性，虽由原体系合成，但已脱离了原先的性质。

9. 不出场法（Absent，相对于出场Present）：也可以叫"悬念法"，组成建筑

第十六讲　新形式主义

不出场法，罗约拉法学院，1981—1984，F.盖里。建筑的柱子没有完成。	形式生成法，加地欧拉住宅用L立方体的生成过程，P.埃森曼。
破败法，美国圣克拉门托百斯特商业中心，1977。	无理安排法，加利福尼亚，圣莫尼卡，法米利亚住宅，1978，F.盖里。

的若干形象，并不完全出场，留下悬念，令观者去想象和补充那些不出场的部分，从过程中获得愉快。

10. 形式生成法：确定一个形式要素或符号，再设定一个生成程序（这个程序十分个人化、随意化），严格按照这个生成程序，让要素或符号一步步生成建筑形式。这里所确定的形式要素或符号，可能和建筑的使用性质有关，比如设计计算机的实验室，就选定一个和计算机图形有关的符号，符号与实验室实际功能无关。由于要素和程序具有个人任意性，所以生成的建筑空间体量十分复杂而无规律。

11. 破败法：落成的建筑像是遭了灾难，追求某种破败形象。

广州友谊剧院用平面法改造立面。　　　　广州友谊剧院，1964—1965，佘峻南、朱石庄、黄浩、谭卓枝。

12. 新构成法：原有的建筑构成手法，多用规则的几何形体，新构成法采用不规则的形体，相互构型，出现新的面貌。

我们观察这些新形式主义的建筑手法时，虽然有的不合我们的趣味，甚至有的近乎荒谬，但我们从中可以明显地领受到它们强烈的"创新"愿望，它们确实创了一些前所未有的手法。当然，这是否是建筑的进步，那就是另外一个话题了。

在我们的建筑设计市场上，长期弥漫着一些浮躁的、不健康的气氛。如业主"炫富贵"，长官"求政绩"，建筑师"追名利"的现象。在"50年不落后"、"每个都不一样"、"创作新地标"、"与国际接轨"等冠冕堂皇、五花八门的要求下，逼着建筑形式快速翻新。这样，曾经长期受到禁欲式压抑的建筑形式，在新的形势下，向不同方向"反弹"，多数沿着严肃的创作道路，而许多人选择可以"立竿见影"的"易操作"行为[1]。在所罗列的这些手法中，有的很难操作，难以实现，如新构成法、形式生成法；有的则不合国情，如破败法、不出场法。容易操作的是平面法、卡通法、结构装饰法等。此外，还有一些自己特有的手法。

对照前面列举的国外"新形式主义"手法，这里列出一些所谓"易操作"的

---

[1] "易操作"一词是邹德侬在"从建筑手法的标新立异看建筑创作的进步和倒退"一文中首次使用（见《建筑师》第68期），此前经常用在教学活动中，形容简单的模仿。

第十六讲　新形式主义

深圳火车站，过长的立面，超尺度的图案做平面处理。

| 在高层建筑立面上做平面图案装饰，造型与内部空间无关。 | 在立面上做平面锐角图案冲出界面之外，造型与内部空间无关。 |

模仿。

■ "平面法"：这是看到的最容易操作的手法，它只需在建筑体量的几个界面上操作，做一些任意平面处理而无需触动建筑的内部。

广州友谊剧院立面的改造，采取平面化手法处理立面的典型作品。用大片玻璃和上面的"you yi"美术字，覆盖了原有立面。非但如此，它还是一个彻底消除一座优秀现代建筑立面信息的平面作品。

深圳火车站，有一个过长的立面，采用平面化的方法，在立面上添加平面图案，点缀立面并消除过长感觉。

高层建筑造型，楔形的"拱心石"。　　　　　　　北京站广场上，一个镜头中看到5个亭子。

■符号法：接受外来符号，如前面提到的"拱心石"。同时到处可以看到模仿外国形式的阶梯式的开窗。中国当代的建筑语言中，本来有一些常用的装饰性符号，如五星、红旗、向日葵等，大多用于装饰图案和建筑小品等。在接受"符号"理论的同时，缺乏中国建筑语言或符号使用的创新，另一方面，不适宜于建筑的文化符号泛起，如元宝、铜钱之类。

亭子是中国古代园林建筑符号之一，北京建筑在"夺回古都风貌"的号召下，大量建筑出现亭子，如北京站广场周围，北京西站空门上的亭子达到顶峰。

■结构装饰法：由于简单易行，在设计中用得最多，主要是在建筑上装饰一些结构框架、桁架、网架之类的空架子，通常采用发光的金属，有时用昂贵的建筑材料，但与建筑结构毫无关系。应当注意的是，在很多情况下，此类做法被宣传为"高技"建筑形象。这种结构装饰，不但与结构无关，更与"高技"无关，不过是一种结构构件的虚饰。

■卡通法（及象形法）：在我国的一些商业园，经常出现一些在建筑上拼贴物象的建筑，有些小建筑对具体物象直接模仿。由于形象特殊，颇能有些商业效应。

第十六讲　新形式主义

无结构作用的空架子虚饰之一，被说成"二龙戏珠"。

无结构作用的空架子虚饰之二。｜北京西站巨大的空架子虚饰。

■复制法：在我们的设计中，还有一些更容易做到的，那就是直接复制。例如建筑上出现KPF建筑师事务所带有"招牌"式的建筑檐口形象"空灵帽檐"，经常出现在我们的设计里；又如贝聿铭利用"玻璃金字塔"成功改造巴黎卢浮宫之后，许多地方也出现了大大小小的"玻璃金字塔"等。

■广场风：广场在中国古代城市比较少见，而西方城市则比比皆是，西方城市广

某制鞋工厂,在建筑上拼贴各色鞋类的图案。

在建筑上拼贴人物等图案。

玻璃金字塔之一,贵阳。

玻璃金字塔之二,西安。

玻璃金字塔之三,乌鲁木齐。

第十六讲　新形式主义

某地巨大空旷的广场。　　　　　　　　　　　　贵阳市中心的巨大广场，市民不可进入。

场，从理论到实践得到了充分发展，留下了不可逾越的经典。在外国建筑影响较大的城市大连，当年俄国和日本在这里进行建设，做了许多广场，也形成该市的特点，在改革开放的城市建设中，人们发挥了这一特点，兴建或改造的广场成为城市面貌的标志，引起各地争相效仿。出自政绩愿望，各地广场几乎都是规模过大，偌大的空间，市民常常只能欣赏而不能入内活动。有些广场过分奢华，如用大量整块精致花岗岩铺设，而国外的一些著名广场，多用小石块铺设，既有特色图案，又可降低成本。过大的广场也给维护带来不便，草坪需要大量水资源的支持，不利于可持续发展。

　　建筑创作忌讳雷同，耻于学舌，打着"创新"旗号的简单模仿，给当代中国建筑文化留下遗憾的话题。

不良建筑文化的泛起

　　社会上不良的拜金文化，也直接影响到建筑创作。已经似乎发了财的业主，想利用建筑"炫富"，还没有发财的业主，也想利用建筑祈求发财。由于社会文化开放程度大大提高，有许多值得争议的话题也在重提，如建筑中"看风水"广泛流

国外用小石块铺设大广场。　　河北某地的元宝山，山顶做了大元宝亭。　　沈阳方圆大厦，以钱币符号铜钱的造型设计高层建筑。

行，甚至许多地方官员也热衷此道。具有"孔方"外号的钱币形象，也赫然变成高层建筑。

沈阳方圆大厦，是一个十分特殊的高层建筑，作者刻意把高层建筑做成圆中带方的所谓"孔方"铜钱造型，鲜明反映了业主和建筑师的发财文化理念。高层建筑是技术性很强的建筑，拿高层建筑作脱离高层建筑本质的造型处理，也违背了建筑科学原理。

北京某地福禄寿酒店，以古装人物造型设计建筑，这在我国十分罕见，注定要引起广泛的议论，主要在于它的造型远离建筑本质，已经具有雕塑的性质，成为雕塑和建筑之间的东西，对于这两门艺术而言，都不是完整的作品，人物造型与建筑空间之冲突显而易见。至于从业主期待的广告效应方面来看，还是有它存在的理由，尽管表达了不良文化倾向。

四川宜宾五粮液酒厂厂区，带有企业文化的建筑标，如厂区的正门（东门），由两座五级台阶式花岗岩门垛托起银白色的不锈钢厂徽。再如高达六十余米的酒瓶

一则带丘吉尔肖像的房地产广告。

大楼，其形状和色彩如巨大的五粮液酒瓶，成为中国商业建筑有趣的企业标志。

这里不得不说一下不良的广告文化。大发展的广告，是市场经济对计划经济无广告的强力反弹，这是一个值得大书的领域，特别是如今广告在各种媒介上已经发达到让受众难以招架的地步。

一些房地产广告的夸张，许多购房者领受过。例如，还没有建成的表现图就说是"实景"，把家具画小以显示房间之大，放一张餐桌的位置就说是餐厅。拼凑一些半生不熟的时髦用语，把简单的住宅说成"解构主义和古典主义的结合"等。还有一些更离谱的广告，如这幅带丘吉尔肖像的广告。人们不知道为什么"如果丘吉尔住在天津"，"英特纳雄奈尔就一定会实现"？而这些话到底和"公寓"又有什么关系。

如今，包括建筑在内的创作活动，已经进入了"什么都行"、"什么都能"的时代。虽然"创新"已经成为国策，在艺术领域应该慎言"创新"，因为有的艺术形式"新"倒是"新"了，但对艺术本质（本体）的进步并无裨益，也无助于社会的进步，此类"创新"只会是过眼烟云。艺术家、建筑师应当创造出无愧于时代的优秀作品。

| 第十七讲 |

回归人本，盼和谐人居

居住问题，是民生中的头等大事，"耕者有其田"、"居者有其屋"曾是几代饱受战乱的中国人民的美好理想。我们还记得，早在抗战时期，中国建筑师就在谋划着光复之后兴建住房的事儿。他们关注平民和劳工的住房，为他们设想起码的卫生设施，有的还设计了成套的住宅方案以备将来之需。

新中国成立之后，居住问题成为刻不容缓的事情，各地的第一批建设，主要的建筑类型之一就是住宅，如各地新建的"工人新村"和居住小区，同时还有对"棚户区"的改造等。为了制定恰当的住宅标准，政府曾对50个城市进行了调查，当时人均居住面积3.6平方米，在此基础上，政府制定了新住宅的设计标准为每人居住面积4平方米（苏联当时约为9平方米），这可以说是一个相当低的设计标准，这个标准一直沿用了三十余年。

"一五"计划期间，引入了苏联在大量性和经济性住宅建设方面的经验，除了有较高的设计标准外，苏联强调加大进深、减小开间，以降低造价。同时取消起居室，改为走廊式布置，并增加独立房间，这显然是从有限户室面积的条件下增加居室的办法。由于当时中国居住水平较低，对住宅的需求量大，远远不能达到苏联住宅模式的标准和工业化水平。后来有了"合理设计，不合理使用"的主张，使得多户合用一个居住单元。由于缺少家庭聚居的面积和共用卫生、厨房设备，时常引起邻居纠纷，造成了事实上的不合理设计、不合理使用。在居住区规划方面，也引进了一些新的概念,如小区和街坊等。但苏联地处寒冷地带,在规划中,周边式的布局颇为流行,这种模式在中国早期的规划中很有影响,但出现大量西晒的房间,并不受欢迎。

由于第一个五年计划之后中国经济的大起大落,人口政策上的失误,加上在建设中执行"先生产,后生活"的政策,导致城市住宅建设远远赶不上需求的状况。1952年城市居民平均每人居住面积为4.5平方米,到1978年已下降到3.6平方米。解决住宅的"欠账"问题已经刻不容缓了。

住宅建设再起步

改革开放之后,住宅建设迅速提到日程上来。1978年10月19日,国务院批转国家建委《关于加快城市住宅建设的报告》要求,迅速解决职工住房紧张的问题,到1985年,城市平均每人居住面积要达到5平方米[1]。

1. 开拓投资渠道,促进数量增长。

1978年提出发挥国家、地方、企业、个人四个方面积极性建设住宅的方针之后,1979年,城镇住宅投资增至85亿元,相当于1978年的两倍多。1979年至1984年的六年间,住宅投资计924亿元,是1949年以来三十五年总投资的71.7%,全国城镇共建成住宅6.7亿平方米[2],占1949以来三十五年建成住宅总面积的55.8%,到1984年,全国城市人均居住面积增至4.77平方米[3]。做到了住宅增长速度超过了人口增长速度,使得旧账逐步还,新账不再欠。

2. 商品化新概念,要求标准调整。

1980年4月2日,邓小平在谈话中指出:"要考虑城市建筑住宅、分配房屋的一系列政策。城镇居民个人可以购买房屋,也可以自己盖。不但新房子可以出售,老房子也可以出售。可以一次付款,也可以分期付款,十年、十五年付清。"4月,国务院原则同意国家建委、国家城市建设总局《关于城市出售住宅试点工作座谈会情

---

[1] 《建筑年鉴》,中国建筑工业出版社,1984—1985年。
[2] 以上数据引自顾云昌,"城镇住宅建设",《建筑年鉴》,中国建筑工业出版社,1984—1985年。
[3] 同上。

况的报告》[1]。由此，拉开了城市住宅商品化的序幕。

福利分配住房制度，用住宅标准来控制住户的面积，住宅设计标准控制十分严格。1978年国务院批转的国家建委《关于加快城市住宅建设的报告》规定，每户平均建筑面积一般不超过42平方米，最高不超过50平方米。这是一个在福利分房条件下的较低住宅标准，在执行期间，许多地区擅自制订住宅标准，以至有些2室户住宅的建筑面积达100平方米上下。1984年11月国家科委蓝皮书第二号印发的《技术政策（住宅建设、建筑材料部分）》指出，到2000年争取基本实现城镇居民每户有一套经济实惠的住宅，全国居民人均居住面积达到8平方米的目标。

3. 从竞赛看转型，新概念的初现。

1979年建设部举行了"全国城市住宅设计方案竞赛"，这是中断了22年后的一次规模最大的方案竞赛。首次提出了"住得下"、"分得开"与"住得稳"的要求，开始出现平面紧凑的一梯两户型，平面由窄过道式演变成小方厅式，进而把小方厅变成小明厅。

1984年开展了"全国砖混住宅新设想方案竞赛"，首次引入了"套型"的概念，出现了以基本间定型的套型系列与单元系列平面。整体建筑体现了标准化与多样化的统一，还出现了大厅小卧的平面模式，已逐渐向现代生活靠拢。

1987年建设部举办的"'七五'城镇住宅设计方案竞赛"，是一次为响应国际住房年而组织的活动，更多地考虑了现代生活居住行为模式的影响，以起居室为中心的"大厅小卧"式住宅设计得到普遍重视和应用并成为本次竞赛的主流。

1989年进行了"全国首届城镇商品住宅设计竞赛"，配合了住房体制改革和住宅商品化。"我心目中的家"成为创作核心，以满足住户的多种选择、心理要求和适应商品市场的要求。

1991年进行了"全国'八五'新住宅设计方案竞赛"，注重功能改善，由追求数量转为讲求质量，由粗放型向精细型转换。竞赛出现了空间利用的众多手法，如变层高、复合空间、坡屋面、错层设计以至四维空间设计等，使住宅模式有了较大的变化和改进。

---

1 《建筑年鉴》，中国建筑工业出版社，1984—1985年。

深圳，园岭联合小区，1982。

4. 开辟多种渠道，回归人本精神。

住宅规划设计，逐渐实践新概念和手法，使得住宅摆脱由不合理的外界条件限制而造成的人本精神的失落，为住宅的起飞助跑。例如：适应新型生活、变换住宅类型、开展室内设计、探索新的体系、室外环境设计等。

■深圳，园岭联合小区，占地60公顷，采用不划分独立小区而以组团为基本生活单元的"联合"规划结构，以集中的商业综合体代替分散的公共建筑。绿化与邻近的市级公园连通，并引入小区中心，造成了良好的园林气氛。小区开辟架空廊道作为步行层，形成了立体交通，提高了土地使用率，又丰富了小区景观。

■东营，胜利油田仙河镇，规划总人口6万人，分布在8个居民村，镇中心设商业、服务、文教体育、娱乐以及行政管理等设施。规划密切结合自然地形、地貌、河流与树木，住宅布置与单体设计力求多样化，8个村分期建设，每个村各具特色，具有可识别性和良好的环境景观。当地建设者与管理者结合，尝试了小区的集中物业管理。

无锡"支撑体系"住宅，1983，鲍家声等。

天津低层高密度住宅，1979，胡德君等。

北京台阶式花园住宅，清华大学建筑系规划设计。

■无锡，"支撑体系"住宅试点工程。该"支撑体系"住宅只为住户提供结构空间，而由住户自己划分户内空间和进行室内装修，开创了一条解决住宅标准化与多样化矛盾的新途径。

■天津，低层高密度住宅。住宅设计为三层，北向退台，有效的节约了土地，创造了宜人的空间尺度，不失为当时形势下对住宅设计的有益探索。

■北京，台阶式花园住宅。是在借鉴国外台阶式住宅经验基础上，出现的一种新住宅形式，设计出发点是对居住环境质量的重视。其方案只用少量参数设计成套单元系列，平面组合灵活，建筑外形丰富，每户均有一个大露台。该方案在北京某学院兴建，取得了良好的效果。

■高层住宅的兴起。由于城市人口急剧增加和用地紧张，以及建设单位提高用地容积率的迫切愿望，住宅层数呈逐步增加的趋势，加之"高层建筑就是现代化城市标志"这一认识的推波助澜，在一些大城市甚至中等城市，高层住宅得到了很大

第十七讲 回归人本，盼和谐人居

| 上海漕溪北路高层公寓，1970年代，上海市民用建筑设计院。 | 天津体院北高层住宅，天津市建筑设计院。 |
| 广州名雅园小区高层建筑。 | 深圳金湖山庄3型别墅，1992，徐显棠。 |

的发展。据统计，整个1970年代全国共建造高层住宅建筑面积约182万平方米。而1980年代的头几年，仅北京市每年建造的高层住宅建筑面积就达130—140万平方米（占北京市住宅竣工面积的三分之一左右）。各地的高层住宅多为12—16层，个别的18层以上。高层住宅的兴起，引发了多种高层住宅结构体系的设计与实验，积累了丰富的经验。高层住宅也引起一些争论，如在一些历史文化名城或风景城市，对原有的城市格局和气氛有不同程度的破坏，也给城市原有市政设施带来了过重的负荷。高层住宅也引起一系列城市小气候环境和居民的心理健康问题，也日益引起人们的重视。

■再现别墅类型。在一些发达地区，出现了多年不见的别墅式住宅，供外方或企业家购买或租用。不过,许多地方因用地和自然条件所限,别墅住宅缺乏应有的外部环境,实为低层高密度住宅,致使效果大为减色。

试点小区开路

住宅建筑具有明显的地区性,应当适应不同地区人们的生活需求。为了使住宅建设得到健康的发展,政府决定选择不同的地区、不同的特点加以试点。试点工作大大地推动了各地住宅的新发展。

1986年,建设部选择无锡、济南、天津三个城市作为建设部第一批城市实验住宅小区,并将其列为"七五"国家重大技术开发50个项目之一。这三个小区考虑了北方、南方及南北方过渡地区三种气候特点,建设规模总计50万平方米,是一次大规模、多目标的科学实验。三个小区分别从1986年、1987年开始建设,1989年全部竣工。

■无锡,沁园新村,位于无锡市南郊,离市中心5千米,占地11.4公顷,总建筑面积12.5万平方米。其中住宅建筑面积11.2万平方米;可提供商品房2102套。沁园新村代表南方地区,小区采用了改良型行列式布置手法,将点式住宅和条式住宅搭配,条式住宅单元长、短结合拼接,南北进口相对布置,插配一些台阶型花园住宅和四、五层住宅,既为住宅争取了较好的朝向,同时使小区空间有所变化。小区还将不同属性的空间领域作了划分,并强调了空间的序列,精心配置公共绿地的小品及绿化。在设计上,完善了住宅的内部设施,注意了内部设施与公共服务设施、市政设施的配套建设。住宅吸取了传统江南民居形式,成为具有浓郁江南地方风格的花园式住宅小区。

■济南,燕子山小区,地处济南市东部,离市中心3.8千米,占地17.3公顷,总建筑面积22万平方米,其中住宅建筑面积20.1万平方米,可提供住房3468套。济南的气候,既有南方夏季炎热的特点,又有北方冬季寒冷的共性,这一过渡地带在全国拥有相当大的适应范围。小区规划充分考虑当地气候特点及地区民风、民俗特色,做了多种"新型院落式邻里空间"的尝试。院落式邻里空间的基本模式,是由南北加大距离的单元式拼联住宅组合而成,分别设置朝向内院的南北入口,山墙采用向内递错的手法围合成内向空间，辅以围墙、组团标志等形成院落。这些大小不等的院落为居民提供了人际交往场所，密切了邻里关系，有强烈的可识别性和较强的封闭性，增加了居住的安全感和归宿感。院落又提供了良好的日照与通风，适应本地南、北气候过渡地带的条件。

■天津，川府新村，位于天津市区偏西部，离市中心5.5千米，小区占地12.83公顷，总建筑面积15.8万平方米，其中住宅建筑面积13.7万平方米，可提供住房2398套。依靠科技进步，开发运用新技术、新材料是该小区的特色。川府新村的建设涉及54个科研、设计和教学单位，共应用了新技术60项。川府新村首先提出与应用的住宅建设"四新"（新技术、新材料、新工艺、新设备），推动了当时的住宅建设，并为以后的住宅建设提供了宝贵的经验。

川府新村在总体规划布局中，采用了小区→组团→住宅单体的规划结构，四个形式各异的住宅组团围绕中心绿地。各组团采用不同的住宅单体和不同的空间构成："田川里"主要布置了大开间内板外砌系列住宅；"园川里"选用台阶式花园住宅，组团采用里弄与庭院相结合的方式；"易川里"以11.16米进深砖混住宅为主；"貌川里"处于小区中心，采用"麻花型"七层大柱网升板住宅，首层顶部做成外连廊式大平台，形成一个整体。

第一批三个实验小区的成功建设取得了很大的社会效益、经济效益和环境效益，为以后的大批住宅建设提供了宝贵的经验，起到了先导作用，并在实践中锻炼了一批住宅建设人员。

1989年建设部在济南召开会议，总结了第一批三个实验小区的成功经验，决定在全国范围内开展住宅小区试点建设工作。此后，成立了全国城市住宅小区试点办公室，由建设部两位副部长带头。自此，在全国范围内，又进行了第二、第三、第四、第五批全国城市住宅小区建设试点的工作，同时，各省、直辖市、自治区也相继进行了省级试点工作。截至1997年底，先后有90多个小区分五批列入全国城市住宅小区建设试点计划，另有近300个小区列入省级试点，它们分布在全国26个省、直辖市、自治区的110多个城市（县），总建筑规模约8000多万平方米。

无锡沁园新村，1987—1988，无锡市建筑设计院等规划设计。

济南燕子山小区中心，1987—1989，山东省建筑设计院、济南市建筑设计院等规划设计。

天津川府新村，带连廊的住宅，1987—1989，天津市城乡规划设计院、清华大学、建筑标准设计研究所等规划设计。

合肥琥珀山庄，1990—1992，安徽省建筑设计研究院、合肥市建筑设计院等规划设计。

北京恩济里小区，1990—1992，白德懋、叶谋兆等。

北京恩济里小区，中心公园。

至1997年底，相继告竣了30多个试点小区，推动着全国住宅建设迈向新的阶段[1]。

1994年，建设部公布了对第二批15个全国城市住宅试点小区的验收评比结果。15个小区分别荣获金、银、铜质奖，其中的合肥琥珀山庄、北京恩济里小区、上海康乐小区、常州红梅西村等优秀小区更成为住宅建设的典范。[2]

■合肥，琥珀山庄，位于市区西部，紧靠旧城，毗邻绿树成荫的环城公园，离市中心1千米左右，交通便利。琥珀山庄规划为三个小区，占地为32公顷，总建筑面积33万平方米。南村是其首期开发的小区，总用地11.398公顷，总建筑面积11.76万平方米，可居住1428户。南村用地狭长，呈不规则带状，地形起伏，最大高差15米。规划布局突出了因地制宜的原则，设计了便捷、自然、顺应地势的道路系统，沿地形设置一条主干道串联起四个各有特色的组团及公建群。南村的规划不拘泥于一般有规律的居住小区模式，它依据当时当地具体情况，做出了富有创造性的设计。

■北京，恩济里小区，位于北京市西郊，距阜成门约6千米。小区占地9.98公顷，总建筑面积13.62万平方米，可居住1885户。恩济里小区的规划设计以居住的人为中心，在有限的用地上既做到高密度，又争取好朝向，满足人的生理需求，同时试做了部分残疾人住宅。吸收北京传统四合院的形态，将住宅组团建成"内向、封闭、房子包围院子"的"类四合院"。恩济里小区规划结构分级明确，即小区→组团→住宅单体，其道路、绿化、公建系统均根据这个结构而分级设置，每个级别都有各自的功能及相应的空间和领域。同时，遵循人的行为轨迹，安排各项公共设施，道路分级布置，顺而不穿。可以说，恩济里小区的规划与设计是本时期居住小区规划设计的样板。

■上海，康乐小区，位于上海市郊西南部的漕河泾地区，占地8.72公顷，总建筑面积11.87万平方米，可居住2154户，是南方小区的代表。针对上海市人口多、土地紧、住房挤、资金少的实际情况，以及上海人精巧求新的居住心态，在广泛吸取

1　建设部城市住宅小区建设试点办公室，《小区试点导刊》，1996年第1期。
2　参见《建筑学报》1994年第11期。

上海康乐小区，1990—1991，上海　　常州红梅西村，1990—1992，张莘植、
市建筑设计研究院等规划设计。　　　杨金鸿、陶茹萍、黄勇等。

苏州桐芳巷，1996，建设部城乡　　　苏州桐芳巷。
规划设计院。

上海的"里弄建筑"优点的基础上，创造了"总弄→支弄→住宅"的空间序列，强化了住宅组群的归属性，运用过街楼、顶层退台、加大进深等手法、有效地节约了土地、强化了里弄空间领域，使具有一定的社会凝聚力、安全感和亲切感。

■常州，红梅西村，位于市区东北角，离市中心2千米。占地14.86公顷，总建筑面积16.07万平方米，可居住2277户。其规划与设计体现了江南水乡风貌和常州地方特色，小区主路为袋形，串联起五个里弄式或院落式组团，每个组团的住宅有一个主导色彩，入口设小品或过街楼，强调了领域感和识别性。小区的环境设计富有层次，以中心"乐"园为主，铺盖大片绿地与中心游泳池相映成趣，各个组团庭院或堆石成园，或引水为景，情趣盎然。住宅采用江南传统粉墙黛瓦坡屋顶，配以山墙构架符号和不同颜色的大色块，给小区增添了活力。

试点建设总结出了一整套建设经验和预期："造价不高水平高，标准不高质量高，面积不大功能全，占地不多环境美。"并以此推荐和引领此后全国的住宅建设。

小区试点依靠科技进步，实现了小区布局合理化，设计标准化和多样化结合，施工组织管理科学化，力求达到社会效益、经济效益、环境效益的统一。

在住宅单体设计中，对住宅功能及形式有了全方位的探索和提高。提出和贯彻了"三大、一小、一多"的设计思想，即"起居厅大、厨房大、卫生间大，卧室小，储藏空间多。"改善了厨房卫生间的平面布置与设备配置，住宅外貌也得到了很大的改观。

在住宅小区的规划设计中对延续城市文脉、保护生态环境、组织空间序列、设置安全防卫、完善服务系统以及营造宜人景观等方面都作了合理处理。例如苏州桐芳巷，新住宅保持了亲切、清新的外部环境，更新了传统民居的形式。

从安居走向小康

1994年国务院提出了实施国家"安居工程"计划。这是为确保到20世纪末实现居住小康目标而采取的一项重大决策。

"安居工程"是一项由国务院住房制度改革领导小组组织协调和指导、国家计委制订投资计划、建设部具体负责实施、人民银行制订信贷计划、财政部和国家有关专业银行审查监督城市配套资金落实的重要住房建设工程。

"安居工程"从1995年开始实施，到1996年底，全国大部分省、市、自治区都启动了"安居工程"。计划五年内将共建成1.5亿平方米，1995—1997年三年共有近245个城市被批准实施，建筑面积近5000万平方米。安居工程既不是高标准的豪华住宅，也不能是简易房，平均每套建筑面积为60平方米左右，工程一次合格率达到95%以上，优良率达到25%以上。

自1985年国家科委明确提出"到本世纪末，人民的生活要达到小康水平"之后，国家组织了多次全国性住宅设计竞赛，并积极地进行小康住宅的定位和设计研究，其中包括建筑技术发展研究中心与日本国际协力事业团（JICA）合作的"城市小康住宅研究"。

自1990年3月起，历时三年，围绕"小康居住目标预测"、"小康住宅通用体系"、"小康住宅产品开发"等进行了研究，取得了18项重大的成果。

1994年正式批准启动"2000年小康型城乡住宅科技产业工程"，列为优先实施的国家重大科技产业工程项目。该项目的总体目标是：建设40—60个总建筑面积约1000万平方米的小康住宅示范小区。1996年12月，建设部组织各行各业专家编制了《2000年小康型城乡住宅科技产业工程城市示范小区规划设计导则（修改稿）》，为跨世纪的住宅设计指出了方向。1994—1997年，国家有关部门进行了七批小康住宅示范小区的设计审查工作。共有70多个小康住宅示范小区设计方案通过，一大批设计先进的小康住宅示范小区已进入实施阶段。

第十八讲

实验建筑

近些年的许多媒体上，频频出现用来描述建筑新潮的名词，如"前卫"、"先锋"及"实验建筑"等。用词虽然不同，用意却大致一样，都是指那些敢为天下先，有明显"创新"精神，正在被行业或社会普遍关注或认可的建筑作品及建筑师。

关于先锋性和实验性

"先锋"、"前卫"这两个词，是从艺术领域延伸到建筑领域来的，是法文avant-garde的两种不同译法，原意是指"先头部队"、"前面的哨兵（卫兵）"，就是所谓"打先锋的"。西方艺术史中的先锋艺术，本是某些艺术家及其新艺术作品的初创阶段，因为它是新创举，往往受到现行主流艺术的质疑甚至排斥。从历史上看，这些有新创举的"先锋"作品或艺术家，如果能与社会进步的方向相吻合，就会获得艺术生命力，就会在奋斗中站稳脚跟，成为这个时期的新兴艺术，并最终取得应有的历史地位。

西方艺术史中的印象主义、后印象主义艺术，都曾经被老学院派及其艺术家所排斥，但它们最终成为催生现代艺术的强大艺术力量。现代艺术初期的方块主义（cubism，又译立体主义）艺术，也有过这个经历。那些曾经被排斥、受嘲讽但最终被社会和历史所认可的艺术家们，经由"先头部队"而后执掌帅印，最终从"先锋"成为这类新艺术的"先驱"。

在建筑领域，现代建筑的先驱们，如勒柯布西耶、W.格罗皮乌斯、密斯·范德罗、F.L.赖特等大师，也曾经是这样的先锋。这些建筑家，之所以完成了从先锋到先驱这样一个功德圆满的全过程，是因为他们的建筑艺术顺应了社会进步的潮流，在新的社会条件下，创造新时代进步的新建筑艺术。

"实验性"一词更多地用于科学技术领域，指的是为了检验某种科学理论或假说，而进行的某种操作或活动。把"实验性"一词借到艺术领域，是看中了"为探新而进行试验"的这层含义。

所谓实验性建筑的探新实验，起码应当包括两重含义，建筑艺术的和建筑科学的。而在当前大众媒体的语境里，它的含义基本上是建筑艺术的，更向艺术领域的"先锋"靠拢，而并不在意科学技术含量。事实上，我们在谈论"实验建筑"的时候，很难把建筑艺术上的先锋性和建筑科学上的实验性割裂开来，这是由建筑的本质同时含有这两种不可分割的属性所决定的。媒体关注"实验性"或"先锋性"建筑，是因为它们具有新闻价值；我们关注它，是因为对建筑领域的新创造感兴趣，并对建筑推动社会进步和改善民生有所期待。

现代建筑艺术的概念自西方传来。在西方的文化环境里，建筑、绘画、雕塑和工艺美术同属美术、造型艺术。1949年之后，中国高等教育的建筑学专业设置在工科院校，淡化了建筑的艺术属性，加上意识形态方面的原因，使得原本与艺术联系较为紧密的建筑，在新中国逐渐从美术类里游离出来，美术家和建筑师之间的联系，也越来越松散。

但是，改革开放以后，中外建筑和中外美术的交流，各有各的渠道，有些具有西方留学背景的建筑师或教师，重建了建筑与美术的同属关系。他们在国内外出示的一些作品，与国内建筑作品的固有概念很不相同，甚至大相径庭，所以这些作品被媒体叫做"先锋建筑"或"实验建筑"。事实上，媒体上所引的所谓"实验建筑"，从本质上说，是以建筑为话题的现代艺术——艺术装置或行为，这类艺术装置或行为，是艺术，但不是老百姓可以住进去过日子的真实建筑的建筑艺术。

天津"文化实验空间"在2002年9月举办了一个名为"建筑实验——人·伦理·空间"的展览，展示了11位中外艺术家的作品，其中许多就是以建筑为话题的

明式家具，艾未未，以明式家具为原型的雕塑。｜砼，艾未未，一个有内部空间的雕塑。

笼，卢昊，以建筑为话题的艺术作品。

"纯艺术"或装置。艺术家艾未未的作品"之间"、"实验"，就是对"纯建筑"形式的研究，不涉及建筑的基本使用功能。他的"明式家具系列"，其本质是雕塑。这些家具的用料和细部，都是明式的，但却不能在生活中使用，只能作为雕塑式的艺术作品来欣赏。即便是作品"砼"（钢筋混凝土），如果说是个建筑，不如说是一个有内部空间和外部体量趣味的雕塑，因为它没有明确的建筑类型或功能，但它确是一个现代艺术作品。另位艺术家的一件作品"鸟笼"，同样也是一个以建筑为话题的作品。

有国外教育背景的建筑师

分清具有建筑本质可以入住的建筑艺术和以建筑为话题的某种"装置艺术"的区别，对于认识建筑的"实验性"很重要。前者是科学技术层面上的艺术，追求的是建筑的"进步"，即从无到有，从低级到高级的进步，在技术上、功能上或艺术上的进步；后者是现代艺术层面上的艺术，追求的是"创新"，也是从无到有，是具有艺术家自身个性的绝无仅有的创新。

现实的情况是，许多建筑师集两种艺术作品的创作于一身，除了"纯艺术"或"纯建筑艺术"作品之外，他们更致力现实建筑作品的创作，甚至还经常出现介于这两种建筑艺术之间的作品类型。因此，"实验建筑"的现象，既复杂又有趣。

此类建筑师，大多在国内受过良好的建筑教育，然后又有出国深造的经历，是所谓"跨文化"的建筑师。他们之中的许多人，建立起自己的建筑事务所，这样，他们就有条件独立进行探索，较少受到体制方面的约束。还有一些在国内毕业之后，即投入到建筑创作之中，他们在长期的执业中，各有各的经历，其共同的特点是，锐意创新，探索自己的新方向，同样受到社会的关注。

张永和可以说是被称之为有"海归"经历的实验建筑师的突出代表。他1981年毕业于南京工学院（现东南大学）建筑系，当年赴美求学，先后获得理学学士和建筑学硕士学位。1985年起，相继在几所大学任教，此间，他也从事教学活动和理论探讨，并广泛涉猎各种艺术门类，如文学、电影和美术等，逐渐形成了自己的建筑思想，1989年成为美国注册建筑师。在美期间，他参加了许多国际设计竞赛，多次获奖。他那时的设计，更多的属于现代艺术范畴，如1982—1983年的自行车的故事，1984—1988年的窥视剧场，1988年概念性物体设计"蒲公英"桌景——"从桌子到桌景"，1989年的烟斗——概念性物体，现象与逻辑的不对应，现象学中的一个命题以及后来的头宅，衫宅（1990）院宅（一至五，1991），庭院与住宅的新的关系等。1993年，他在美注册了非常建筑工作室，担任主持建筑师，1996年回国，开展国内外的一系列建筑实践活动。

■席殊书屋，是对一个原有二层高的通道改造。建筑师受1970年代之前国内建筑多为"平行"格局的启发，在室内设置了一系列平行的"书墙"，又从原先通道

席殊书屋，1996年，张永和。　　长城脚下的公社之土宅，张永和。　　北京柿子林会馆，2001—2004，张永和。

中每日进出自行车的记忆出发，将自行车轮与书架功能相结合，创造出一种活动书架"书车"，给书屋的室内空间带来了一些灵活性。在有限的层高中，独立的钢框架结构夹层，嵌入其中，用半透明玻璃围出屋中屋，欲在喧闹的城市环境中，创造出可阅读的小屋。

■长城脚下的公社之土宅，是张永和另一个引人注目的作品。长城脚下的公社原名建筑师的走廊，位于京北山区水关长城附近，占地8平方千米，是由开发商选定亚洲12位中青年建筑师12件建筑作品组成，土宅是其中之一。建筑是由两个较长的矩形体量呈V形布置，开口一端面对山景，体量内侧设大片玻璃开向之间的院子，既可作为住宅的"中庭"又具有传统"合院"的意趣。外墙采用北方民居用过的"夯土墙"，结构中运用了"胶合木"构件，此等材料的使用，以期取得朴素的形象和环保的概念。

■北京柿子林会馆，位于北京郊区昌平十三陵万娘坟村的果园内，得名于果园中数目繁多的柿树，其功能为私人住宅兼招待亲友的场所。

由于地处优美的外部环境，建筑师室外的景观以及室内的观景效果，因而房间有"取景器"之意。建筑中部的公共部分是圈绕竹林的平面环形路线，在起居和卧室、书房区域则从一楼到二楼，而在建筑最北侧的客居部分则设了上下两层连通的流线。在大环线中，由于插入保留柿树的小天井，提供了绝无重复路线，由此制造出有丰富体验的内外空间。房屋的承重墙为石夹混凝土，石材只作为混凝土墙的表皮贴面，不起任何结构作用。石材采自于当地，体现了建筑师在材料的选择上试图

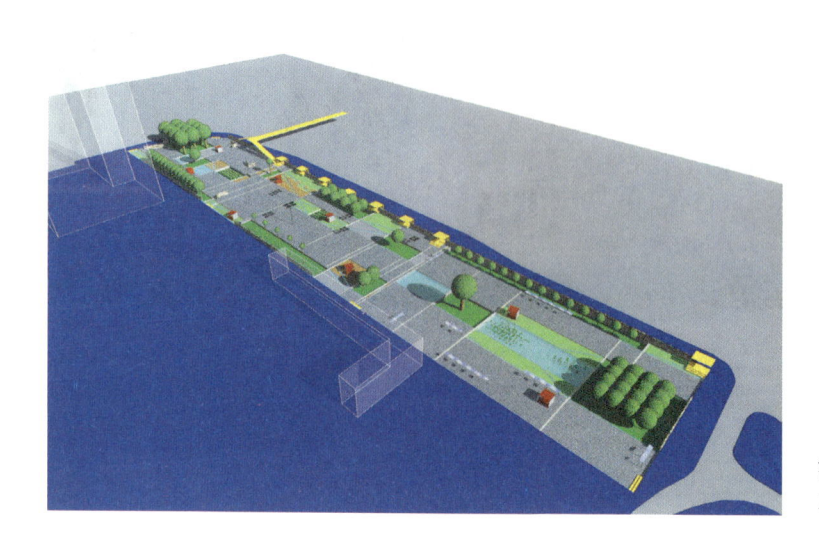

深圳公园方案，1996，马清运。

表现建筑融入地域特征。

张永和有越来越多作品关注城市以及城市环境，如他试图用竹子来改善生态环境的设想等，人们对此评说不一。2005年，他应邀出任美国麻省理工学院（MIT）建筑系主任，成为首位执掌美国建筑研究重镇的华裔学者（任期5年）。

马清运，1988年毕业于清华大学建筑系，1989年赴美国费城宾夕法尼亚大学美术研究生院，攻读建筑硕士学位。马清运在宾夕法尼亚大学期间，曾获得Shenck-Woodman欧洲旅行奖。1991年毕业时获Frank-Miles Day荣誉毕业并取得建筑硕士学位。1991—1995年先后在费城Ballinger及纽约KPF任设计师、高级设计师，成为这两个建筑事务所的主要设计力量。在KPF期间，成为该事务所早期东南亚工程事务的开拓型成员之一。1995年在纽约成立摩尔马达事务所，2000年在上海和北京成立马达思班事务所。

■深圳公园，是一个景观规划设计作品，设计结合自然的"层垒"（layering）思想在这里得到了应用。这种思想认为，所有自然现象都是复杂而丰富的，是由许多层纯净的原因相叠加而形成的。分析研究做得越多，得出的层就越多，最后的现象就越复杂。建筑师对这块矩形基地及其周边环境的单纯元素进行了分析，生成各自的纯平面，如循环系统、潜在的入口、下沉花园、竖向流线、平板花园、城市家

第十八讲 实验建筑

浙江大学宁波理工学院，马清运。

具以及具有纪念性的地点等。再将各层纯平面直接重叠得到最终的设计产物。虽然最后的结果看上去很普通，但它背后却隐藏着深层的理论分析，还原一个足能满足复杂生活的普通场景。

■宁波天一广场，位于宁波中央商业区中山路南侧，占地面积20万平方米，总建筑面积22万平方米。这是一个中心商业区，建筑师通过对不同的景观主题和交通流线安排，从细微之处入手，逐渐使广场地向心性偏离，让广场生动起来。空间内加入了小型零售商，活跃了空间气氛，建筑的灵活性也保证了购物体验的多样化。这也是一个现代市民广场，成为宁波都市生活和商业活动的舞台。广场建筑由22栋低层建筑围合起中央广场和景观水域。低层的建筑保留了开阔的视野，设计还考虑到历史重叠而成的肌理，保留了广场范围内历史遗迹及文物。

■浙江大学宁波理工学院，体现了高速城市化条件下的高密度应对，使之成为一种具有都市密度的大学。首先把密度高的元素带到彼此靠近的位置，引发元素间新的变化，这种最大程度的接近，将产生最大程度的灵活性，提高资源和时间上的有效性。这种密度对应了周边的关系，不去打断永远不断产生的都市肌理，而是去联系，去刺激，去多样化它周围的城市。这是一种与传统校园规划将建筑散落到绿地中对立的想法，尽可能加强建筑群的联系。

2006年6月，马清运获得美国南加州大学的聘书，出任该校建筑规划学院院长，这是继张永和之后，又一位获得美国大学建筑学专业领导职位的中国建筑师。

都市实践（Urbanus Design Worldwide Ltd.）是一个在美国注册的建筑师事务所，由几位对建筑怀有热情的青年建筑师创立的建筑创作团体。主要成员有：刘晓都，1984年毕业于清华大学建筑系，1992年获美国迈阿密大学建筑学硕士学位；孟岩，1991年获清华大学建筑学硕士学位，1995年获美国迈阿密大学建筑学硕士学位；朱锫，1991年获清华大学建筑学硕士学位，2000年获美国加州伯克利大学城市设计硕士学位；王辉，1993年获清华大学建筑学硕士学位，1996年获美国迈阿密大学建筑学硕士学位。他们毕业于同一个学校，都有在国外学习并从事一些设计事务的经历。

该事务所的设计主旨是关注中国城市化高速发展的城市问题，而对于城市文化、景观以及艺术等问题的思考，以及从广阔的城市视角和特定的城市体验中去解读建筑的内涵，是其作品的灵感源泉。

■地王城市公园，从与城市步行系统的连接开始，整个用地被分成带状步行广场和台地庭园两部分。建筑师在深圳这个新兴商业都市中置入一方文化天地，把传统主题与新的商业景观拼贴在一起，试图形成新的多层次的都市景观和文化体验。设计还想通过城市设计与园林设计的结合，来织补急剧建设而遗留的支离破碎的城市公共空间。建筑师认为，城市景观是人们与城市最直接交流的表层因素，就以深南大道为主线，通过一系列的公共广场和环境设计来重构城市空间，以避免单一功能带来的中心区的"人气"不旺，解决地王大厦的孤岛状态。

■深圳公共艺术广场（Public Art Plaza），是他们致力于研究城市公共空间对城市文化发展影响的重要尝试和探索。在设计中他们希望促成：艺术家的艺术活动在城市场景的展示；建筑不再是对广场的界定，而成了广场空间的延续；调节广场周边城市空间支离破碎状态。

设计的起点是对城市中心的平坦地表的重塑，结合功能采用隆起、折叠、凹陷、断裂等手段，创造新的人工地貌。屋顶与地面、墙面连成一体，纯粹的建筑与纯粹的广场都消失了。16棵树从半地下车库屋顶孔洞穿出，为车库提供强烈戏剧性的日光和灯光。广场鼓励非传统的雕塑陈列方式，艺术家针对不同的广场人工地貌设计根植于

地王城市公园，都市实践。| 深圳公共艺术广场，都市实践。

西门子信号有限公司新厂，维思平公司。| 亚运新新家园俱乐部，维思平公司。

特定场所的环境雕塑，而广场本身也成了一件大型城市雕塑，人群在广场中的游弋也是对艺术的直接触摸。该设计表达了希望将艺术融入城市生活的理想。

维思平公司（WSP）是从事风景建筑创作的单位，主要成员有吴钢、张瑛等。吴钢1988年毕业于同济大学风景设计专业，1992年获德国卡尔斯鲁厄大学建筑设计硕士，同年成为该校博士生,主攻城市设计。此后,在欧洲多个事务所参与设计实践和设计竞赛,1995—1997年在德国成立维思平公司,1998年成立北京维思平建筑师事务所。

■西门子信号有限公司新厂,位于西安开发区内一块130×102米的基地上。工厂的三个主要组成部分:生产大厅,可以实现产品和流程变化的最大自由度;办公及职工食堂,围合成一个三合院式的钢框架U型结构,形成了一个有效且不影响生产的参观走廊;朝北的院落,面向开发区的东西向主干道,展示了一个可识别的开放性格。设备层位于双层结构的屋顶,是一个无支撑、自承重的弧形压型钢板屋顶,它覆盖在U型结构之上,形成可通风的"冷屋顶"。

■亚运新新家园俱乐部,位于北京亚运村北部森林保护带内,地段周围树木茂密。在一个围墙围合的院落中,原有一片竹林与作为礼堂和管理用房的三幢一层平房组合而成,院落的后面有一个幽静的水塘。尊重现有的构筑物和环境并发展它,是设计的出发点和敏感之处。

张雷,1985年毕业于南京工学院(东南大学)建筑系,1988年在东南大学建筑系获硕士学位并留校任教。此后曾在瑞士苏黎世高工建筑系读研究生,1993年毕业。现为南京大学建筑研究所教授,南京大学建筑规划设计研究院总建筑师。

张雷是"南大建筑"这一青年建筑师群体的核心成员,其建筑设计实践有明确的理论口号——基本建筑。他认为在世纪更替之际,世界建筑经历了许多"先锋"建筑的挑战和价值观的纷争之后,应当再次向理性和简约回归,回归到基本建筑理论上去。他用简单的几何形体来解决复杂的建筑功能问题,并在其中探讨抽象几何形体之美。

■铜山宾馆。建筑群由桃树林中三幢各为45米直径的环形客房楼和矩形的辅助楼组成。纯粹的几何体量的组合,简洁有力的组合,扩展了几何体的张力。客房楼内向、朴实、厚重的圆柱形形体,圆弧形阳台,漆黑深邃的洞口,粗混凝土的饰板,砖色墙体与背后暴露出金黄色岩石脉络的群山相呼应,表现了一种内省朴实的美,表达了他的一贯的设计理念——"几何象征着宇宙的秩序,是一种内在的自然,几何的人为美能够带领人们走向精神的心灵世界"。

■南京大学陶园研究生公寓。在设计中很好地回应了南京夏季十分炎热而且湿度很大的气候特点。建筑师在南立面上,采用每两个房间合用一个凹阳台的组合方式,

第十八讲 实验建筑

铜山宾馆，总平面图几何形体组合，张雷。

南京大学陶园研究生公寓，平面图，2000，张雷。

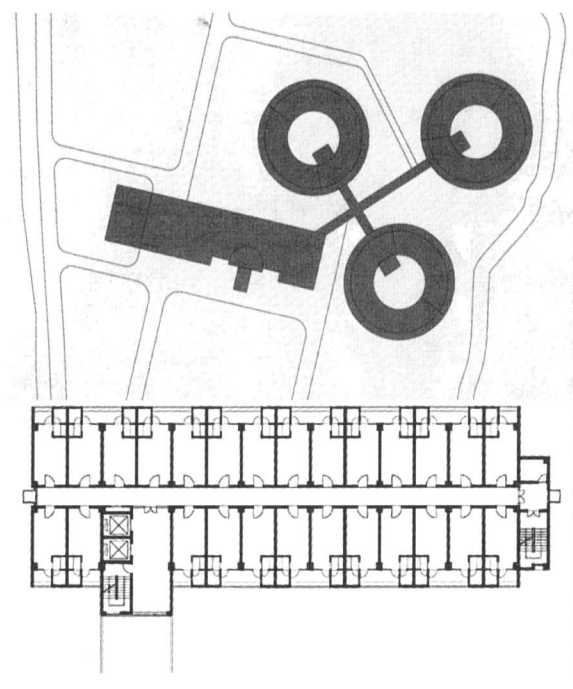

南京大学陶园研究生公寓，廊道，2000，张雷。

并在阳台之间布置卫生间，使得主要房间没有直接对外的墙面，有助于冬夏两季保暖隔热，同时也有利于卫生间对外通风。阳台可以作为两个房间之间的交流场所，也是晾晒衣被的地方。阳台外表面木采用百叶，既可在必要时阻断视线，又不影响通风。

齐欣，1983年毕业于清华大学，同年赴法国留学，研究城市设计和建筑设计。1986年起先后在若干法国建筑师事务所工作，1992年获法国注册建筑师资格，1994—1997年在香港及伦敦福斯特事务所工作，1997—1999在清华大学客座任教，1998—2001年在北京京澳凯芬斯设计有限公司任总设计师，2001年起任维思平建筑设计咨询有限公司总设计师，2002年成立齐欣建筑设计咨询有限公司，自任董事长和总建筑师。

齐欣在法国和英国学习和工作，他的基本建筑思想却是质朴的建筑师专业思想和方法。曾经在福斯特亚洲事务所的经历，加强了他用技术手段解决实际问题的能力，在实践中形成系统的专业技术思想。例如好的建筑形式要表达地方建造技术，

北京国家会计学院，齐欣。　　　　　　　　　　　　　　　　　　　　　　　　绵阳博物馆，齐欣。

好的技术要结合当地气候，好的技术要考虑当地文化等。

■北京，国家会计学院。面对北京地区的气候条件，建筑师希望通过技术手段，避免气候的不利因素。主体建筑外墙选用三层玻璃幕墙，里面是双层中空玻璃，外面是单层玻璃，幕墙顶上和底下各设计一个通风口。这样不用附加辅助设备，夏天打开通风栓，就能产生自然对流，并可以节约30％左右的能源。冬天把通风口封住，里面就形成一个自然温室，能节约40％左右的能源。图书馆的玻璃使用则更为精心，由于图书馆剖面是一个1/4圆，外面是一个曲面，考虑到采光和透明效果，所以采用透明玻璃。考虑到尽量减少光辐射，做一些磨砂玻璃的点分布在透明玻璃上，越到上面，磨砂玻璃的点面积越大，以减少光对室内的威胁。

■绵阳博物馆，收藏的文物有30％为汉代出土文物，且在地段的西侧立有两尊被列为国家一级保护文物的汉阙。建筑师试图以现代的建筑材料和语言，展示中国传统建筑形式。传统建筑布局中，东西轴线使汉阙成为空间序列中开场白，南北轴线又将北边的一片绿化停车场和南边一幢现状保留建筑与新建筑连成一体。一个由柱廊组成的虚的正"L"形与一个由建筑组成的实的反"L"形围合出一个方院。中国建筑中的三段式，也恰与此建筑所需求的遮阳飞檐、展览空间及文物修复车间和库房相吻合。现代材料的使用，让建筑更加晶莹剔透，更富有现代感。

国内受基本教育的建筑师

还有一些青年建筑师，他们也在国内受到良好的建筑教育，但并没有在国外学习或工作的背景。他们一边从事创作或教学，一边深刻地思考建筑和艺术创作的理论问题，有所心得就投入建筑实验，得到社会的关注或承认，他们的实践活动，对于广大青年建筑师更具现实意义。

崔恺，1982年春季毕业于天津大学建筑系，1984年获天津大学建筑学硕士学位。分配至建设部建筑设计院任建筑师，长期从事建筑创作至今。

崔恺初期的建筑创作，明显带有学院派严谨扎实的作风，从北京到深圳再到香港的工作经历，使他在建筑处理方面更加灵活，西安的阿房宫宾馆（凯悦酒店）和深圳蛇口明华中心等作品，反映出这一发展。

崔恺从香港回到北京后（1989），遇到北京丰泽园饭店这样的课题，与曲阜的阙里宾舍和西安的陕西省博物馆这两件大师级的作品不同，他采取了地域性建筑而不是大屋顶的处理方法，使建筑与周围传统街区形融合为一体，并传达了老字号饭店的文化内涵。

北京外语教学与研究出版社办公楼是另一件有突破意义的作品，设计以中西方建筑语汇的并存来转译中西文化的交流，建筑形式及其内涵又在大众欣赏能力之内。此后崔恺接触新的设计很多，但这外语研究与出版社印刷厂改建和现代城SOHO住宅的设计却是他自我感觉收获最大的。现代化进程中城市文脉的保护和延续，旧建筑改造和有机更新的做法，使他不断地提炼自己的建筑语言，努力突出现代建筑的真实原则——形式为功能服务。他摆脱已经成型的个人风格，在另一个高度上认识自己，对建筑真实性开始新的实验，迈向建筑的新的旅程。

建筑师应当善于和同事合作，善于和业主沟通，这些也是崔恺取得显著成就的优点之一。

■西安，阿房宫宾馆（凯悦酒店），位于市中心繁华地带，客房500间，主楼12

层。建筑形体从环境分析入手，解决在转角地带的封闭式空间，避免客房直接对繁华街道的噪声，把光线引入北立面并调整矮胖的比例等问题。造型简洁，力求与古城的环境如城墙和塔等相协调。

■北京，外语教学与研究出版社办公楼，建筑平面呈50×50米的方形，受周围环境和方位的提示，将方形沿45°切成两个三角形，其中安排功能。在体量方面，将建筑的外轮廓保持在50米占地的外墙基面上，把中部多出面积去掉，处理成中空、外透的完整体量。建筑体量的切割、立面的处理，中部庭院和室内处理有比较一致的建筑语言。

刘家琨，1982年毕业于重庆建筑工程学院（今重庆大学建筑与城规学院）建筑系，分配至成都建筑设计研究院。1984—1985年曾赴西藏从事设计，1987—1989年被聘至四川省文学院从事文学创作。1990—1992年赴新疆从事设计，1997年辞职，与北京三磊建筑设计有限公司合作，并于1999年成立成都家琨建筑设计事务所。

早期现代建筑对刘家琨的建筑思想有重要影响，这种影响被归结为"前进到起源"，就是从混沌和迷茫中冷静地返回现代建筑的起点。刘家琨的叙事文学创作，对他的建筑设计也有重要作用，1980年代初期的文学作品，就表现出西方现代文学的影响，此间他探讨了"个体意识的苏醒"、"人与自然的神秘关系"等问题。叙事性小说的偏好，使他的建筑作品也表现出叙事性的特点，如"游走路径"就是从空间形式上对叙事语言概念的回应。

1994—1999年，刘家琨先后完成了艺术家工作室系列，包括罗中立工作室、何多苓工作室、唐丹鸿工作室、王亥工作室等，"游走路径"把建筑师个人的空间经验和表现（如内省天井、民居式的非常规空间、田园或城市风景）按照预设结构随观者的行进徐徐展开，常常以坡道的空间形式出现，楼梯间趋于消失。

刘家琨对社会资源经济性的思考，不但在于结构体系、材料、工艺等技术资源的现代性和本土性方面，特别是在城市背景下对当前社会问题和社会现实的思考具有积极意义，如用低造价和低技术手段营造高度的艺术品质建筑，以及对"烂尾楼"的处理等。

■艺术家工作室系列作品，包括罗中立工作室、何多苓工作室、唐丹鸿工作室、王亥工作室等，这些建筑具有早期现代主义建筑的意趣，用坡道打破平面形式

第十八讲　实验建筑

西安阿房宫宾馆，1986—1990，梁应添、崔恺、朱守训等。｜北京外研社办公楼，1996—1999，崔恺等。

罗中立工作室，刘家琨。｜何多苓工作室，刘家琨。

的单调，向内部开敞的天井，形成不同"游走路径"，同时也造就了现代建筑式的简洁的外部形式与复杂的内部空间。罗中立工作室，设置了两条路线，室内围绕圆形体量上升的不规则的"游走路径"带来暧昧不清的民居式非常规空间；室外另一条"游走路径"围绕外墙折线而上。在何多苓工作室里，室内外的"游走路径"合二为一。从入口坡道开始，盘绕天井四壁而上的路径转变为飞廊，穿破天井和外墙

341

后急促而下，终止于室外的观景平台。

■成都文化艺术学校，西面为交通干线，东面是杜甫草堂。1996年，学校获得草堂西侧一块狭小的三角形用地。难点在于，新校舍必须包括学生宿舍、办公室、排练厅等所有功能，在这块狭小用地里只能沿街集中布置建筑，以尽可能留出东侧的绿地。一期工程主体里一层为学生住宿，2—5层的西面为办公和排练厅，东面为教室，6层为美术教室，主体北侧为杂技和舞蹈厅。各层局部设置了阳台、走廊，并在主立面上打开一些洞口，让这些路线暴露出来，少男少女演艺学员的日常的走动，本身就是一种社会风景和表演，洞口无疑增加了建筑的戏剧性。

王澍，1985获南京工学院建筑系学士学位，1988获该校建筑研究所硕士学位。1988—1995在浙江美术学院（现中国美术学院）工作，2000年在同济大学获博士学位后，在中国美术学院设计学部任教，创立并主持建筑艺术专业。

王澍在杭州中国美院的教学工作，展开了对艺术理论的广泛涉猎，杭州这个具有自然美景和人文历史的城市，促成他做文人建筑师的意愿，他在《造园记》中明确表露出他对中国文人生活的向往。他说："我一向首先视自己为文人，幸运的是，在一般意义上的文人都不通晓建筑技艺的今天，我还是一个建筑师，粗通建房的艺术。在一个萦绕于心的念头驱使下，我玩起了自己的游戏：我想造一个园林，在一套二室一厅的公寓住宅中，试着做一个李渔。"

王澍建立的"业余的建筑"理论框架的首要目标，在他对业余的建筑的长达26段的定义和描述中可以看到，"否定"是他描述"业余的建筑"的主要思想方法：反对结构中心论，反对艺术至上论，反对技术决定论，反对预设的理论体系等。其实，业余的建筑就是反主流的建筑，不按老套路自由探索的建筑，从而更接近自发的建筑秩序。

王澍认为，面对不同的任务，建筑师应尽力避免"放弃自我"或"完全自我"两种极端，在物质的客观和使用者的主观之间，寻找一种平衡，才能保证建筑师创作的自由。同时他认识到，建筑真实的现场建造过程，不但会给建筑师以欣悦，也是建筑师的设计过程，现场感可以发挥工匠的自由创造力。

这样，王澍不但具备了对现成建筑创作秩序的批判态度，也拥有了脚踏实地实现建筑作品的精神。

第十八讲　实验建筑

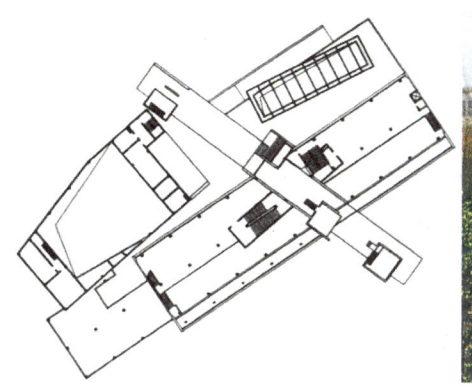

苏州大学文正学院图书馆，总图，1998—2000，王澍。

苏州大学文正学院图书馆。

■苏州大学文正学院图书馆，这幢建筑的主要体块，本来是同一体系平行、规矩的，但由于有一条通道从上面的教学区庭院冲下来，由建筑群中斜穿而过直插湖边，四个小盒子散落在道路两边，入水的"诗歌小屋"构成了个水上的亭子。房子的入口处被处理成扭转的小方盒，俏皮地指明了去往建筑入口的方向。每只小盒子都富有自己的"表情"，归根结底，他们是富于戏剧性的。

■杭州，中国美术学院象山校区。校区没有选择进入政府组建的大学园区，而是选择了有水环绕的一座叫"象"的小山。象山北侧是校园的一期工程，是由10座建筑与两座廊桥组成的建筑群。校园建筑定位为一种"大合院"的聚落，一座玻璃塔被放在精心选择的位置，形成"面山而营"的"塔院式"格局。合院中，建筑和自然各占另一半，建筑群敏感地随山体扭转变化，并兼顾整体性。平坦场地被改造为典型的中国江南丘陵地貌，用以控制和消解巨大面积所导致的巨大体量。建筑被压低，水平的瓦作密檐再次强化了建筑群的水平趋势。超尺度的门和与人等高的门的并置，一系列类似做法瓦解了关于建筑尺度的固定观念，也使一群简单建筑具有了复杂的玄思意味。在建设过程中，针对中国正在发生的大规模拆毁现象，搜集了近七百万片旧砖、瓦、石用于校园建造，这些可能被作为垃圾抛弃的东西在这里被循环利用，并有效控制了造价，这体现了一种不同的中国建筑营造观。山边原有的溪流、土坝、鱼塘均被原状保留，只做简单修整，清淤产生的泥土用于建筑边的人

343

杭州中国美术学院象山校区一期工程，2001—2004，王澍、陆文宇。

杭州中国美术学院象山校区二期工程，2004—2007，王澍。

工覆土，溪塘边的芦苇被复种，越来越多的周边居民进来散步游览。在转塘这座已经完全瓦解的城市近郊城镇中，新校园重建起一个具有归属感的中心场所，接续了地方建造传统。

刘谞，1982年毕业于西安建筑科技大学建筑学院建筑系，他积极要求赴新疆工作，并在那里开始了他的建筑创作生涯。不久刘谞荣获自治区颁发的"建设新疆、开发新疆优秀大学毕业生"称号，突出的作品有新疆工会大厦和被指为"另类"的兵团商贸中心。

1988年，他本着"作为时代的建筑师，应当全方位地了解建筑工程建设的全过程，以晓知建筑的成本和经营及市场经济与建筑、建筑师之间的关系，从整体上观察建筑创作的运行"的思想"下海"从商。这年正是我国"物价闯关"，经济形势严峻的一年，建筑师生存空间也受到压缩，他就在这一不利环境中，思考了建筑师的应有作为。1992年，他弃商"上岸"回到新疆，开始新一轮的建筑创作，此间的作品，以尊重历史、环境、崇尚自然为基本宗旨，探求特殊的地域文化建筑意趣。吐鲁番宾馆新楼以及1993年完成的海口财盛大厦，是早期作品，前者有意脱离新疆建筑的尖拱模式，由"民族形式"向"地域性"建筑转化，后者则是重新以建筑师身份与建筑商成功合作的作品。

除了建筑师与建筑商的身份之外，刘谞还曾任职喀什市人民政府副市长，并于1999年被表彰为"优秀科技副市长"。他可能少了更多的建筑创作机会，但是他可以宏观把握一个城市的发展，比如他进行的"喀什市历史文化名城保护总体规划"等。

刘谞认为，面对日益剧烈变化与增长的信息时代，建筑师应该探索、寻找出符合时代精神的创作理念。建筑创作更重要的是关注运动和变化，"以万变应万变"才是向这个动态社会挑战的有力回答。

■喀什体育馆，是刘谞的第一个公共建筑作品，在改革开放不久的新疆喀什而言，这是形象比较新颖的作品。同时，我们应当注意到，他在这一作品中对"尖拱"这一符号的运用。从1950年代起，新疆建筑师就在建筑中使用伊斯兰建筑的"尖拱"符号，做出了许多有西部民族风格的建筑，在内地获得广泛好评。初涉建筑创作的刘谞，也很想运用这一符号，但他不甘心跟随人后，于是用这个"尖拱"曲线做了一对实体的饰物，结果出现一对像"导弹"似的东西。这件也许就是他与老一辈建筑手法告别的作品，后来极少看到他使用这个符号，从而开始由所谓"民族形式"转向地域形式。

■吐鲁番宾馆新楼，我们已经在"新地域性"建筑一讲介绍过。在这个建筑的

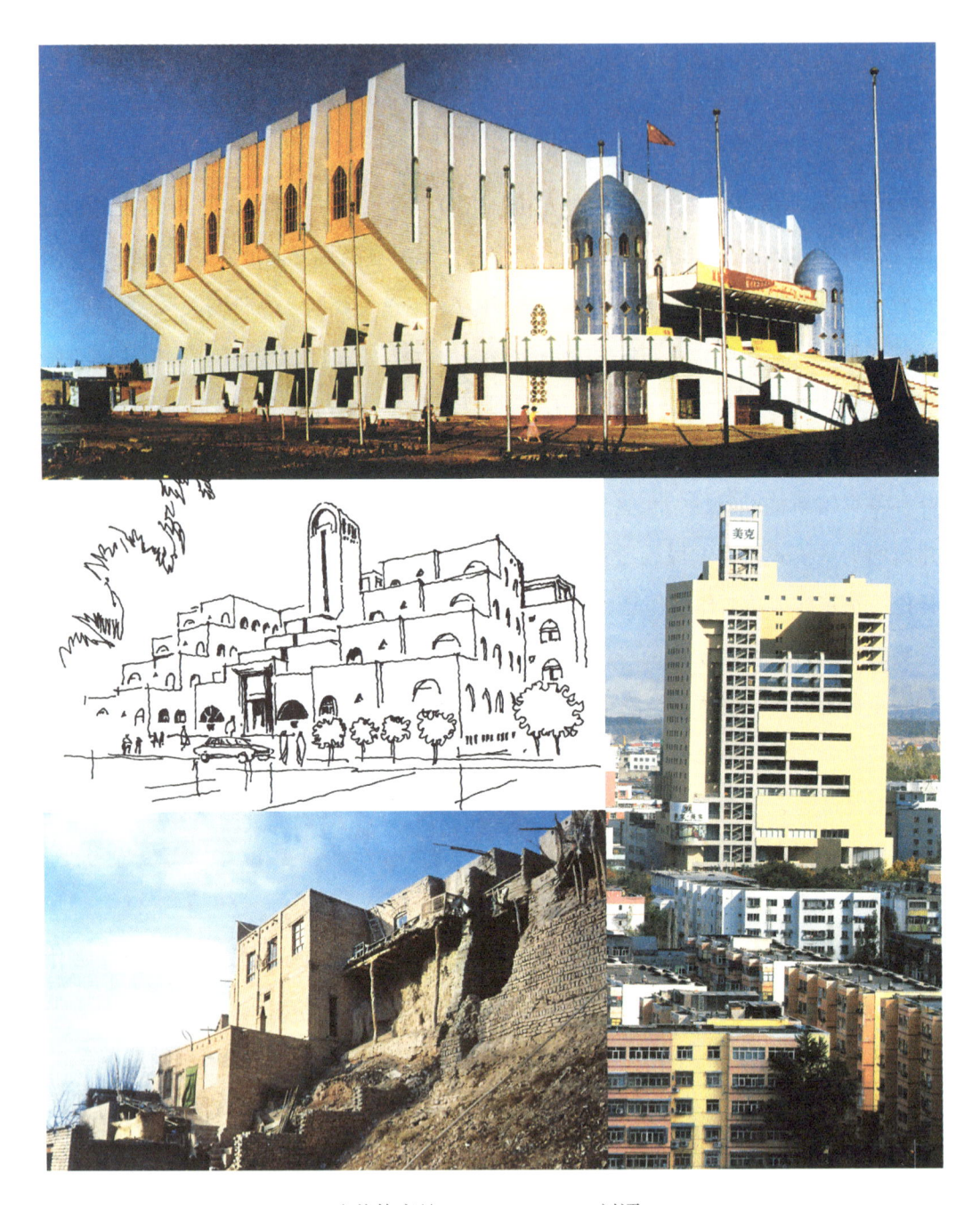

喀什体育馆，1983—1985，刘谓。

吐鲁番宾馆构思草图，1992，刘谓。　　乌鲁木齐新疆美克国际家具股份有
　　　　　　　　　　　　　　　　　　限公司研发总部，1999，刘谓。
　　　建筑皈依于自然。

设计上，刘谓走了寻求西部地域性建筑的新路，从所拍摄的地方图片和构思草图来看，也已经完全是一条新路。

■乌鲁木齐，新疆美克国际家具股份有限公司研发总部，建造地点在原有塔形建筑前，为使企业发展的延续及空间的渗透加之停车回转之要求，首层至四层为局部架空。一至二十二层层高均为3.35米。在建筑中间设直径为21米，高为90米的共享空间，其目的在于解决人流，每层交通枢纽、通风、采光等。标准层东西两侧层层递增与递减以争取较好的朝向，且与内筒（共享空间）形成生态的自然通风体系。

实验建筑最初得自它的"先锋性"，一是建筑师表现的许多现代艺术思维及其相关艺术作品，二是它们的建筑作品锐意创新、出其不意。这些性质，在过去的建筑创作中极少出现。从我们见到的实例可以看出，所谓实验建筑师，他们大多以现代建筑的原则为出发点，从建筑本体出发，从建筑实现出发，有强烈的专业精神，也有对文化方面的思考，这些，与大多数在现有设计院体制下工作的建筑师并无两样。不一样的是，所谓实验建筑师更自由、独立，从他们手中出现"新锐"作品，阻力较小。

随着建筑设计体制的改革，更多的青年建筑师脱颖而出，老一辈建筑师在建筑创新方面也并不缺席。建筑创新离不开实验，建筑的进步，本来就是实验的过程。

第十九讲

建筑新风

任何社会中的建筑发展与成就，都必然包括建筑的作品创新和理论建树，让我们粗略地观察一下改革开放以来建筑作品的新貌和建筑理论的建树。

经典建筑类型的新表现

我国现代建筑的起步并不算晚，就一些发达的大城市而言，不论设计还是整体建设水准，都曾达到较高水准，其中个别项目可以与国际水准并论。但就发展十分不平衡的整个中国而言，摩天大楼与秦砖汉瓦同在。1949年后，国家面临十余年战争之后的满目疮痍，当要展开大规模恢复和建设之时，无论在素质和规模方面，建设力量都显得如此薄弱，甚至《人民日报》发表社论呼吁："先有设计才能施工。"

第一个五年计划期间，设计和建设水准有了大幅提升，特别是在工业建筑和相应的生活设施方面，这要得益于苏联的"156项"援助项目，大规模工业建设是中国建筑师过去所陌生的。但在"一五"计划完成之后，我国经济长期处在巨大波动之中，政治运动不断，物资长期匮乏，十年动乱使这种局面雪上加霜。改革开放之前的建设环境，使中国建筑没能达到理想的水平，从普遍意义上看，也可以说中国建筑师没能发挥出应有的水平。

建筑设计及建设水准的大幅提高，还是在改革开放之后。在全国政治安定、经济稳步高速发展的前提下，中国恢复了与世界的交流，"引进来"和"走出去"的多重经验，大大地提升了中国现代建筑的整体水平。我们前面已经讲到了这些成就的许多侧面，这里想从传统的建筑类型方面，观察一些新的成就。当然，要说我们的建筑设计和建设水平，已经整体达到了国际先进水平还为时过早，但是，相对我们自己的过去而言，水准的提升却也是有目共睹。这些成就，主要表现在经典建筑类型的创新能力有所突破，而这些也大大地突破了经典现代建筑的技术层面和艺术表现力。

现代建筑有许多经典性类型，如体育建筑、交通建筑、科教建筑、博览建筑、高层建筑及工业建筑等。功能性、科学性、经济性、真实性、空间化、理性化是经典现代建筑的设计原则，新时期的许多优秀建筑，在遵循现代建筑原则的基础上，深入当代生活，从一个或几个方面，突破了机械式和某些固定的模式，不论从原则上，还是从设计水准上，都有些新面貌。

一、体育建筑

体育建筑是全面体现现代建筑精神的一类建筑，有比较复杂的功能、多样的结构形式和丰富的造型。1990年代以来，体育建筑进入全面"升级"的新境界。比如，体育设施经常以综合场馆的形式出现，对场馆提出更新的功能要求和技术要求，专用体育场馆的建设增多，体育建筑形象的主动创造意识十分强烈等。在经济性、科学性与真实性的原则下，以不同的手法处理千篇一律的"方盒子"，更注重建筑本体价值的开发。

■北京，国家奥林匹克中心。以系统论的思想进行规划设计，追求建成环境的连续性和整体性。总体设计中充分考虑了建筑与环境的互补关系，场区中心布置了2.7公顷的人工湖，反映周围景色的同时，改善了小气候；根据不同功能要求灵活布局绿化，使不同地段各具特色；雕塑、小品、铺地等使景观有机联系，成为一处经管完善的体育公园。设计者的意图在于通过一系列的自然与人工环境因素，激发人们的参与意识，突破体育场馆设计的传统观念，使其成为一处充满体育精神的场所。

■广州，天河体育中心。为举办1987年第六届全国运动会而建，包括6万座位

北京国家奥林匹克中心，1984—1990。

北京国家奥林匹克中心。

广州天河体育中心，1984—1987，郭明卓、余兆宋、劳肇煊等。

广州天河体育中心，体育场。

的体育场、8000座位的体育馆、3000座位的游泳馆及练习馆、风雨跑道、田径、足球练习场等训练设施。体育场临水，结构外露，白色体量显得轻巧通透，水池、现代雕塑和喷泉加以衬托，有丰富的整体感。体育馆采用多种艺术手法，使得巨大的体量通透轻快。比赛大厅合理安排观众坐席和相关设备，屋顶结构外露，设备吊装在屋顶结构上，几乎不作任何装饰处理。游泳馆雕塑感强，白色的体量下部挖空，于山墙部位贯穿玻璃体形棚罩，加强了材料的对比。

■天津，体育中心及体育馆。位于天津市区西南部南开区宾水道，有主馆、副馆、小练习馆、联结厅及体育宾馆五部分组成，是个集比赛、训练、住宿和康复为一体的大型综合性、多功能体育馆。馆内有高水准的照明、音响、通信设备、大型彩色屏幕和计算机管理系统，是当时设备最先进、功能最完善的体育馆。结构选型采用了简洁的"飞碟"式，力图成为一个庞大而精美的机械产品。

■长春，冰上运动中心。运动中心的冰球馆，屋盖为双层平行错位预应力悬索与轻型钢架组合结构，受力合理、技术先进、施工简便、用钢量少。屋盖承重索按

第十九讲 建筑新风

天津体育中心，1992—1994，王士淳、王宝田、刘景梁、张家臣等。	体育馆。
长春冰上运动中心，冰球馆，1983—1986，梅季魁、郭恩章、刘志和、张伶伶等。	练习馆。

两侧看台高低的不同倾斜悬垂，吸音体随其升落并封透交替，顶部采光紧密呼应，空间明快。起伏不已的波状檐口与平坦的弧形屋面，顺利地解决了屋面排水，并比折板结构减小了可观的屋面展开面积，同时成为建筑内涵的象征。冰上运动中心的练习馆因投资限制，不作保温采暖，以简洁的格构式钢架，覆盖瓦垅钢板和玻璃采光板，围合出的空间经济实用、光线明亮、内景独特，外貌不俗。

■哈尔滨，黑龙江速滑馆。观众席2000座，跨度86.2米，长度191.2米，冰道长400米，为目前世界上仅有的五座速滑馆之一。速滑馆的用地较紧，圆柱和球体组合成的体量比平行六面体要小，渐升渐退无逼人之感。近看只有一两层的高度，尺度宜人，远看则不失宏伟壮观。平展的休息厅玻璃幕墙，有利于淡化自身、扩展外部空间，给广场增添了几分宽松感。比赛大厅的功能设计考虑了可持续发展，为日后开发田径、足球等项目留有余地。比赛大厅空间巨大、看台少，场地多，采用拱形界面内聚力强，有助于克服空荡感。比赛大厅将屋盖结构、管道、设备等有组织地暴露

哈尔滨黑龙江速滑馆，1994—1995，梅季魁、王奎仁、孙晓鹤。
———比赛大厅。

北京石景山体育馆，1986—1988，梅季魁等。

在外，增加了界面的层次感，并以优美的网壳图案、轻巧的杆件、流畅的环形灯桥和粗犷的空调管道等展示技术美。流畅的建筑外形意在表征速滑运动质朴的美。

■北京，石景山体育馆。采用少见的三角形平面和下沉式布局，以适应特殊的地段形状。比赛厅场地规模由专用的25×36米扩大到34×44米，为多种用途使用和提高使用率创造条件。座席为不对称布局，便于多种使用时获得较多的有效席位。比赛厅空间量体裁衣，有高有低，节省体积并构成向外升腾的体形。采光带向中心汇聚，突出了场地。薄壳结构暴露，屋盖结构依空间需要由3片双曲抛物面网壳组成，表现体育运动的健与美。

■北京体育学院体育馆。是一座多功能、综合性体育馆。比赛馆平面呈八角形，大厅屋盖结构采用四角有落地斜撑的双层双曲扭网壳，建筑造型表现了结构形式和大跨度空间结构之美。白色的外露网架、鲜红的金属屋面、洁白的实体墙面、大片灰色玻璃幕墙以及四周环绕的绿色草地形成了色彩对比和虚实对比，体现了功能、结构与美的结合。

■成都，四川省体育馆。坐落在高出室外自然地坪2.1米的台地上，1万座位。

北京体育学院体育馆，1986—1988，林爱梅、李笑美、王余生等。

成都四川省体育馆，1984—1989，黄国英、黎佗芬、朱思荣等。

平面近似矩形，布置简捷紧凑。比赛空间设计新颖，充分利用屋面结构所形成的空间。屋面是国内首创的单层预应力索网与拱的组合形式，建筑造型运用了结构所形成的室内空间和室外体量，寓有"腾飞"的含义。

■大连体育馆。6000座位，把比赛场地水平旋转45°，观众席区由通常的矩形变成三角形，这就减少了偏而远的坐席。在外部体量的处理上，把观众席下部的4个三角形空间削去，安排了4个入口，体量的四角翘起支撑点内移，使建筑呈现向上腾跃之势。建筑的形式源于功能，外部体量源于内部空间，内外组合自然流畅，建筑具有雕塑感和粗犷有力的北方建筑性格。

■上海体育场。坐落于徐汇区，可容纳8万人，作为第八届全运会开幕式主会场使用，是上海目前最大的体育中心。平面为直径273米的圆形，立面以实体玻璃墙与周围镂空的构架结构形成对比，马鞍形白色透明的膜结构屋顶高低起伏，充满

大连体育馆，1985—1988，苏兴时、丁国宝。

上海体育场，1997，上海建筑设计研究院。

上海体育场，内景。

天津铁路新客站，1986—1988，韩学迢、曹建明、袁秀云、纪建廷等。

了体育建筑的活力。

二、交通建筑

交通建筑也曾是现代建筑发展过程中产生的新类型，随着现代交通工具火车和飞机的发展而日新月异。1980年代和1990年代，中国兴建了许多大型车站和机场，使得这类建筑的设计和施工水准有了本质的飞跃。除了规模的宏大和建筑的功能性日趋复杂之外，交通建筑在体量和造型的处理上也有突出进展。经典现代建筑造型处理，大多停留在以基本功能为依据的层面，其体型比较呆板，如1970年代所见的几个著名机场候机楼，模式雷同。新时期所建交通建筑，不但追求交通建筑本身的性格表现和现代性，而且着力追求特定地方性，一扫千篇一律旧貌，成为表现力很强的建筑类型。

■天津铁路新客站。位于原天津东站（即老龙头车站）旧址新建，最高集结人数1万人，每日输送旅客9万人，是具有重要地位的现代化客运站。设计尊重城市现状环境，妥善解决原有铁路横穿市区、分隔城市带来的交通不便。由于地形受到铁路与海河的挟持，形成东窄西宽的不规则三角形地带，站房顺势形成"Y"字形平面，解决了建筑既要与铁路平行，又要与海河弯道平行的城市规划要求，形成主、副广场的格局，创造了进、出站全面分向、分流的良好疏导环境。中央大厅集中了旅客进站的全部垂直交通，二层直通跨越铁道12米宽的中央通廊和候车室。筑以高耸的塔楼和挺拔的列柱，回应了天津近代建筑的文脉。中央大厅上空600平方米的穹顶，绘有国内少见的穹顶画"精卫填海"，是建筑师和艺术家的一次成功合作。

■沈阳北站。位于沈阳市惠工广场，最高集结人数1万人次/日，是当时国内第一座综合性大型铁路客运站，将候车、休息、购物餐饮娱乐等功能融为一体，将高层建筑引入站房，打破过去按水平方向布置站房的常规模式，形成水平与垂直相结合的立体站房，是铁路客运站房设计理论和实践的一次大胆的探索。建筑主体地上16层，地下1层，主楼为弧形曲面，中部开有高7层、宽22米的透空"门"，隐喻城市和建筑都是交通门户。

■杭州铁路新客站。位于旧站址，系拆除旧站重建，最高集结人数5200人。作者把广场、站房作为一个有机的整体，采用地下、地面及高架三个层面来控制交通流线，把车流和人流分别组织在不同的层面上，并作到步行距离最短。建筑本身是一组庞大的建筑，但在造型上具有江南建筑的清秀。

■武汉，汉口新客站。建筑群包括车站综合大楼、行包房、站台、进站天桥、出站和行包、邮政3条地道等，最高同时聚集人数为5000人。广厅和候车室采用钢网架和钢筋混凝土轻型屋盖系统，候车室还采用28.8米后张法预应力楼面大梁，室内无柱空间开阔，使用灵活。建筑两个有力的圆柱限定出车站的大门，宽阔的水平檐口贯通整个立面，高耸的钟塔与水平的构图形成强烈的对比，使建筑具有开放、流畅的交通建筑性格。

■北京，西客站。建筑设计突出了组织交通的重要性，在国内第一次把地铁站台大厅置于火车站中轴线下，可直接与火车站各站台进出口连通，创造了高架候车和地下广厅相结合的新站型，实现了现代化的立体交通组织，成为集铁路、地铁、公交、出租车、自行车、通信、邮政、商业服务、环卫为一体的大型、现代化、多功能、综合性交通枢纽站。西客站的设计体现许多科技因素，如巨型结构体系、阶梯形不规则网架、大跨度预应力重型钢结构等，达到了先进水平。

北京西客站的形式引来许多争议，一是过多的人流集中和过长的交通路线以及流线上的"瓶颈"现象；二是正面空门架上的三重檐古亭，不但花费6000万巨资，而且成为某些长官以"夺回古都风貌"为口号到处加设亭子的鼎极之作。

沈阳北站综合楼，1987—1990，徐方、吴章铫、郭旭辉。

杭州铁路新客站，1991—1999，程泰宁、叶湘菡、刘辉。

武汉汉口新客站，1988—1991，赵本刚、杨云祥、向欣然等。

北京西客站，1996，北京市建筑设计研究院。

■广州，白云机场国际候机楼。容量为1100人次/高峰小时。建筑大厅采用9米×9米柱网，室内宽敞明朗，室外以白色的实体来衬托正面的玻璃幕墙，体现出简洁大方的交通建筑性格。

■烟台，莱山机场航站楼。500人次/高峰小时，作者从城市形象获得了建筑形式的素材，直径为4米富于雕塑感的主筒体，取意"狼烟墩台"，成为机场进路的对景；建筑材料的使用，如用海草、石头和缆绳等，可以联想到所处的城市场所。用海上养殖场的浮球悬吊组合而成的大型壁饰"飘"，用不锈钢制作的端墙浮雕"翔"，都是表现特定环境与场所意义的辅助手段。

■重庆，江北机场航站楼。高峰小时旅客流量约为1800人次。地处"三大火炉"的重庆，设计中必须考虑减少夏季空调负荷和节能措施，这就决定了立面"避免直射阳光"的造型特点：敦实的墙面占据主要地位，两侧落地玻璃窗完全在悬挑的大雨棚之下。航站楼的屋顶向一侧倾斜突起，并开设北向天窗，其造型使人联想到"起飞"。室内室外都采用了弓形圆弧为母题，组成千变万化的图案，并有一定的寓意乃至适用性的标志功能。

■大连机场航站楼。高峰人流1100人次/小时。航站楼为扇形平面，采用国际通用模式，靠登机坪一侧设三架登机桥。航站楼建筑整个造型，均以自由曲线构成，在一个扇形弧面体的两侧，各耸立一座缓缓张开的弧形卷筒，成为建筑的垂直要素，整体流畅而有生气，给人以腾飞的联想。

■济南机场候机楼。建筑带有圆弧形的流线型平面，适应了对广场人流的围合、进港人流的分散以及工艺要求。由于地方政府首脑要求建筑体现"泉城"特色，作者以圆形为泉水的抽象，喻体与本体之间的差距较大。该建筑造型的特点是，在多变中求流畅，具有交通建筑简捷、明快的性格。

■珠海机场候机楼。采用平行双指廊式的平面构图，分为国内指廊和国际指廊。平面采用了无障碍设计，候机楼应用了多种新技术，其中有后张式无粘结构预应力结构，既节省投资又加快了工期。旅客服务设施中包括了当时世界上最先进的FMT透明登机桥系统、行车分拣系统以及站坪车辆服务系统等。简单的体量以结构外露的杆件装饰，具有建筑技术形象，室内天花也是结构露明，与室外风格统一，绿化植株室内，增添了室内的活力。

■贵阳龙洞堡机场航站楼。设计中力图体现现代航空功能的快速、连续、流通以及导向性等因素，创造出与此相适应的宽敞、通透的大空间。在满足使用功能的前提下，动员材料、质感以及具有地方特色的要素，力图创造独特的候机环境。

■宜昌，三峡机场航站楼。地处丘陵地带，青山环绕，风景优美。候机楼平面设计为54米×135米简洁的矩形平面，9米×9米规整柱网，中部设36米×54米两层高中央大厅，室内空间均使用轻质隔墙与2.2米高铝合金玻璃隔断分隔，可满足候机楼复杂的功能要求，并可随时改变平面布局，以适应变化的功能要求。航站楼建筑造型着

广州白云机场国际候机楼，1988—1990，姚永瑞、郭和平、吕其璋等。

烟台莱山机场航站楼，1990—1992，布正伟、于立方等。	重庆江北机场航站楼，1990，布正伟、杨海宇、黄海兰等。

大连机场航站楼，1990—1993，徐方、魏立志、韩松等。

济南机场候机楼，1989—1992，邵琦。

珠海机场候机楼，1995，陶郅、王加强、汤朝辉等。

贵阳龙洞堡机场航站楼，1997，罗德启、王政、傅祖荫等。

宜昌三峡机场航站楼，1993—1996，杨秉德等。

拉萨贡嘎机场候机楼，1994，中国建筑西南设计院。

眼于大体量，设计构思提炼大型喷气机形象特征，曲线柔和，富有现代雕塑感。

■拉萨，贡嘎机场候机楼。机场地处西藏高原，海拔3500米，由于当地空气稀薄，缺氧、少雨，为简化机场设施，减少旅客的不适，其主要功能部分按一层前列式设计，高峰小时旅客数为600人。国内和国际两部分考虑了部分合用的可能性。内部空间采用大小结合的方法，大厅局部的高大有助于内部空间的丰富，其无柱空间采用三角形平板网架体系。采用三角、梯形等造型语汇，以夸张、抽象的手法处理建筑整体形象，并取材于西藏传统公共建筑的基本特征，如"牛头窗"等，窗裙、门裙等细部的形象和色彩，都直接取自西藏传统建筑，力图建筑既有西藏建筑的粗犷又有现代交通建筑特色。

三、科教建筑

中国的新时期，是在努力实现"四化"的口号中开始的，并长时期贯彻着这一口号，因而，科教建筑的大量出现反映了这一历史时期特点。许多建筑师在这一较新的建筑类型中，力图满足新出现的功能要求，并注入现代性、地方性以及文化内涵。值得注意的是，科教建筑尤其是教学建筑，有的还是投资不足，建筑师却能深入生活，发挥创造精神，做出许多有益的新探索。在设计实践上，此类型也有综合化的趋势，集教学、科研和生活服务等于一体，使得建筑类型有所丰富。

许多香港著名人士，关心祖国内地文化教育事业，并有大量的捐赠，如"船王"包玉刚等，其中以邵逸夫的捐赠规模最大、数量最多。

1973年邵氏基金会成立，自1986—1992年间，资助内地246个项目，分布于80余所大专院校160所中小学，捐赠超过6.6亿元。与此同时，国家教委（教育部）也拨出数目不等的款项，响应这些捐资。建设的项目，以教学楼、图书馆等为主，设施标准也明显高于大陆同时期的同类建筑。由于这些建筑的创作环境相对宽松，因而出现一些较有新意的作品，在繁荣创作方面起到了良好的作用。

■广州，华南理工大学逸夫科学馆。主楼五层供教学科研实验用，副楼二层为学术交流中心。建筑体量对称处理，竖向3段，中段为入口，两侧设现代金属雕塑，使建筑具有现代科技和现代艺术的韵味，并使中段成为建筑重点。内部庭院的设置改善了局部小气候，衬托了建筑，透空的建筑空间，将庭院和外部环境打通，形成一个整体内外环境，体现了广东园林建筑的特点。

■上海，同济大学逸夫楼。用两个不大的中庭共同构成一个多变化、多用途、多层次的功能性艺术中心，充分显示了设计的灵活性和文教建筑的性格。建筑外墙用大片白色，与蓝色玻璃面形成对比，入口的圆柱状体量，突出了入口又形成了雨棚的部位。建筑的北面缺乏阳光，墙面开了竖向的凸出侧窗，活跃了墙面。室内设计没有采用高级材料，但制作精美意趣雅致。庭院设计与整体建筑一气呵成，绿化设在不同的标高上，结合地面铺装，形成丰富的外景层次。

■重庆大学图书馆及学术中心（逸夫楼）。基地原建有旧图书馆和行政办公楼，

广州华南理工大学逸夫科学馆，1992，何镜堂、杨适伟、许迪等。

上海同济大学逸夫楼，1993，吴庐生等。

重庆大学图书馆及学术中心，1992，王辉、关肇邺、余吉辉与机械部重庆设计院。

所余场地是一个不规则三角形隙地。建筑的平面略呈工字形，中部为主要入口及大厅，面向校园主要道路，并自然形成小广场。两翼为新图书馆及学术中心，分别与旧馆及行政办公楼相连通，新旧建筑之间有很好的功能关系。三座楼之间自然围成庭院，适于读者休息。建筑入口的实框及开洞，加强了对读者的吸引。建筑的色彩凝重，使建筑形象在简洁之中不失应有的庄重感和学术气氛。

■武汉大学人文科学馆（逸夫楼）。位于1928年始建的武汉大学美丽校园内，该校的建筑由美国建筑师规划设计，以因山就势巧妙利用地形完成校园建筑而素有盛名。人文科学馆是原有规划轴线端点的中心建筑，作者在满足功能的前提下，十分注意特定环境中与周围建筑及环境的对话关系。

■上海，同济大学建筑与城市规划学院教学办公楼。在建筑基地紧张、投资较少的条件下，除了满足教学办公的使用要求之外，还需完成师生观摩评图、聚会展出等种种交流。在教室之间的庭院内，是图书馆和大阶梯教室，并利用图书馆的屋顶做台阶式的"锤庭"，成为有文化品位的学术交流场所。建筑入口体块浑厚，与玻璃门口形成对比，给人以巨大的体量感。

■上海图书馆，地上24层，主楼高107米。方案征集和设计工作前后历时十余年。在总体布局上，做到内外有别、人车分流、组织有序。新馆主要入口前设"知识广

武汉大学人文科学馆，1987—1990，沈国尧、高崧、孙明伟等。

上海同济大学建筑与城市规划学院教学办公楼，1985—1987，戴复东、黄仁等。

上海同济大学建筑与城市规划学院教学办公楼"锺庭"。

上海图书馆，1996，张皆正、唐玉恩等。

场"，西入口设"智慧广场"，一方面有效地组织交通，同时延伸文化内涵，促成图书馆的开放性。平面设计自下而上垂直功能分区，"动""静"区位合理划分。在建筑造型方面，由建筑内容有机生成体块，吸收外滩建筑的优秀手法，在整体与细部上体现。

■沈阳，机器人示范工程中心实验楼。机器人的发展是当代科学技术水平的标志，楼内设整机性能实验室、信息传播实验室、触觉、视觉、语言实验室、机构学室、控制系统室以及计算中心、辅助用房和150座位学术报告厅等。方形平面的中心设28米×14米、高17米四层通高的屋顶采光中心四季厅，其环境中的绿地、水面和庭院构成宁静的空间。各类实验室、计算站沿四季厅周边布置。四角布置直径为7.5米、高21米的圆形塔楼，塔楼顶端成30°削角，削角的斜面上刻画红、黄、蓝三原色，犹如机器人的信息流，可唤起人们有趣的联想。

■天津科技馆。是当时国内规模最大、功能最齐全的科技展览馆。建筑采用了

沈阳机器人示范工程中心实验楼，1986—1989，任焕章、黄良平等。

天津科技馆，1993—1994，韩学诏、卢植光、张馥等。

北京中科院古脊椎动物与古人类研究所及标本馆，局部，1988，王天锡等。

大空间、灵活布局的手法，利用悬索结构体系，形成54米×72米的大空间，可使布展灵活。顶部建有国内第一个球形天象厅。室内按不同的展出或活动要求分区设计，形成其造型各有特色的单元，有科技建筑的意趣。

■北京，中科院古脊椎动物与古人类研究所及标本馆。位于西直门外大街与三里河路相交的"丁"字路口东南角，地段重要，但用地紧张。主要功能分为标本陈列、研究办公和附属用房三部分。主体研究办公楼的布局向西北扭转一个适当角度，使得更能充分利用地段，解决了许多功能问题，并密切了建筑物与城市道路网、城市环境的关系。建筑设计力求使其与科研建筑的内涵相适应，在办公楼北面外墙下部有一段近50米长的弧形玻璃幕墙，与陈列馆相结合，大大加强了主体研究办公楼跨越整个陈列部分的感觉。陈列馆外墙以青石板饰面，其色泽层次与地质构造的层次相呼应，使建筑物自然化。庭院绿化耗资甚微，却使建筑处于园囿之中。

四、博览建筑

这里所说的博览建筑，结合了几大类公共建筑，如把博物馆、展览馆之类合并到一起叙述。其创作倾向，同样代表了一种追求现代性的进步。其主要表现是，从各类建筑的现代原理和基本形象出发，结合课题作独特的构思，或注入某种特定含义，或就建筑的结构要素进行发展，或赋予某种文化内涵。应该特别指出的是，按照惯例，许多博物馆之类的建筑，大多要求走民族形式之路，但这个时期的一些作品，另走一条从现代建筑出发的路，其结果既是现代的，又是中国的，而这种"中国的"，已经比较彻底地摆脱了长期流行的一些传统创作口号的桎梏。

■北京建材馆。把写字楼与展览厅南北一字排开布置，展馆西侧设下沉式广场，展馆位于写字楼南面，中间设小广场以解决写字楼出入。展馆采用155米跨的弧线形落地拱，顶高24米。落地拱由两排27米跨度的梁柱支撑，网壳下面做了四层退台式的向中轴缩小的展览平台，既符合人流底层多、上层少的特点，又充分利用了空间，扩大了展览面积。写字楼与展览馆之间用弧线形连廊连成一个整体。在形体上形成垂直高耸与平缓舒展，直线与曲线，刚与柔，简与繁的对比，以给人强烈感染力。

■乌鲁木齐，新疆国际博览中心新馆。该博览中心是在原自治区展览馆后院扩建而成。新馆为开间10米、跨度为10米+15米+10米的两层展厅，中部为35米×50米的无柱空间，以充分满足展览空间要求。屋顶为网架锥形天窗，全馆共享明亮的空间。充分利用屋顶空间，在新老馆之间跨过原综合馆的上空，设计了一个21米见方的新闻发布会场。新馆以高侧窗采光，墙、窗相对集中。建筑的四角有圆柱形的屋顶升起，顶部高耸空灵的拱架，犹如信息时代的"触角"升向太空，既与相邻的会

北京建材馆，1987—1992，柴裴义等。

乌鲁木齐，新疆国际博览中心新馆，1994—1995，孟昭礼、孙国城、蒋琰红等。

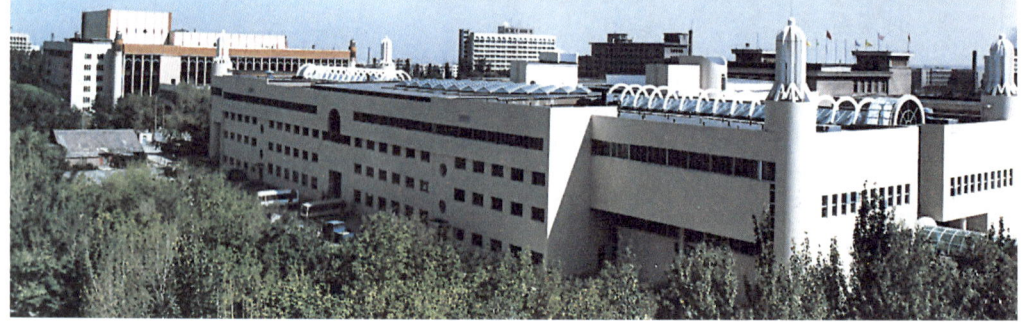

堂和谐对话，又赋予"时代特色和地方特色"。

■广州，西汉南越王墓博物馆。为保护被发掘出的南越王第二代王赵眜墓而兴建，该墓距今已有4000多年的历史。博物馆位于解放北路867号地段的象岗山上，是城市交通十分繁忙的地段。结合陡坡和山冈地形，沿中轴线依山建筑，通过蹬道及回廊拾级而上，将入口与陈列馆、古墓馆、珍品馆三个不同的空间连接成一个有机的整体。古墓馆设计遵循"遗址与新构筑物之间，外观上有明显的区分"的原则，其围护结构采用覆斗形玻璃光棚罩。陈列馆建筑则在古墓以外的地段上，突出了主题，保护了墓室的完整性。珍品馆则建在墓室南北轴线的北端，作为全馆的高潮。

■北京，炎黄艺术馆。位于亚运村安亚路与惠忠路交叉口，大小展厅共9个，多功能厅1个，展厅与多功能厅东西对峙，中间为中央大厅。展出空间采用簇集组织原则，展室设在首层与二层。外形为覆斗形，因此上层展厅比下层展厅面积小。"斗"形赋予民族建筑神韵，但没有仿古或复古。

■上海博物馆。位于市中心人民广场，地上5层。内部有6个功能分区：陈列

广州西汉南越王墓博物馆，1986—1993，莫伯治、何镜堂、李绮霞、马威、胡伟坚。墓室。

北京炎黄艺术馆，1988—1991，刘力、刘长江、赵志勇等。

上海博物馆，1995，邢同和、滕典等。

馆、文物保管库藏、学术区、研究区、行政管理区、对外服务区。建筑为全方位造型，包括第五立面屋顶的景观以形成个性。建筑立意"天圆地方"，并吸取传统建筑之"上浮下坚"的造型特点，东西南北四个拱门各具象征意义。

五、高层建筑

高层建筑集现代建筑之各项进步为一体：先进的结构设计和计算技术，高强的建筑材料、较高的施工技术，复杂的建筑设备，以及雄厚的经济实力等，这些也是设计建造高层建筑的基本条件，难怪许多人认为，高层建筑是现代化的象征。

在刚刚进入1980年代的时候，全国高层建筑分布在有限的几个大城市之中，如深圳、广州、北京等地。1980年代前期的代表作品有：北京的国际大厦、社会科学院大楼、上海的联谊大厦、深圳的国贸大厦,后者高达160米,是当时全国最高的建筑物。1980年代的后期到1990年代,高层建筑不但在个别大城市和特区有了进一步的发展,在一般大城市和中、小城市也有遍地开花之势。建筑的规模和高度,都进一步向更高的水准逼近,如北京的国际贸易中心建筑群,总建筑面积42万平方米,商业办公楼高155米;深圳发展中心大厦总建筑面积7.5万平方米,高达185米;广东国际大厦,地面以上63层,高达200.18米,总建筑面积18万余平方米;北京的京广大酒店,已高达208米。高层建筑所达到的高度,往往是人们追求的指标之一。毋庸讳言,许多高层建筑是外国建筑师为主的"合作项目",并非我国建筑师主创。其中的先进技术和设计思想乃至设计管理,是值得中国建筑师学习和借鉴。

高层建筑的建设引起了比较大的争论,一方面认为,随着经济的发展,中国建设高层建筑已是必然的趋势,特别是在用地紧张的大城市;另一方面认为,高层建筑的造价高昂,与目前的国力很不相称,不宜过多建造,特别是在古老的历史文化名城和优美的风景胜地,例如杭州和桂林,曾经引起激烈的争论。在一些中小城市,也确有一些高层建筑盲目追求高度,对使用功能、结构、安全和经济因素有所忽视,为了拔高,经常出现标准层面积不足500平方米的高层建筑。在很多情况下,业主或城市主管部门,让高层建筑充当"标志性建筑"、"现代化的象征"等角色,致使这类本应体形简单、不宜过多装饰的建筑,人为地复杂起来,甚至有悖于基本科学原理。例如,本身最不需要艺术处理的设备顶层,架子、玻璃角锥、廊子等比比皆是,似乎又回到现代建筑运动之前的装饰运动。

■广州,广东国际大厦。主楼63层,高200.18米,是国内当时最高的钢筋混凝土结构建筑。大厦集商贸、金融、旅馆等为一体,在内容多、规模大和功能复杂的情况下,较好地协调了各类矛盾。建筑的体量设计适当做了收分,体现出超高层建筑的挺拔刚劲。立面设计大处着手,不过多地细小刻画,符合高层建筑的设计原则。

■北京,中国国际贸易中心。位于建国门外大街,建筑群包括:沿街的一栋38层和一栋6层的办公楼,位置稍后的21层弧形中国大饭店,两栋各30层的公寓,一座8000平方米的展厅,1.3万平方米的购物中心和可放1200辆车的车库。建筑构图主次分明,利用稍加变化的纯几何形体,在严谨中求得变化。建筑色彩凝重,具有经典现代建筑的庄重气氛。

■深圳,地王大厦。位于深南中路、宝安南路与解放中路三路交会的三角地带,是一座多功能现代化综合商厦。大厦的体量分为三部分,主体为68层的写字楼,由两个柱体连接而成;副楼为酒店式商务住宅,33层、高120米的板式体量,中间开出一个方洞,以丰富体量的构图。五层高的购物裙房,将这两个体量连在一起,形成大厦完整构图。

■天津,今晚报大厦。地上38层,主体高133.1米,停机坪高137.6米,通讯钢架高168.6米。主楼为《今晚报》社,出租写字楼公寓和顶层俱乐部。建筑师手法简练、纯净,难得的是取得丰富效果且意趣高雅。设计中采用了先进的结构技术:主体为板柱钢筋混凝土核心筒体系,8.4米×8.4米的柱网采用钢管混凝土柱。这是天津起步最早的高水准、高智能的现代化超高层综合性大厦。

六、工业建筑

工业建筑在"一五"计划时期得到大力发展,仿照苏联的发展模式,"重点发展重工业",而且沿用了苏联适于寒带气候的工业建筑体系,中国建筑师经常称之为"肥梁、胖柱、深基础"的大型屋面板体系。

改革开放之后,国家对重工业和轻工业在国民经济中地位的调整,外资企业的引进以及新型工厂的建设,使得原有工体体系"退位",工业建筑创作有了新的活力。工业建筑设计领域对于改革开放新形势做了积极的回应,1991年,成立了中国建筑学会建筑师学会工业建筑专业学术委员会,展开比较活跃的学术研究和讨论,到1997年,举行了四次工业建筑学术研讨会,并出版论文集。学术活动和设计实践,为工业建筑的新发展注入了新的活力。

1. 思想上解决了对工业建筑的曲解,打消了工业建筑是"二等建筑"的观念,认为同民用建筑一样,工业建筑同样有建筑艺术问题,有特殊的美的表现。

2. 高科技的发展,科技园的建立,使得出现了许多新型的工业建筑,如多高层厂房、通用灵活车间、洁净和超净的封闭车间、新型科学试验建筑、核电站、现代藏书仓储建筑等,这些建筑都向建筑师提出了新的要求。

3. 全球环保意识的加强,使工业建筑提出了对环境的特殊要求,不但满足环

广州广东国际大厦,1985—1991,李树林、叶荫樵、颜本昭。

北京中国国际贸易中心,1989,〖美〗索波尔·罗思公司等与北京钢铁设计研究总院。

深圳地王大厦,1996,〖美〗张国言建筑师等与深圳建筑设计院等合作。

天津今晚报大厦,1997,〖美〗吴湘建筑设计事务所与天津市美新建筑设计有限公司。

保的要求，而且使工厂园林化。同时，企业文化的开展和企业形象的建立，比以往的工厂面貌有巨大的改观。

4. 工业建筑采用民用建筑的设计手法日益明显，特别是多层工业厂房，其设计条件本身已经近于民用建筑。室内设计按照工艺要求，视线通透，空间隔离，简洁明朗，具有工业设计的效果。有的工业建筑也采用了象征和隐喻的手法，以突出企业形象。

■唐山机车车辆工厂。是中国第一个铁路工厂，始建于1880年，1976年唐山大地震后，国家投资重建于唐山新区，厂区占地123.8公顷，建筑布局合理，工艺先进，是一座现代化修造并举的大型铁路工业企业。

■平顶山锦纶帘子布厂。一期工程年产锦纶浸胶帘子布1.3万吨。总体布局按三个区带划分空间：即行政生活区带、主体生产区带和附属生产区带，三个区带按生产功能有机地组合在一起。主要生产建筑由成片单层厂房、高层厂房和部分生产装置组成，群体空间层次丰富，整体性强。

■成都飞机公司611所科研小区。位于武侯祠区，在首先保证科研要求的前提下，注意建筑与环境的结合。设计突破一般工业建筑的手法，有些厂房采用了圆形和八角形等建筑平面，建筑组合比较灵活，形象简洁。在工业建筑中，对室外环境有较高的要求，如大片绿化改善了环境质量，并使整个小区和谐统一。

■上海，永新彩色显像管厂。位于上海西南郊朱梅路，是国家重点项目。考虑了人的工作环境与严格的工艺环境分开布置。在主厂房前并列有两栋办公楼，使内部办公和对外经营分开而有联系，办公与总装厂房有过街廊相连，便于管理和参观。总装厂房是一个高技术、多功能的现代化综合多层厂房，管线集中，用地节约，形成了完善的工艺生产环境。将50米高的构筑物水塔作艺术加工，成为挺拔而富于现代感的双柱式水塔，丰富了建筑群的轮廓线，兼有巨型广告功能，又是工厂的标志。

■成都，全兴酒厂主楼。位于成都外西旅游热线上，工程包括年产白酒6000吨的生产、管理等一系列配套建设项目，在布局完整、管理合理的前提下，重视环境的规划设计。以中轴贯穿全厂组织建筑、绿化、水景和小品，中区沿街建筑和后区

唐山机车车辆工厂地震后重建的鸟瞰，1985。

平顶山锦纶帘子布厂，厂区入口，1981—1987，纺织工业设计院。

成都飞机公司611所科研小区，外景，1986—1992，李长珍、陆建超等。

上海永新彩色显像管厂，厂前绿地、办公楼及总装厂房，1987—1990，黄星元、周景溪等。

上海永新彩色显像管厂，双柱水塔，1987—1990。

的辅助性建筑既相互独立又彼此关联，将国外花园式工厂的概念引入设计之中。从三星堆考古材料中追溯蜀人和酒的关系，在建筑造型上确立了"似樽非樽"的建筑单体和群体立意，使建筑呈现出"樽"的隐喻。

■大连，华录电子有限公司。是国家重点大型项目之一，厂房坐落在铺满草坪的丘陵上，总图采用阶梯式布置，各台地建筑物之间用连廊和引桥联系成一个有机整体，使人流和物流交通顺畅，满足了电子工业生产工艺联系紧密和高洁净度的要求。办公楼根据地形，分段错层，使建筑物布置和场地坡度紧密结合在一起；大体量的主厂房与高低错落的办公楼和食堂的组合，使这一有明确轮廓线的建筑群与起

大连华录电子有限公司，1992—1993，黄星元、周景溪。

北京四机位机库，1996年建成，航空工业规划设计院。

成都全兴酒厂主楼，1991，黎佗芬等。

北京四机位机库，1996年建成，内景，航空工业规划设计院。

伏的大片绿地，形成建筑体量和色彩的强烈对比。建筑的单体设计延伸了总图的构思，并引入了CI企业形象设计概念，使形象具有个性，如流畅的超尺度建筑、模拟录像机磁鼓的水塔等，力图表现企业的文化性。

■北京，四机位机库。净跨150米+150米，进深95.4米，可同时并排容纳4架波音-SP及4架窄体飞机。建筑师采用积木式的设计方法,选用现代化的建筑材料——夹胶安全玻璃、彩色压型钢板以及金属门窗,将这座体量庞大的建筑处理得十分轻盈。银灰色的墙面与它的服务对象——飞机的颜色一致,工业建筑形象为之一新。

■北京航空港配餐中心(BAIK)。位于首都国际机场候机楼南侧,航空配餐以供应航班餐食为主,其服务内容十分繁杂。航空配餐有特定的工艺要求、卫生要求和食品保鲜要求,生产加工特殊,在航空业的综合评价中,配餐服务是一项重要的指标。设计除了严格执行各项要求外,还探索了工业建筑设计的特殊性问题,如表现了航空工业建筑的性格问题。建筑造型简洁明快,深蓝色铝合金墙板,都是创造航空工业建筑的要素。

■北京经济技术开发区工业建筑。1990年代起,在总结早期开发区的经验的基础上,北京亦庄经济技术开发区是有计划分期分批建设的综合开发区,近期先开发15平方公里,起步区3平方公里,目标面积30平方公里。通过拓商引资新建了许多无污染的工业建筑,形成较好的厂区环境,同时也带动了商业区、住宅区、能源供应区的建设。在短短的几年内,许多技术性和艺术性都比较高的工业建筑,如资生堂丽源化妆品有限公司、北京四通松下电工、北京航卫GE医疗系统有限公司、黎马敦(北京)包装有限公司和露雪有限公司建立起来。开发区功能分区明确,环境优美,是新型工业建筑的示范。

现代建筑理论的新建树

建筑创作是一个从动脑思考到动手表达的过程,也就是要把无形的建筑思想,转化成有形的建筑图案,建筑思想是建筑理论的起点之一。原初的建筑思想,就是一个"想法"(idea),来影响建筑师进行创作。建筑完工之后,这个"想法"既可用来印证建筑是否成功,又可检验思想是否正确。建筑思想本来是"点"状的,散见于不同建筑师对不同课题的不同表达,得到一定印证或受到认可的思想,会进而汇成某种潮流,把"点"状的思想汇集成"组"或"线",这就是"建筑思潮",建筑思潮是一定建筑思想的集合。建筑思想或建筑思潮的体系化,就上升为建筑理论,当然,要经过由认识论所规定的理论与实践的互动过程。

为什么建筑学这门学科的理论问题有点儿突出?这是因为,建筑思想来自社会

北京航空港配餐中心，外景，孙宗列、李东梅等。

北京经济技术开发区，工业区和生活区之间的绿带。

北京经济技术开发区，入口标志，马麟。由三个西洋古典建筑爱奥尼克柱式，呈三角布置，柱头由三个半圆形拱券连接，形成一个独特的门式标志结构；地面配以茂密的绿化，成为开发区有多重含义的入口。

北京资生堂丽源化妆品有限公司，北京市建筑设计研究院。

北京四通松下电工，1994，俞存芳。

思想的影响，社会上有什么样的思想，就会影响到建筑思想，社会思想复杂到什么程度，建筑思想就会有一定程度的呼应，以致有某些力量在对建筑作品加以推动。还有一个原因，就是建筑师的创作方法有时带有哲学意味，所以常常把一些学科边缘地带的哲学问题带进了建筑。说到底，建筑学是满足人的物质生活和精神生活等多方面建筑需求的学科，所以常常出现一些理论问题。中国建筑师有个良好的传统，即边创作边研究建筑思想或理论，在高等院校工作的建筑师教师，在这方面的贡献更为突出。

改革开放之前的特殊社会背景，不利于个人建筑理论的建树。例如，受苏联"社会主义建筑理论"的影响，把建筑创作"阶级斗争"化，建筑理论无异于政治理论。接连不断的政治运动和指导"运动"的极"左"思潮，不能容忍个人的建筑理论探讨，更不用说出版传播。事实上，那时很少具有独立建筑理论或思想的重要成果。

改革开放以来，政治上的拨乱反正，形成了发表个人见解的宽松环境和条件。老一辈建筑家，如一贯坚持发展现代建筑立场的童寯，在沉寂多年之后的暮年，自1979年创刊《建筑师》第一期始，一直到他去世的1983年，连续发表多年的研究成果，尤其是对西方现代建筑的研究体会与认知。此间，他还出版了多种专著，影响深远。1949年前后毕业的建筑师正值中年，他们有着锐利的眼光和丰厚的学术积累，在开放的新时期建筑论坛上，发挥着领军作用。"文革"前些年毕业的青年建筑师，恰逢盛世、年富力强，积极探索新生事物，成为理论阵线上的生力军。新时期老中青三代建筑理论工作者的工作是艰辛的，不可替代的，具有重要的历史意义。

应该说，有众多的建筑理论人物和成果有待研究，限于研究的深度不够，这里只能举出个别人物及其理论成果（按照出生年份列出），以管窥改革开放之后建筑理论探索的基本面貌。

●周卜颐（1914—2003），1940年获中央大学建筑学学士，1948年获美国伊利诺大学美术学院建筑科学硕士，1949年获美国哥伦比亚大学建筑科学硕士，1950—1986年在清华大学建筑系任教，1982—1984年创建华中工学院建筑系并任首届系主任，1983年创办《新建筑》杂志。

周卜颐是一位始终站在建筑理论前沿的理论家和教育家。早在1950年代，他就热心推介经典现代建筑及其创始人,如格罗庇乌斯、勒柯布西耶、莱特和沙里宁等人的建筑思想和代表作品。在建筑理论"一边倒"向苏联时期,这不但需要理论学养,更要具备很大的理论勇气。同时,他对于当时兴起的复古主义思潮,展开激烈批判。1957年不幸被打成"右派分子",其后的二十年间销声匿迹。改革开放以后,迎来学术自由的政治气候,他更是活力焕发。他依然在介绍和研究外来建筑理论的前沿,对现代建筑进行再认识、介绍热点新建筑,介绍R.文丘里(Robert Venturi)的著作《建筑的矛盾性和复杂性》,对后现代建筑理论和解构建筑等理论,作出了重要贡献。

周卜颐在《时代建筑》1986年第2期"正确对待现代建筑,正确对待我国传统建筑"一文中,匡正了许多模糊观点,提出"千篇一律"与现代建筑没有必然联系,也决非现代建筑之过,后现代建筑也更没有取而代之;现代建筑并不一概反对传统,它反对的是复古主义和形式主义的学院派;中国的现代建筑应该既有现代建筑风格又有中国特色,既有文化传统又有创新精神,能找到并发扬具有活力的传统特色而不丢掉进步的设计思想。

作为教育家,他对学院派建筑教育有着深刻的认识和研究,并把法国的学院派与来自苏联的学院派联系起来,结合中国现状加以批判。他与陶德坚创办的《新建筑》,成为宣传新建筑思想的理论阵地,并发现和培养了像布正伟、张伶伶、张在元等的一批新人。

● 汪坦(1916—2001),1941年毕业于南京中央大学建筑系,1941—1948年,在兴业建筑师事务所任建筑师,主持设计了南京张群住宅、馥记大楼等工程,1948年2月—1949年3月赴美,师从建筑大师莱特进修,1949年12月—1957年12月在大连工学院任教,1958年1月到清华大学建筑系任教。

汪坦有传统文化和西方文化的深厚根底,多年来一面从事建筑教育,一面潜心研究中西建筑历史与理论问题,就现代西方建筑理论、建筑设计方法论、历史学、现代建筑美学等诸多领域深有所得。在改革开放后的学术气氛下,他热心中外建筑文化的交流,主持了清华大学《世界建筑》杂志的创办。这是中国第一份专题评价世界建筑的刊物,在全国具有广泛的影响。他十分专注外国建筑理论的发展,主持了中国建筑工业出版社的"建筑理论译文丛书"翻译工作,这套丛书不但选取了经典现代建筑的理论著作,同时还包括了当时比较新潮的话题,如建筑符号、建筑体验、后现代建筑等,是新时期引入外来建筑理论的一件盛事。

1985年8月,汪坦在北京发起并主持了"中国近代建筑史研究座谈会"并向全国发出《关于立即开展对中国近代建筑保护工作的呼吁书》。1986年10月他主持召开的"中国近代建筑史研究讨论会",是第一次全国性中国近代建筑史学术会议。十余年的时间,汪坦主持并召开了6次"中国近代建筑史研究讨论会"出版了多部论文集。同时,与日本东京大学合作完成了中国16个城市的近代建筑普查工作,主编了16分册《中国近代建筑总览》。汪坦不但是建筑教育家,现代建筑理论家,对中外建筑文化交流做出贡献,他更是新时期中国近代建筑历史研究的开拓者。

●戴念慈(1920—1991),1942年获重庆中央大学建筑系工学学士学位并留任助教,1944—1949年在重庆、上海的兴业、信诚等建筑师事务所任建筑师,1950—1952年在北京中直修建办事处工程处任设计室主任,1952年与其他11个单位合并为"中央直属设计公司",即经过多次变迁后的建设部设计院,他从基层做起,直到后来的总建筑师,1982—1986年任城乡建设环境保护部副部长,曾于1983—1991年连任两届中国建筑学会理事长。

戴念慈在长期的建筑创作实践中,紧紧伴随着理论的思考,逐步形成"以优秀传统为出发点,进行革新"的创作思想,北京饭店西楼、斯里兰卡班达拉奈克国际会议大厦、山东曲阜阙里宾舍、锦州辽沈战役纪念馆等成为有力的实证。他本人也就成为有自己理论支持的学者型建筑师。

早在新中国成立初期,戴念慈就著文为中国的新建筑勾画前景,如他提出过新中国新建筑的四条标准并对建筑方针的制定产生过影响。从事领导工作之后,对建筑理论问题更是深入探求,就传统与现代的结合、继承与革新、国内外创作流派剖析、住宅设计趋向、建筑哲理以及建筑文物保护等方面提出独立见解,丰富了现代建筑创作理论。他还是《中国大百科全书》"建筑·园林·城市规划"卷编辑委员会主任及有关条目的撰稿人,其中"建筑设计"条目原文近万字,这是一个时期具有权威性的文字。

从建筑师到政府高官，戴念慈在不同条件下为繁荣建筑创作，发展建筑理论，推动建筑教育等做出了突出贡献。令人称道的是，他是唯一在办公室内放置图板亲自画图的官员，并留下一批优秀建筑作品。

● 吴良镛（1922— ），1944年重庆中央大学建筑系毕业，1945年10月应梁思成先生之邀赴清华大学协助筹办建筑系。1948—1950年赴美国匡溪艺术学院建筑与城市设计系，师从伊利尔·沙里宁，获硕士学位。1950年底自美返国后在清华大学建筑系任教，为清华大学建筑系的发展做出贡献。他长期坚持在教学第一线，提出了关于中国建筑与城市规划教育的系统设想与建议，为探讨建立具有中国特色的建筑与城市规划教育体系做出了重要贡献。

吴良镛根据社会的进步和发展，认为建筑学已不再囿于个体建筑设计的范围，与建筑学相关的其他学科以及相关影响因素都在不断扩展，形成一个相互联系而错综复杂的大系统，建筑学所包含的内容不断扩展，大大超过了旧建筑学的领域。因此，他提出"广义建筑学"的概念，对建筑学研究范畴的发展和变化做出独到的见解，从更大的范围内和更高的层次上提供一个理论框架，以进一步认识建筑学科的重要性、科学性和错综复杂性。"广义建筑学"理论包括：聚居论、地区论、文化论、科技论、政法论、业务论、教育论、艺术论等。并且从方法论的高度指出建筑学应该贯彻系统科学的思想与融贯学科综合研究的方法。广义建筑学是贯通区域与城市规划、城市与建筑设计以及景观规划设计领域的理论创新，在中国建筑大发展的时候问世，具有重要的理论和实践意义。

吴良镛在他领导制定的1999年国际建协20届建筑师大会《北京宣言》及其相关文件中，达到他建筑理论研究的又一个高峰。1997年6月，吴良镛任大会筹备会的科学委员会主席，受大会委托起草主旨报告和《北京宪章》。以中国建筑学会和九所高等院校为成员单位的科学委员会，对此做了范围广、规模大、时间长和质量高的理论研究，这一过程，成为改革开放二十年来，中国全国性建筑理论协作研究的最高潮，也给中国建筑理论领域注入了新的活力和能源。《北京宪章》在回顾20世纪建筑发展的基础上，提出问题，思考问题，全面系统地展望了21世纪建筑学的发展趋势，呼吁全球建筑师要认识时代，正视问题，整体思考，协调行动，在21世纪里能更自觉地营建美好、宜人的人类家园。《北京宣言》展开了更广泛的国际视角，发展了广义建筑学的思想。2012年，吴良镛以他长期的理论建树，获得2011年度国家最高科学技术奖。

●罗小未（1925—　），1948年毕业于上海圣约翰大学建筑系，1951年在圣约翰大学任教，1952年院系调整至同济大学任教至今。

罗小未从事建筑理论与历史教育五十余年，特别是在现代与当代西方建筑史、理论与思潮上有高深的造诣与广泛的影响。在西方建筑特别是西方现代建筑受到压抑甚至排斥的环境里，坚守这块学术阵地，为建筑学教育培养具有国际视野的建筑人才做出突出贡献。

改革开放以后，外国建筑史学科重新得到重视，西方现代建筑也走出了禁区，罗小未的教学和研究工作进入一个活跃的新阶段。她早在开放初期，就主持编纂了四所高等院校参加的《外国现代建筑史》教材，这是中国建筑教育的第一部外国现代建筑历史的教科书，填补了已久的空白。她主编的《外国建筑史图说》，也具有广泛的影响。她也是较早出国交流的学者，并针对当时的热点问题调查研究，热心宣传自己的研究成果，受到建筑界的热烈欢迎。她不但介绍了发达国家建筑的新动态，同时对现代建筑与后现代建筑关系以及西方建筑中的一些现象，提出自己的见解，具有匡正视听的良好效果。

上海是一个具有国际建筑文脉的大都市，在中国有独特的地位。1990年代，罗小未对上海建筑的特色进行了研究，并发掘上海建筑文化与中国传统文化的关系，她出版了《上海建筑指南》、《上海弄堂》、《中国乡土建筑概要》、《中国建筑的空间概念》等著作。同时，她还积极参与和指导一些重要的工程设计，给上海这个快速发展的现代化都市带来积极的影响和借鉴。

●陈志华（1929—　）

1947年进入清华大学社会学系，1949年转学营建系，1952年毕业于建筑系并留校任教，主要从事外国古代建筑史及其理论的研究和教学活动。作为建筑史学家，他1960年的著作《外国建筑史（19世纪末叶之前）》，几经修订作为教材沿用至今。

作为建筑评论家,他的著述涵盖面广,观点鲜明、锐利,在我国广有影响。

改革开放初期,他提出的建筑理论系统,借用系统论阐述建筑的基本理论,论述了建筑理论系统里的各元素(子系统)互相影响、互相制约、复杂而有序的层次结构,有一定开创性。《建筑师》杂志创刊后,他在专栏"北窗杂记"中,提出建筑的现代化本质就是建筑的民主化和科学化。当时提现代化的人很多,但上升到民主和科学层面,只有具有社会学眼光的建筑家才能提出并一贯坚持。他主张"要创造时代风格必须跟最新的科学技术结合起来,跟最先进的生产力结合起来"。他旗帜鲜明地反对带有封建迷信色彩非科学的"风水"说,大力呼吁文物建筑保护,坚决反对制造"假古董"。他十分关心平民百姓的居住状况,认为建筑的民主化首先就是要转变关于建筑的基本观念和整个价值系统,把老百姓的利益放到第一位。而且,建筑师要有独立的精神和自由的意志,要有平民意识和人道情怀,要有强烈的创新追求。

陈志华从1989年开始乡土建筑的研究,他认为乡土建筑是中华民族传统文化的重要组成部分。"《二十四史》不能代表传统文化的全部,那是帝王文化;乡土文化才是大多数人的文化,没有民众史的历史是残缺不全的。"在全球化背景下,对乡土建筑的保护显得尤其重要。他和其他教师和学生一起,在缺乏经费、条件艰苦的情况下,利用假期进行古村落建筑保护的调研和测绘工作,并且取得了丰厚的成果。发表了《楠溪江中游乡土建筑》、《诸葛村乡土建筑》、《新叶村乡土建筑》、《婺源县乡土建筑》等成果。

● 吴焕加(1929—)

1947年考入清华大学航空工程系,次年转入建筑系,1953年毕业留校任教。先从事城市规划和建筑历史与理论的教学与研究,以外国现代建筑史的教学和研究成果著称。

吴焕加十分注重西方现代建筑的动态,早在"文革"以前,视西方现代建筑为资本主义国家"腐朽、没落"的建筑时,他曾经写过"西方的十座新建筑"、"巴西建筑行脚"等文章,介绍资本主义国家的新建筑,而且是发表在党报《人民日报》上。虽然文章不乏"批判"的字句,却让求知读者耳目一新,得到了一定的满足。

改革开放之后,他摆脱了学术桎梏,活跃在考察、研究外国新建筑及其理论的领域中,先后曾在意大利、美国、加拿大、法国、德国考察、进修和讲学,这些经历都使作者能够身临其境、真切体会,有大量著述问世。

吴焕加以多年的积累,写出了《20世纪西方建筑史》一书,虽然当时已有西方现代建筑历史的译本出现,但本书却是出自中国学者的亲眼观察和独立思考,切实解决了中国读者所思索的问题。还出版了《外国近现代建筑史》(合著,1982),《外国近现代建筑科学史话》(1983)、《欧美建筑外观与环境空间》(1996)、《20世纪西方建筑名作》(1996)和《论现代西方建筑》(1997)等丰富的著作,繁荣了建筑论坛。他也敏感地关注国内外建筑理论的前沿问题,在后现代建筑、解构建筑以及形形色色的流派的介绍分析方面,有独立的见解,给人以深刻的启迪。

吴焕加从事城市规划和建筑创作,在他指导下完成的辽宁北宁市闾山辽代历史文化风景区的新山门,在用四片钢筋混凝土组成的"立体构成"中,以虚空部分的边缘现出著名辽代建筑——蓟县独乐寺山的轮廓,让历史在新的形式中呈现,富有创意。

●刘先觉(1931—)

1953年毕业于南京工学院建筑系,1956年在清华大学建筑系硕士研究生毕业,师从梁思成。长期从事建筑历史与理论的教学与科研工作,是我国最早研究中国近代建筑史的学者之一。

早在1950年代初,刘先觉就已在梁思成先生的指导下,以"中国近百年的建筑"为题完成了其硕士论文。经过几十年的补充与整理,于2004年出版了专著《中国近现代建筑艺术》,该书系统地总结了鸦片战争后至20世纪末中国建筑的发展历程及其建筑艺术特点,是当前宏观研究中国近现代建筑艺术的主要著作之一。

刘先觉在外国建筑理论方面获得丰富成果。1981—1982年在美国耶鲁大学任访问学者期间,他认识到建筑理论是完全不同于建筑设计原理的一门学科,它是解决为什么与怎么做的问题,涵盖了建筑哲学思想与建筑设计方法论两大范畴,于是从1983年起开始系统研究与总结这方面内容,于1999年出版《现代建筑理论》专著,被教育部推荐为全国首批研究生教学用书,在国内具有广泛影响。

刘先觉是中外建筑历史和理论研究方面的多面手，他对中国古典园林的研究，现代建筑设计方法论研究，生态建筑学的理论与实践研究，对江苏、南京的城市与建筑生态研究，南京近代建筑遗产研究，澳门近代建筑遗产研究（与澳门文化局合作），新加坡历史建筑研究（与新加坡有关单位合作）等，取得广泛的成果。刘先觉还是系统翻译介绍外国现代建筑历史和理论文献的学者，对中外建筑文化交流作出了积极贡献。

●张钦楠（1931—　）

1947年赴美留学，1951年毕业于美国麻省理工学院土木工程系，同年回国。1952—1988年分别在上海华东工业建筑设计院，西北建筑设计院以及政府部门等从事建筑设计与管理工作。其间1985—1988年任城乡建设环境保护部设计局局长。此后并在中国建筑学会任秘书长、副理事长，有许多国家的建筑学术荣誉头衔。

具有美国留学背景，从基层设计单位做起，并成为建筑设计的主管官员，这在当时并不多见。他的学养，使他在繁琐的行政事务中，能够洞察基本建筑理论对建筑设计的广泛而巨大的影响，他真切地体察到，基本建筑理论对繁荣建筑创作思想、方法、方针政策等等的巨大作用。他还亲自翻译和引进了大量的建筑文献，如《现代建筑——一部批判的历史》，在建筑界具有广泛的影响。他的理论著作内容充实、思路开阔，一扫官样文章的八股气。

早在改革开放后第一次举办的1986年广州繁荣建筑创作座谈会上，他在发言中曾打比喻说，不要给创作过多的束缚，要像足球场上的规则一样，只要不踢人犯规，怎么踢都行。针对建筑经济问题，他提出三个效益说，认为建筑创作的目的，就是尽可能的以更低的费用来取得更多的收益，从而实现更高的建筑效益，其中包括经济效益、社会效益和环境效益。在后来的专著《建筑设计方法学》中，又补充了资源效益，突破了过去追求建设过程一次性节约的单纯经济观点。

1999年北京国际建协UIA大会前后，为组织编撰十卷本《20世纪世界建筑精品集锦》付出了巨大努力，这是一项世界性的20世纪建筑作品征集、遴选和撰写建筑评论等复杂而细致的涉外工作。他还组织研究建筑师的"职业主义"问题，在大会上做了"全球化时代的职业精神"的分题报告。大会结束之后，他和建筑学会的另一位副理事长张祖刚，不失时机地共同组织了关于"有中国特色的建筑理论框架"的研究，得到了许多院校建筑理论工作者的响应。张钦楠提出中国最主要的特色是贫资源和高文明。以贫资源创造高文明是我们在研究中国特色的建筑理论中所必须探讨的基本核心。在环境日益恶化、资源渐趋贫乏的今天，这样的传统尤其值得认真研究和科学继承。

张钦楠的理论研究工作，具有国际视野，又落脚中国大地，有基本建筑理论基准，也有前沿理论的观察，他的著作和译著，具有广泛影响。

●彭一刚（1932—　）

1953年毕业于天津大学土木建筑系建筑学专业，并留校任教，从事建筑教育、建筑创作和理论研究至今。

彭一刚的理论研究主要有三个方面，第一是建筑基本理论研究，包括早年的建筑构图和建筑表现，经多年的积累，在"文革"刚刚结束之际出版了《建筑绘画表现技法》和《建筑空间组合论》两部著作。由于"文革"期间没有任何学术著作问世，建筑艺术一直被认为是禁区，这两部著作受到学术界的热烈欢迎，并成为建筑学子人手一册的教本。《建筑空间组合论》相关课题的研究与时俱进，及时组织了对国际上一些先锋性建筑理论的研究，如审美变异及其作品的研究等，其成果收入该书的三次再版中。第二是古典园林的研究，这也是早在"文革"之前就开始的课题，专著《中国古典园林分析》是这些研究的成果，把园林研究从直觉境界推向科学的范畴。可贵的是，彭一刚同时积极进行现代园林的创作，他在山东、福建所主持的现代园林设计，如山东平度现河公园、福建漳浦西湖公园以及早期的天津水上公园熊猫馆等作品，都是传统园林创新的范例，在国内很有影响。第三是对传统聚落的研究，和传统园林的研究一样，是彭一刚扎实传统建筑功力的又一个来源。传统聚落的研究，除了研究传统建筑中大自然与建筑群体和个体之间的关系外，同时还汲取了当地民俗、民风等对建筑创作的关系，《传统村镇聚落景观分析》一书先后在大陆和台湾出版后，受到广泛的欢迎。

可贵的是，这些理论研究一直紧密伴随着他的建筑创作。他的基本创作目标是，从传统出发的中国现代建筑创新，改革开放以来的创作活动，印证在这一目标上的努力，从他的创作轨迹看，其作品越来越新，而不失中国元素。

●侯幼彬（1932—　）

1954年清华大学建筑系毕业，哈尔滨工业大学建筑系任教，长期从事建筑历史及其理论的教学与研究。

侯幼彬作为建筑历史学家，当年作为青年学者参加了我国所有重要中国建筑历史研究和教材编写工作，如1958年，曾参加梁思成、刘敦桢共同主持的中国建筑历史研究课题组，与几位青年学者一起，合作完成《中国近代建筑史》、《中国建筑简史》（近代建筑分册）等研究专题。在长期从事的中国建筑史教学中，致力于探索和建构史论结合的教学体系，尽力摆脱建筑史教学停留于"描述性"史学的状态，结合史料、史实，展开深层的规律、机制、思想、手法分析，努力拓展建筑史学的"阐释性"内涵。因此，他从1960年代开始，同时对于涉及基本建筑理论的课题进行研究，继而围绕建筑矛盾、建筑本体、建筑符号、建筑美形态、建筑模糊性、建筑软传统、建筑风格论、建筑创作论等层面，对建筑美学和建筑创作的若干重要理论问题，作了有哲理的专题探讨，发表了相关的系列论文。

侯幼彬较早地把系统论观点应用到建筑领域，针对建筑创作实践当中缺乏创造性、独创性，存在统一化、简单化、模式化的现象，他认为，建筑是复杂的，多因素、多层次、多目标、多指标的大系统，这是一个高度复杂的，多值、多变量的非线性系统。因此，我们不能继续停留于非此即彼的一种选择、一种模式。我们的建筑创作和建筑理论研究，都应该把握建筑的全程性、全层次和全关系性，在思维方式上突破"线性模式"而代之以非线性的"系统综合模式"，倡导开放的、豁达的、兼容的系统建筑观。

1990年代开始，侯幼彬专注于中国建筑美学分支学科的探索，尝试搭建中国建筑美学的研究框架，对中国建筑的形态构成、组合规律、设计意匠、设计手法，对中国建筑所体现的文化精神、文化心理、审美意识、审美机制，对中国建筑独特的意象构成、意境构成及其生成机制、鉴赏指引等，从多维的视角做了概括性的梳理、阐释，出版了跨学科建筑理论专著《中国建筑美学》，在西方建筑思潮的强烈冲击下，重新认识中国建筑的美学内涵，具有新时代的重要意义，被教育部审定列为"研究生教学用书"。

●曾昭奋（1935—　）

1960年毕业于华南工学院建筑学系，在清华大学建筑系任教，1986—1995年任《世界建筑》杂志主编。

建筑评论一向是建筑论坛很不活跃的领域，尤其是对建筑指名道姓的批判意见更是凤毛麟角。1980年代，曾昭奋就积极开展当代中国建筑评论，他的立场鲜明，反对复古主义，敢于直面权威人士的作品，如他批评贝聿铭的香山饭店占据美丽的风景区，破坏了环境，而且造价昂贵。批评戴念慈的阙里宾舍"……当我们的双脚落到地面上来，回到我们正向'四化'进军的伟大现实中来时，我们感受到的却是：空间的窒息、时间的倒流、文化的僵化和老化。"他认为重檐十字脊瓦顶大厅是"是对手工业的少、慢、差、费的歌颂，是对一种僵化的传统形式的狂热崇拜"。1989年出版了他的建筑评论集《创作与形式》，这在中国的建筑论坛上是少见的。

改革开放以前的建筑论坛很少为建筑师立传，曾昭奋主编了"当代中国建筑师"系列丛书，为中国建筑师树碑立传。《十大师印象记》（1999）记载了建国五十年以来，活跃在建筑理论和建筑创作领域的十位建筑师。《沟边志杂（八）——第20届世界建筑师大会中国青年建筑师展》（1995）一文中较早介绍了活跃在建筑实践与理论舞台的8位青年建筑师。曾昭奋主编了《莫伯治作品集》、《周卜颐建筑文集》等，是改革开放后大力推介建筑师特别是中青年建筑师的重要学者。

●顾孟潮（1939—　）

1962年毕业于天津大学建筑系，曾分配至新疆从事建筑设计工作，改革开放后调回北京，后在建筑学会工作。

顾孟潮是一位对事物敏感的理论家，由于在建筑学会工作，使他有开阔的视野，广泛的涉猎。信息技术是改革开放之后的前沿性课题，早在1986年，他就提出"信息游泳术"问题，即"信息对策学"，研究信息处理、应用和创造的规律和对策的科学和技术。他认为建筑界亟需建立建筑信息学，以便更好地掌握和运用作为建筑设计和创作生产力的信息，提高运用和生产创造建筑信息的效率和质量。1993年又就信息的分类、属性与层次，建构了"信息塔"，这是一个广泛适用于包括建筑理论和设计、研究、认知、操作的模型。

顾孟潮长期关注建筑的基本理论，持续关注比较沉寂的建筑评论以及当代建筑动向和历史。他以锐利的笔锋，写出许多观点鲜明的评论文章，且与时俱进。如"新时期中国建筑文化的特征"和"后新时期中国建筑文化的特征"两篇文章时隔7年。他也是位热心建筑社会活动的组织者，他曾组织"中国建筑文化沙龙"，为建筑理论的研讨和密切文化界的关系做出贡献。他还编写了《中国建筑评析与展望》、《20世纪中国建筑》等著作，翻译了苏联建筑科学院的《建筑构图概论》和《世界建筑艺术史》等名著，在建筑论坛上很有影响。

1996年11月6日，《人民日报》发表了钱学敏的文章"钱学森论科学思维与艺术思维"一文，披露了钱学森增补完成的现代科学技术体系的整体构想图，把建筑科学列为第十一大科学部门，与自然科学、社会科学等十大部门并列，并加上建筑科学通向马克思主义的桥梁——建筑哲学，对于建筑业作为支柱产业的地位、建筑科学技术领域有重大的理论与实践意义。顾孟潮和其他学者，及时沟通了钱学森理论和建筑界之间的关系，并结合建筑学科的具体状况将其深化、拓展和融会贯通，提出建筑科学体系图。他还出版了《杰出科学家钱学森论城市学与山水城市》、《杰出科学家钱学森论山水城市与建筑科学》专著。

● 布正伟（1939— ）

1962年毕业于天津大学建筑系，同年考入硕士研究生，师从徐中，1965年毕业以来一直在建筑设计第一线从事建筑创作。

布正伟是一位学者型的建筑师，早在读书期间，就在《人民日报》上发表过文章，介绍建筑彩画艺术。毕业后，在繁忙的建筑创作活动中，总能看到他总结自己工作中经验教训的文字。在"文革"的动荡和寂寞之中，他继续研究徐中提出的课题《在建筑设计中正确对待与运用结构》，1986年出版《现代建筑的结构构思与设计技巧》一书。

布正伟的建筑创作实践，没有固定模式却有独立个性，自1980年代起，逐步形成了自己的一套建筑理论"自在生成论"，对冲破建筑千篇一律和树立"自己"起过积极的作用。由于他在建筑理论方面的功力和影响，在《新建筑》杂志的早期曾聘任他为特约主编。

布正伟于1990年代大力关注外来的"语言学"的消化，同时，也开始了自己的"建筑语言学"研究，连续发表了关于建筑语言的"概念"、"框架"、"系统"和"基本语法规则"等一系列论文。文章一扫引进外来文字的洋腔洋调，具有良好的文风。

布正伟对于建筑环境和现代艺术问题，有着潜心的研究，并在自己的创作实践中身体力行，亲自制作雕塑或装置，取得良好效果。

● 郑时龄（1941— ）

1965年毕业于同济大学建筑系，分配在第一机械工业部第二设计院从事建筑设计工作，1981年获同济大学建筑设计及理论硕士学位（师从黄家骅和庄秉权）并留校任教，1994年获建筑历史与理论博士学位（师从罗小未）。期间，曾在意大利和美国等国高等院校做访问学者和讲座教授等。

郑时龄的教学范围广泛，包括建筑设计和城市设计理论和实践，建筑历史及其理论、美术历史等。他的研究工作同样宽广，以建筑的基本理论为平台，课题涉及建筑美学、建筑评价论、城市与建筑发展史、上海近代和当代建筑史论等。

郑时龄在1990年代初就翻译出版了西方现代建筑的名著，如《建筑学的理论和历史》、《建筑的未来》等，还出版了介绍外国建筑师的《黑川纪章》，为中外现代建筑文化交流做出积极贡献。对上海城市规划和建筑的研究，是他的重要课题之一，发表了系列论文如"上海城市空间环境的当代发展"、"当代上海住宅的发展特点及新模式探索"等，出版了学术专著《上海城市的更新与改造》、《上海近代建筑风格》，得到同行的好评。

郑时龄是我国建筑批评学的开拓者。1996年，他出版了另一学术专著《建筑理性论——建筑的价值体系与符号体系》，他运用建筑的本体论，引入中西人文主义思想，建立了"建筑的价值体系和符号体系"这一具有前沿性与开拓性的理论框架，成为他的建筑批评学基础之一。稍后出版的《建筑批评学》，是一部完整的建筑理论著作，它全面论述了建筑批评的主体论，建筑批评意识，建筑批评的价值论，建筑批评的符号论，建筑师，建筑批评的方法论等，并以批判精神面向未来建筑的发展。该书是高校建筑学学科专业指导委员会规划推荐教材，也是上海普通高校"九五"重点教材。

与改革开放以来十分繁荣的建筑活动相比，中国建筑理论的发展显得远远不够活跃，繁荣的建筑活动和建筑市场，更需要建筑理论的支持。忙碌的建筑师需要创新的建筑理论武装头脑，新兴的建筑设计市场需要建筑理论支持的规则乃至法规，业主、主管的官员也需要建筑理论支持与建筑师合乎科学道理的合作，大众媒体也同样需要建筑理论的支持，批判那些不良的建筑文化现象。总之，建筑理论的发展需要更多的人参与，需要更广泛、深入地服务于当今繁荣的建筑活动。

| 第二十讲 |

请社会理解建筑

建筑,从来没有像今天这样,得到社会各阶层的如此关注。

广大百姓关注建筑,因为他们要买套房子安家。而且,他们很懂房子的"基本原理":人们要看看四周的环境是否方便生活,要看住房是否朝阳,卫生间、厨房是否好用,楼板和墙面是否结实,当然,重要的还是房价,因为住房会花掉他们一辈子的积蓄,或者使他们背上半辈子的债务。

要造房子的业主当然关注建筑,除了要求他的房子能满足一切使用要求外,还要让建筑内外尽显自己的个性,以求得使用上和声誉上的最大效益。同时,因为自己可能是建筑的投资者,还要精心算计,管好自己的钱包,得到最优的投资与回报。

长官关注建筑,因为那既是他极大的责任,也是他显著的政绩。每年都要宣布做几件让人民满意的事儿,其中就离不开建筑项目。规划、消防、环保、人防等政府部门的审查和通过,都要由相应部门的长官来执行。新建筑的耸立,会最亮丽地显示其政绩,离职或升迁,都需要它的光彩。

开发商关注建筑,因为要最大限度地赚钱,最小限度地花钱。他们为了"拿地"、审批等各种建设手续,要想方设法顺利地与相关的政府官员打交道;他们运用一切营销手段,例如纸张考究、印刷精美、言辞生动的广告等,推出一些"卖得好"的商品。

公众关注建筑,因为这些建筑可能是他们生产和生活的场所,直接形成他们所在地区的物质和文化环境。人们常常会听到一些富人的故事以及腐败的故事,都与建筑有关。

社会各阶层林林总总的这些所谓关注,摆到建筑师面前,实际就成了要他们完成的"任务书",建筑师有能力完成如此多样、如此复杂的任务吗?

简单地说,建筑师是个"手艺人",他/她根据各方要求画出建筑图样;他/她又是个"协调人",他/她协调自己团队的结构、水、电、暖等建筑技术层面,来共同支持他/她所画建筑图样的实施。由于建筑需要大量的资金、材料、设备,还有一系列的生命安全问题,所以他/她又是个"责任人",在国外,建筑师还掌握与建筑质量挂钩的工款发放,所以他/她的责任就上升到法律的层面,因违法而坐牢的建筑师并不少见。当建筑图样到了业主和长官那里,建筑师又成了"受审人"。建筑师就是这样一个既不掌握资金,有没有决定权,却要承担重大责任并受审的人,他/她就依靠当好这几种"人",取得佣金,在服务优良时获得荣誉。"建筑学"这门学科,是数千年来不断总结出来的建筑师执业之道,他们遵照建筑学的科学原理,小心地完成建筑设计任务。

建筑表现,十分有限

大约在1990年代末,我带领几位即将走向社会的学生,为规模不大的W市新建政府机构建筑提出规划设计方案。包括"七大班子"在内的高层审查会上,该市领导对主体建筑的柱廊提出意见,他说建筑的正面应该是4根柱子而不是柱廊,其原因是,要表现W城由四个区组成的。接着有像是秘书的人,拿出了他们去加拿大参观时拍的几张照片,指示我:"就是这样的四根,就是这样的柱子。"我认识,那是洋人沿用了几千年的希腊、罗马柱式。可是,在如此宽阔的立面上,四根柱子怎能显得出来,有位学生要起立反驳,我按住了这位同学。在最后的答辩发言中,我不敢"好为人师"讲建筑艺术的道理,我只能想个他们听起来不会讨厌的"歪理"。我支支吾吾地说:"因为我们的W市将来要大发展,可能很快会变成8个区或者更多,立面上的柱子最好不要限定4根,这样可留有余地;也不要限定那种古老的洋柱子,那是外国奴隶社会时期的东西,现在我们已是现代中国改革开放的新时期。"

最后，我得到了领导带有鼓励性质的责成："在加柱子的前提下，创造出现代中国的新风格。"我的青年朋友们情绪非常激动，他们惊讶地发现，建筑师的地位竟如此尴尬，自己毕业之后竟然也要按照某种意志去捏造建筑形式！我也趁机对他们讲，不要以为你们学了点儿手艺就能"包打天下"，就连当过副省长的大建筑师杨廷宝先生都说过，建筑师的作用其实很有限。

给建筑加上4根柱子，代表城市的4个行政区这类要求，不过是任何建筑师都可能有过的亲身经历，如今看来，简直不算话题，当下建筑师所碰到的此类事情更加离谱，更是五花八门。

在1950年代以来的现代建筑史中，让建筑表达人民意愿的要求，可以追溯到刚刚解放后兴建的杭州人民大礼堂。当时业主要求把礼堂的座位数量排成1949个，以铭记1949这个伟大的年代。很多人觉得建筑很有"神通"，常常给建筑师出些此类的题目。在"灵魂深处爆发革命"的年月里，这种事情达到了登峰造极的地步，出现了一大批表现政治口号的建筑。如我们已经讲到的成都展览馆表现"三忠于，四无限"、"五七指示"。广州展览馆表现"星星之火，可以燎原"，长沙某展览馆则是表现"红太阳升起的地方"。甚至领袖人物的身高数字，也成为尺寸设计的依据。这种作风再向上追溯，可以追到封建皇帝的宫殿、庙宇和祭坛。那些建筑中都有一些尊贵的数字和寓意，以表现皇、天等这些崇高的概念。问题在于今天，我们依然经常碰到这类的话题，如新闻媒介以赞美的口气报道了一座起义纪念碑的落成，说它的碑身高度是那次起义活动日期数字。

在美学中，建筑艺术往往和书法一起，排在一般艺术门类之最后，如美术、诗歌、电影等艺术门类之后。很明显，这是因为建筑的美学主要表现在形式美，它用建筑所特有的体量、空间以及它们的界面，如门窗洞、材料肌理、色彩等要素的优化组合，表现出宏伟、崇高、壮丽、明朗等比较抽象的感受，却无力告诉人们"革命"的道理。建筑充其量有一点点让人引起联想的"表情"，但也就止于联想而已。如果要它进一步去表达，像反映社会制度的优越或人民的幸福安乐之类，那就只好求助于设置在建筑里的雕塑、美术等造型艺术了，这就是为什么建筑里经常出现壁画、主题雕塑等内部装饰的原因，然而那只是借兵，不是建筑的本体（本质上的）

手段。建筑的这种美学特征，注定让建筑表现政治口号的企图，都归于失败或留下笑柄。

在受苏联所谓社会主义建筑理论影响以及"阶级斗争一抓就灵"的极"左"思潮等时期，说建筑有阶级性，把建筑设计分为资产阶级的和无产阶级的，更是压垮了建筑。事实上，皇家的故宫已在为人民服务，工人阶级住进五星级酒店照样舒服，"文革"中的许多宣传反对资产阶级路线的"万岁馆"，现已变成繁荣经济的自由市场。

近些年来，建筑创作中的所谓"理念"问题甚是流行，成为介绍建筑方案的亮点。例如说奥运体育场是"鸟巢"，游泳馆是"水立方"，说CCTV大楼是"华盖"，把某博物馆说成"美丽的天鹅"落在市区，把某剧场说成是"石头"等。这些名词如果说是给建筑起个"别号"，利于记忆倒也罢了，把它们当成"理念"——创作的思想——那就实在荒谬了。建筑"理念"应当基于建筑本质（本体）的，体育场的"理念"应当在方便比赛、观看、安全、疏散等，而不是花大本钱做些虚假结构形成所谓"鸟巢"状；博物馆在于有利文物安全、方便布展、利于观看、交流等，无论如何和"美丽的天鹅"扯不上关系。可悲的是，许多决策者美滋滋地听任这种营销手段发挥。

建筑学是一门社会性、技术性、艺术性等综合性很强的实用性学科，对技术性和艺术性的表述，不应离开建筑的本质，建筑干不了讲述故事的事儿。在今天，建筑理念特别是不应离开"可持续发展"的原则，我们应该努力消除建筑中的现代封建迷信，不要把建筑当成文艺，让建筑以自己特有的语言，来传达属于建筑艺术的魅力。

建筑风格，求而不得

在建筑设计的行业内外，有很多人认为建筑的目标是创造某种特定的风格。因此，我们的建筑设计，常常是主管就风格出题目，建筑师就风格做文章，社会上拿风格论成败。可是，我们对建筑风格的追求似乎从来就没有成功过。

这里有两个问题：一是建筑的发展是不是风格的翻新或更替？二是建筑风格是不是可以预先设定？中国现代建筑史有许多实例，会就这两个问题提供答案。

以官方为代表的主流意愿，常常赋予建筑一种责任——要形成风格，用以承载某种使命，如发扬民族传统，振兴民族文化等。早在国民政府定都南京时期，官方提出建筑设计要运用"中国固有之形式",来建设政府的公共建筑,在贯彻"民族主义"的同时,宣扬政府的正统地位。所谓"中国固有之形式",就是以古代宫殿、庙宇为蓝本的"大屋顶"、"高台阶"建筑。新中国成立之后,开辟了历史新纪元,也要打开建筑史的新篇章,于是提倡"社会主义内容,民族形式",以表达中国人民推翻"三座大山"建立新中国的自豪。当这个"民族形式"花费太大且被指为"复古主义"时,制止这一现象的反浪费运动,进行得简单而粗糙。没来得及造完的建筑,造价一削再削,最后留下了一批"留下无用,拆了可惜"的建筑包袱。时隔不到两年,建筑界在"大跃进"的高潮中再一次掀起了追求伟大建筑风格的努力。北京的十大建筑创造了建设速度和建筑规模的历史纪录,也完成了一代人使国家繁荣富强的信念。但是,期望中的伟大建筑风格并没有出现,只是留下了一批用中国古典传统和西洋古典传统把新技术包起来的宏大建筑。号召创造建筑风格的最强音是1959年建工部长刘秀峰的报告,他要求建筑师"创造中国的社会主义的建筑新风格"。自那以后的若干年内,在这个报告的影响下,整个建筑界展开了关于"新风格"的大讨论。大家纷纷为想象之中的"新风格"下定义、定特征、找途径,力图使未来的建筑"新风格"完美无缺。当十年动乱结束时,中国当代建筑出现了与那些设想完全相反的"风格",举国上下都在批评建筑创作"千篇一律"。

社会规律和建筑规律在给我们上课,一个时代建筑的发展,脱离不开那个时代的政治、经济、科技和文化。在政治动荡、经济不前的社会条件下,建筑风格"千篇一律"的结局难以避免。建筑的发展不是风格的变迁,而风格也绝不可以预先设定。

不过,认为建筑发展就是风格更替的观点,依然存在。这可能与建筑历史教科书的提示有关,因为书上是按风格更替来介绍建筑的。如拜占庭式、伪罗马式、哥特风格、古典主义、巴洛克、新古典主义式直到现代主义建筑等等依次代替。这样一种新风格取代旧风格的建筑历史也在提示人们,新的权力应当有新的建筑风格,这就出现不同历史时期对新风格的呼唤。例如,现代建筑之后人们必然会期待"后现代风格"建筑来取代,"后现代风格"过后又来了"解构主义"等。对建筑风格的这类描述,就是忽视了建筑发展的真正动力:社会生产力及其带来的深刻社会变化,正如我们在开篇所讲到的,由手工业社会转向工业社会那样的深刻变化,才开启了"现代建筑"的新时代。

艺术之中的"风格"、"流派",是艺术创作中形成的较为稳定而受到肯定的状态。一个形成"风格"的艺术家如果不思进取,就会僵化成为形式"套子",艺术生命就很容易消亡。从这个角度看,追求风格并不应该成为目标。

总之,风格是一个求之不得、不求而来的东西。在现代社会条件下,还要建筑形成某种统一的风格吗?追求风格的观念应予革除,代之以多样化比肩共存的局面,因此我们大可不必在文件、讲话和新闻媒介中提倡某种过去的风格或号召创造某种全新的风格。

真假形式,洋怪飞新解

建筑师经常碰到给他的建筑乔装打扮的事,在一些人的心目中,建筑好像一个可以装扮成各种角色的演员。同时,有些建筑师也乐于此道,以夺目的建筑形象,让人记住建筑的同时也记住它的建筑师。

一百多年前,在西方现代建筑萌发之前的日子里,业主对建筑形式的要求以及老学院派建筑师对于业主的迎合,都是以肆意装扮建筑为前提,实际达到了弄虚作假的地步。老学院派建筑师们,做足了建筑的形式文章。他们能把类型十分不同的建筑穿上同一种外衣,就像文艺复兴建筑大师阿尔伯蒂所说的那样,把可以想象到的建筑类型都用上"柱式"。雨果在其名著《巴黎圣母院》(1831)曾经描写过这样一番景致:

"人们可以发现,耸立在我们面前的这座建筑物,完全可能又是一座宫殿、议会、市政厅、跑马场、学院、货仓、法院、博物馆、兵营、神庙或剧院。其实,它是一座证券交易所。"

不仅如此,老学院派的建筑师,还有能耐把同一个建筑设计,不用改动平面,就可以分别化妆成希腊式、罗马式、哥特式、西班牙式、印度式、中国式……以供业主挑选。当年有一位作者R. Kerr写道:

"我用什么样的建筑风格来建造你的住宅呢?……一般来说,建筑师在开始和业主打交道时,就向他提出这个问题;假如业主对这事一无所知,他就会对建筑师的发问感到莫名其妙。建筑师期待这位业主根据他的某种本能或凭空一想……便从五六种主要'风格'中做出选择，这些风格多多少少相互对立，都有各自的追随者和反对者，事实证明，我们对它们研究的时间愈长，就是说，它们互相之间矛盾存在的时间愈长，就愈感到不知所措而无从下手。"

这样，建筑师的图案，就变成了出卖"风格"的货郎担，业主必须像选帽子一样选择建筑的式样。

把各种建筑类型都用上"柱式"，或者把同一建筑做成多种形式，事实上，都在扭曲建筑的本性，可以说是一种凭空造假的行为。

弄虚作假是艺术中的大忌，早在1894年，约翰·拉斯金（John Ruskin）出版的《建筑学的七盏明灯》一书中，所提出的建筑七项原则中，第二个原则就是"真实性"（Truth），主张不做假柱子，不造假材料，不以机器模仿手工制作等。1908年鲁斯（Adolf Loos）在《装饰与罪恶》一书中，更是针对社会上富人耗费大量人力与物力，致力于奢侈豪华而格调不高的建筑装饰，激烈地提出"装饰是罪恶"。

当时，西方的工业和科技已经相当先进，钢铁、水泥、玻璃、电梯及各种机械设备都陆续达到可以大量应用并产生新建筑的阶段，但学院派建筑思想体系却对此不见、不闻，有的甚至利用先进的技术制造落后的形式以迎合陈腐观念，牢牢地拖住了建筑发展的后腿。代表先进思想的先驱建筑师和工程师们，为了消除认为建筑设计就是穿衣戴帽、涂脂抹粉等弄虚作假的陈腐观念，费尽了移山心力，他们利用现代工业社会的成就，解决社会的迫切问题，形成研究功能、考虑经济、体现新技术、新材料和全新审美观的新建筑，铲除建筑中的虚假形式——这是人类建筑进步的共同成果，也是世界建筑史的共同经验，绝不应该轻易忘掉。

今天的中国建筑市场，发生了与一百余年前极为相似的事情，现在是业主、长官指名要形式，要奢华，要气派。那个美国人叫做"白房子"（White House）而中国人翻译成"白宫"的建筑，各级机关不知盖了多少伪劣的仿品。记得一位有国际影响的建筑师说，现在如果对业主谈节约，就好像骂人家似的。

在我们回顾中国现代建筑史的过程中，联想到1965年毛泽东发动的"设计革命"那场"公案"。当时，对建筑稍有"现代"追求的设计，像挑檐大了些，厚了些，或者某处有点起翘，就会被指为"洋、怪、飞"、"洋、贵、飞"、"大、洋、全"等，并冠以"洋奴哲学"，真为建筑师委屈。今日，建筑技术无所不能，建设资金无所顾忌，社会容忍度空前宽大，什么样子的建筑都能盖得起来，于是各种畸形建筑也拔地而起。这些五花八门的建筑，已经让人们不安，不能容忍。

我听到两段评论中国建筑和中国建筑师的话，使我深受刺激。

热心关注中国建筑的香港建筑师潘祖尧先生，曾多次资助大陆建筑学界，研讨中国建筑现状。他在一次会上说大陆的建筑：

"五花八门、多姿多彩、大而无当、丑态百出、小题大做、无病呻吟、沉浮海中、不知去向、没有文化、没有心得、没有思路、没有修养、工作无深度、发展中国家孩子的玩意儿，甚至是弱智孩子的玩意儿……"[1]

另一段话是在《世界建筑》杂志上看到的：

"一位眼下很火的明星建筑师，目前在纽约的一次演讲中，说打算将'中国建筑师'这一词组申请版权，以特别用来描述那些不按设计规律，设计出亘古未有离奇形象的建筑师。"[2]

虽说我一向关注建筑设计市场上拙劣模仿国外建筑的五花八门现象，但我没有想到，对建筑师竟有如此尖酸的批评。这类言辞，足以震撼所有中国建筑师和建筑理论家的心灵。

研究西方现代艺术史的经历告诉我们，不能一味反对自己不喜欢的艺术作品存在。但是，作为建筑作品，有必要看看这种奇特的形式解决了什么问题，造成什么问题。1977年巴黎建成的蓬皮杜中心，交通、管线外露，解决了内部自由空间问题。形象虽怪，却在建筑本质之内，它的形式是真实的。如果有那么一天，一个住宅为了水处理而挂上了大水箱，为了发电安上了大风车，为了利用太阳能而支起了歪斜的架子……最后出现一个大家都喊"怪物"的住宅，我们却应当容忍这个怪物，甚至鼓掌欢迎它。因为这个住宅设备齐全、冬暖夏凉、自给自足还不交水电

---

[1] 此段文字是邹德侬当时的会议记录，未经潘先生审核。
[2] 伍时堂，"域外名师与中国建筑市场及其它"，《世界建筑》，1997第5期。

钱，它的"怪"形式也是真实的。

建筑方针，建筑道德的底线

中国的建筑创作，进入了一个空前自由的时期，在规模举世无双的建筑设计市场上，几乎什么样式都可以设计，什么设计都可以盖得起来，什么话都可以在媒体上说。为数不算很少的一些建筑师，或因自身的原因，或因业主和长官业外指导的压力，正在滥用这种建筑创作自由，忽视适用，不管经济，异化美观，搞出一些既背离建筑创作基本理论，又伤害建筑经济和建筑文化的"作品"来。一些外国建筑师也看出了这个建筑设计市场的"门道"，弃置建筑设计原则，把中国建筑设计市场，当成在本土难以实现的先锋形式的域外试验场。

建筑创作需要自由，但自由应与法制相伴，在法制尚不健全的市场上，就用得着一个出自建筑基本理论的建筑原则或方针，而且，它应当是建筑师、业主和长官（各级建筑管理者）乃至大众传播媒体，都应当共守的建筑原则。

我们在许多章节中提到1955年第一次反浪费运动中确立的"适用、经济，在可能条件下注意美观"的十四字建筑方针，它指导中国建筑设计三十余年，有其不可磨灭的历史作用，但它也存在若干时代的局限。首先，它是"短缺经济"条件下的方针政策，对建筑中的经济要素，有片面强调，把"美观"定位成"在可能条件下""注意"，虽符合国情，却不符合基本建筑原理；第二，它曾被误认为是建筑理论；第三，在不正常的"左倾"政治气氛中，这个方针还曾经成为政治批判的武器。

十四字建筑方针曾经做过一些没有结果的修正。例如在"大跃进"之后的"调整时期"，以及改革开放之后的1980年代中期，当时焦点依然针对"美观"及其定位问题。之后在建筑大发展的形势下，方针的作用日益减弱，而且已经弱到了似有似无。

可能是因为建筑市场出现了一些问题，2004年前后建筑主管部门欲重申建筑方针，曾对此进行过一些讨论。多数学者主张，把方针简化为："适用、经济、美观"。我也极力推崇这个三要素三位一体的方针，它要素简单，关系简单，表述简单，易于共识。最终，还是重申了原来的那个"十四字建筑方针"。

尽管我为"适用、经济、美观"这个简明方针未能入选而感到遗憾，但对"十四字方针"的重申也甚是欣然，特别是，建筑设计市场对经济要素忽视的现象，已经不可容忍了，这恰是一个制约浪费的方针。

先贤们确立这个强调经济要素的方针，确实符合当时"一穷二白"或"短缺经济"的国情，现在看来，在理论上也是可以站住脚的。

老维特鲁威的"适用、坚固、美观"的原理，实际上是把三要素排了队的，美观排第三。不过他并不硬性排队，为建筑师处理这三要素的次序留出了空间。深受维特鲁威建筑哲学影响的文艺复兴时代建筑家阿尔伯蒂，在自己的著作《论建筑》里提出："所有的建筑物，如果你们认为它很好的话，都产生于'需要'（Necessity），受'适用'（Convenience）的调制，被'功效'（Use）润色，'赏心悦目'（Pleasure）在最后考虑。"这里也把美观排在诸要素之后。

这种把美观排最后的做法，也符合老百姓生活的常理，吴冠中先生在一篇文章里有趣地说："实用、经济、美观，美观是形式问题，排行老三，在我们今天贫穷的条件下，我赞用这样的提法。形式之所以只能被内容决定，因为它被认为是次要的，是装点装点而已，甚至是可有可无的。事实上也确是如此，首先要办完年货，有余钱再买年画……"

令先贤们没想到是，这条"始于忧患"的方针，在已经"富起来"的今天，也很需要它，因为它直指肆意"炫富"的挥霍浪费现象。人类的道德观念表明，"炫富"让人不齿。上学时，读过许多苏联建筑师的论著，大都忘记了，唯有一句至今清晰，"即使将来财富极大地丰富了，也不可以用黄金盖房子"。把建筑形式当作设计的出发点，以致玩弄形式的设计，不仅会损害建筑的经济要素，也会异化美观因素，滋生不良的建筑文化现象。

今天，倡导节俭的经济观念，还包括了一个极为重要的内涵：低碳、节能、可持续发展。许多开发商把建成年数不多的房子轻易炸掉，因为从投资的角度看，炸旧房盖新房的花费，可能得到更大的回报。但从可持续发展的角度看，炸掉旧房意味着建筑生命周期的提前结束，原先盖房所耗能源及其他材料全部失效，而处理垃圾的能源消耗，同样也是白白浪费。从前强调经济，是因为穷，今日强调经济或节约，是人类可持续发展的共同责任。

建筑师十分熟悉"适用、经济、美观"的原则，但是，关注建筑的社会人群不见得熟悉，大众传媒也报道不多。我们强烈主张，把这个建筑方针，大力推向社会，首先是业主、长官，因为在市场经济条件下，他们已经成为直接影响建筑方案的"业外主导层"了。

业主代表个人或集体利益，长官代表国家利益，建筑是这些利益的载体，建筑师按照建筑科学原理，遵照建筑方针，平衡各方利益。然而，执行方针绝不只是建筑师的事儿，因为业主握有资金，长官职掌审批大权，他们对建筑设计几乎有决定性作用，他们的意见、方向决定是否真正执行这个方针。这个方针，甚至应当成为包括建筑师、业主和长官在内的建设者们的建筑道德底线。在它面前，不容许个人合法利益异化成暴利，不容许国家利益异化成个人利益，也不容许建筑师把建筑当成谋取不当名利的工具。

建筑从来也没有像今天这样，被社会大众和大众媒体所关注，在建筑日益融入文化生活的日子里，媒体猎奇式地报道中外建筑明星及其作品，广告捡些建筑词句拼凑卖点，它们以相当大的强度，影响着大众。尽管人们因为买房而天然懂得"适用"和"经济"，但引导他们认知建筑"美观"的，几乎唯有大众媒体和广告，在各种"主义"和"时尚"的交响声中，人们几乎已经弄不清，建筑到底是个啥东西。"适用、经济，在可能条件下注意美观"的建筑原则，应当成为当今社会正确认识建筑文化的基石。不论谁说建筑，谁评建筑，都要首先说到建筑这个方针或原则。看似这是个很低的平台，但建筑的最高境界也要请到这个台上示众，这时，我们再来放谈建筑艺术，那才有可能是先进的建筑文化。

后　记

2009年，商务印书馆杜非女士约我写《中国现代建筑二十讲》，我很高兴。

商务印书馆是我心目中具有崇高地位的出版社，我的工具书几乎全出自商务印书馆。特别是那些单色封面毫无装饰的西方名著译本，独一无二，意义深远。

但是，我的工作拖得实在太久了，客观原因虽然有些，可耽误了出版计划也不是小事。承蒙杜非大度，从不催稿，减轻了我的心理压力，在完稿之际，特此向商务印书馆和杜非致歉，致谢。

近些年来，有许多青年学者关注1949年之后的中国现代建筑，很是令人鼓舞，期待他们有新的视野，新的成果。也期望广大读者关注此题，对此稿提出批评指正，我将感激不尽，多谢！

邹德侬于"有无书斋"

2013 年 3 月 28 日